湛庐 CHEERS

与最聪明的人共同进化

HERE COMES EVERYBODY

星际穿越

The Science of Interstellar

［美］基普·索恩（Kip Thorne）◎著

苟利军 等 ◎译

浙江科学技术出版社

I hope that Interstellar's message
— by now seen by about 100 million people —
will have the impact that Christopher
and Jonathan Nolan sought. That it
will show people science's great power
for dealing with severe challenges,
and the importance of moving quickly
to confront challenges before they
grow into full-blown catastrophes.

Kip S Thorne

Caltech
Pasadena, California
7 April 2015

我希望，《星际穿越》这部被上亿人观赏了的影片，能够传递重要的信息：科学在处理严峻挑战时蕴含着巨大的力量；在挑战演化成重大危机前，用科学应对是非常重要的。这也正是克里斯托弗·诺兰和乔纳森·诺兰所希望的。

基普·索恩
于加州理工学院
帕萨迪纳市，加利福尼亚州
2015 年 4 月 7 日

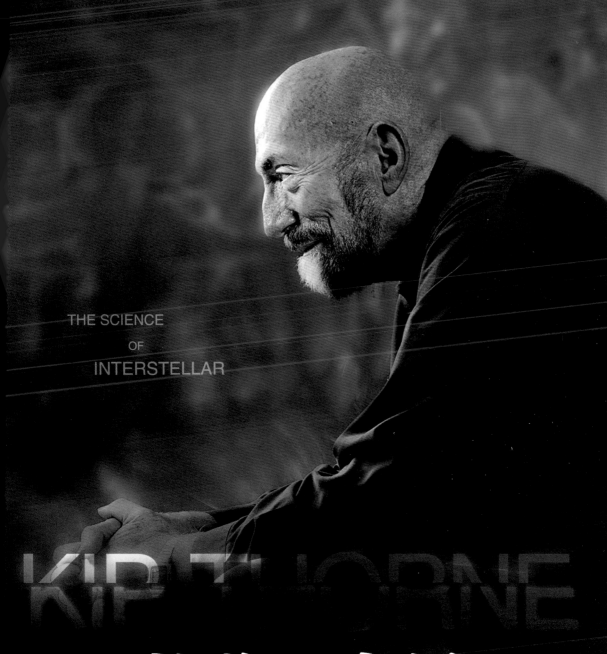

THE SCIENCE

OF

INTERSTELLAR

基普·索恩

诺贝尔物理学奖得主
电影《星际穿越》唯一科学顾问

加州理工学院最年轻的教授之一

基普·索恩出身于一个知识分子家庭，他的父母是犹他州立大学的教授——父亲维恩·索恩（D. Wynne Thorne）是土壤化学家，母亲艾莉森·索恩（Allsion Thorne）是经济学家。在这种家庭氛围的熏陶下，他的 4 个兄弟姐妹都在各自的领域内有所建树，其中两位当上了教授。

索恩与浩瀚宇宙的缘分起源于 8 岁时参加的一个关于太阳系的讲座，那次回家后，母亲就建议他自己动手做太阳系的模型。成年后，索恩很快就在学术上表现出了及高的天赋，他的科学成果也十分显著。1962 年，他从在物理学领域首屈一指的加州理工学院毕业，进入普林斯顿大学攻读博士学位，并师从著名物理学家约翰·惠勒。1967 年，他回到加州理工学院担任副教授一职，短短 3 年时间便升为正教授，彼时他才 30 岁。

多年来，索恩一直是众多前沿理论学者的导师，其中包括索尔·图科斯基、艾伦·莱特曼等世界知名物理学家和畅销书作家。同时，索恩还是美国文理科学院院士、美国国家科学院院士、俄罗斯科学院院士和美国哲学会会员。

诺贝尔物理学奖得主
全球顶尖理论物理学家

20 17年10月3日，基普·索恩与雷纳·韦斯（Rainer Weiss）、巴里·巴里什（Barry Barish）一起被授予2017年诺贝尔物理学奖，以表彰他们在激光干涉引力波天文台（LIGO）探测器和引力波观测方面的决定性贡献。"引力波将成为未来几年、几十年甚至几个世纪人类探索宇宙的强有力工具，"索恩获奖后接受媒体采访时说，"这是全人类的胜利。"

引力波是探测黑洞和虫洞的一种波动，但它非常难以测量，因为它到达地球时已经变得非常弱。为了探测引力波微小的长度变化，索恩发起了激光干涉引力波天文台(LIGO)计划。长久以来，索恩为LIGO这一项目提供了尽可能多的理论支持，为研发新一代引力波探测器技术作出了贡献。

索恩还曾就"黑洞"与霍金有过3次著名的"科学赌博"。第一次是1965年对于天鹅座X-1是否为第一个黑洞的争辩，霍金持反对意见，但1996年，答案揭晓，霍金是错的，他愿赌服输地为索恩订阅了4年的成人杂志《阁楼》。第二次索恩与著名物理学家约翰·普雷斯基尔站在同一战线上与霍金对赌，他们赌的是宇宙中到底存不存在裸奇点，霍金认为不存在，但是又输了，输给了索恩和普雷斯基尔一件绣有认输信息的T恤衫。第三次霍金要求更新赌局，他断言黑洞会彻底抹杀信息，结果却输了，原赌注是一本《棒球百科全书》，但霍金说这本书太难找了，所以用一本《板球百科全书》代替。

好莱坞烧脑级大片《星际穿越》唯一科学顾问

《**星**际穿越》虽然在全世界范围内掀起了一股"穿越"热潮，但是这一具有颠覆性感官享受的背后，却蕴藏着深厚的科学知识。

为了确保这部影片的科学性，索恩在影片拍摄前做了两条硬性规定：1. 影片中的情节不能违背已成定论的物理定律，也不能违背已牢固确立的我们对宇宙的认知；2. 对尚不明确的物理定律和对宇宙的猜想要源于真正的科学。对于电影中的很多场景设计，索恩会先通过方程初步模拟出效果，然后再发给特效团队打造高品质的图像。另外，电影中布兰德教授黑板上的方程也都是索恩亲自写上去的。

没有基普·索恩，《星际穿越》必然难以称得上真正的"烧脑"，因为他才是影片中科学内容的灵魂人物。

The Science of Interstellar

赞 誉

▌欧阳自远▌

◆ 著名天体化学与地球化学家，中国月球探测工程首任首席科学家，中国科学院院士，发展中国家科学院院士，国际宇航科学院院士

黑洞、虫洞、弯曲、五维、时间旅行……这是一场科学的飨宴，更是一场关于人类命运的探寻。在基普·索恩搭建的这个物理世界中，人类虽渺小、无奈，却不忘初心，执着追梦。最终，超体生物解救了库珀，皆大欢喜。科学的美丽与迷人就在于此，它不仅让我们洞悉宇宙的奇妙，而且进一步拓宽了我们的思维，点燃好奇的火花，让思想"穿越"起来，并传递给下一代人。不过在现实中，人类的命运自然掌握在自己的手中，而那密码，恰在宇宙深处。

▌李惕碚▌

◆ 著名高能天体物理学家，中国科学院院士，中国科学院高能物理研究所研究员，清华大学天文系教授

黑洞奇点、虫洞、时间穿越、高维空间等广义相对论理论直接或间接的产物，既给人以无穷的想象空间，又可能是建立新物理的出发点。《星际穿越》一书的作者系广义相对论的著名资深学者，又是电影《星际穿越》的编剧和科学顾问；中文版翻译团组由活跃在天文、引力物理和宇宙学前沿的青年学者组成，译文流畅准确，编排印制考究。这是在爱因斯坦建立广义相对论一百周年之际献给科学爱好者和专业工作者的一份难得的礼物。

▌武向平▌

◆ 著名天体物理学家，中国科学院院士，中国科学院国家天文台研究员

人类一直对星空充满幻想，而《星际穿越》给幻想插上了可以飞行的翅膀，让我们穿过神秘莫测的时空隧道，飞向另一个绚丽多姿的世界。黑洞之奇妙，虫

洞之玄机，宇宙之浩瀚，尽显"星际穿越"。通俗的语言、精美的图画、严密的逻辑，引领我们一起"星际穿越"，遨游超级震撼的引力王国。

| 张双南 |

◆ 著名天体物理学家，中国科学院粒子天体物理重点实验室主任，中国科学院高能物理研究所研究员，"慧眼"天文卫星首席科学家

中国人都喜欢揭老底。硬科幻电影《星际穿越》放映之后，更是掀起了全民揭电影"科学老底"的运动。为了满足公众的好奇心，同时也说明这部电影科学可信，这部电影的科学顾问、国际顶尖黑洞研究专家索恩亲自写了这本书自揭老底。译者也是活跃在黑洞研究领域的杰出学者，比如苟利军在测量黑洞自转方面的成就便是国际领先的。无论是从事天体物理研究的专业学者、天文爱好者，还是科幻电影的发烧友，阅读本书都会获益匪浅。

| 陈学雷 |

◆ 中国科学院国家天文台研究员及宇宙暗物质与暗能量研究团组首席科学家；国内首个暗能量射电探测项目"天籁计划"首席科学家

基普·索恩教授不仅是广义相对论和黑洞物理领域的世界权威，而且也正是由于他的努力，大众才首次在电影《星际穿越》中欣赏到了黑洞、虫洞、高维空间等现代物理学中最奇妙概念的逼真展现。可以说，就算是专业研究者，若不读此书，也无法理解电影中为了真实展现这些奇妙概念所做的种种细致考虑。本书译者苟利军研究员等人是我的同事，都是非常活跃的天文学研究者，他们在百忙之中，抽出时间以最快速度将此书译为中文，分享给所有希望理解这个奇妙宇宙的读者们，实为功德无量。如果想知道科学为什么好玩，来读此书吧！

| 陈雁北 |

◆ 加州理工学院物理学教授，美国物理学会会士，LIGO 科学合作组织（LSC）核心成员

飞离地球，穿越虫洞，探索黑洞的奥秘，超越时空的限制，寻找人类新的家园——电影《星际穿越》描绘了一个缤纷、神奇的幻想世界。本书记述了理论物理大师索恩教授从最初提出电影的想法到后来密切参与电影改编和制作的整个过程，再现了索恩教授对电影中科学问题所做的周密思考。在教学和科研中，索恩教授总是能从独特的视点出发，把复杂的物理问题用简单的语言解释给学生和同事——让大家觉得仿佛宇宙中的一切谜团都终究可以解开。作为科普工作者，他在本书中用精彩的图片和通俗的文字，把当代物理学中最前沿的问题和最大胆的猜想展现在读者面前。科学幻想激励我们更努力地钻研、更勇敢地探索；也

许有一天，地球上的我们会超脱黑洞的潮汐，自由穿越于星际，打开新家门的日子也许并不是遥远的未来。

| 刘慈欣 |

◆中国当代最知名的科幻作家，畅销书《三体》作者

基普·索恩教授不仅是天体物理学领域的巨匠，更是位艺术大师。在他逻辑严密的计算和对模拟效果的孜孜追求下，就连掷地有声的硬科学也变得如此柔情、如此绚丽、让人着迷。当科学的严谨遇上真性情，令人惊叹的化学反应自然会生生不息。

| 魏坤琳 |

◆北京大学心理与认知科学学院教授、博士生导师

电影《星际穿越》刚上映时，恰巧我和《最强大脑》栏目组的专家教授们在南京。当晚我们就迫不及待地去电影院一起观看，电影非常震撼，我们半夜还讨论了很久。精彩背后，是留给我们的很多问号：为什么掉入黑洞的库珀会被超立方体营救？为什么虫洞看上去是一个球而不是一个洞？对我而言，人的神经系统是否真有能力像电影中一样在超高速情况下精确地控制飞船？有太多有关宇宙和人的问题，一直让我着迷，而今终于等到了这本书的翻译和出版。读过此书，才发现基普·索恩教授的深厚功力和严谨的科学精神，不仅深入浅出地将如此深奥的科学原理讲解得令人着迷；而且更是在每一次场景的设定上都进行了大量的计算，力求保证所有细节的科学性。如此伟大的科学家"较真"出如此伟大的一本书，非常值得一读。

THE SCIENCE OF INTERSTELLAR

在制作《星际穿越》这部电影的过程中，我最开心的一件事情就是认识了基普·索恩。他澎湃的科学热情在我们第一次见面时就强烈地感染着我，而且他十分严谨，不愿提出任何不成熟的意见。对于我向他提出的编剧方面的问题，他的处理总是冷静而慎重，并且总是遵循着科学定律。在试图让我保持科学理性的道路上，他从未对我的异想天开表示过不耐烦（虽然我在两个星期中对超光速的挑战曾使他温柔地叹了一口气）。

基普知道自己的角色并非科学"警察"，而是编剧的合作者。所以，他从学术期刊和论文中寻求解决问题的方案，那些问题通常是一些我把自己绕进去的死角。基普还教会了我领悟科学真谛的良方，告诉我科学在面对自然界的意外时，总是极具包容性的。这种态度使他从讲故事者的角度体味到了故事进入未知领域和遭遇悖论时带来的种种可能。

这本书充分展现了基普丰富的想象力，还有他对于科学普及的不懈热情，这使得我们这些不如他聪明和博学的人也能品尝到科学的乐趣。他希望人们能够理解宇宙的真相，并为此而激动。这本书编

《记忆碎片》

| 2000年 |

当记忆支离破碎后，
你该怎样面对生活？
第74届奥斯卡金像奖
最佳原创剧本（提名）。

《致命魔术》

| 2006年 |

在这部电影中，
克里斯托弗·诺兰
才是那位最伟大的魔术师。

《盗梦空间》

| 2010年 |

"既然做梦，就做大点。"
第83届奥斯卡金像奖
最佳影片（提名）。

《蝙蝠侠前传3：
黑暗骑士崛起》

| 2012年 |

超越原著，
悲怆到迷人。

《星际穿越》

| 2014年 |

黑洞、虫洞、奇点、五维……
只有懂得，才配"烧脑"。
奥斯卡最佳视觉特效奖。

无垠的宇宙，代表着不断挑战我们想象极限的时间和空间。在地球上，看上去科学技术正在经历一个前所未有的加速发展时期。甚至，已经有人开始担心在不远的将来，拥有自主智能的机器人会取代地球人类。

尽管如此，人类仍然是以地球和地球附近的空间作为基地，通过天文观测的手段去了解地球之外的宇宙。到目前为止，人类离开地球最远的距离以光速计量的话还不到两秒钟，而人类发出的走得最远的探测器，经过了将近 40 年的时间也才走了不到 1 天，那只是我们所处的太阳系的大约 500 分之一的距离，而我们的太阳系，只是银河系里上千亿个恒星系统中的一个。银河系又只是宇宙中上千亿个星系中的一员。

在如此众多的天体系统里，如果只有我们所生存的地球这一个行星上具有高等生命，那么这实在是令人难以相信的。随着天文观测手段的不断提高，我们有可能探测到地外生命的存在。然而，如果严格地遵循我们目前公认的物理理论，那么人类在我们可以预见的未来其实是不太可能离开太阳系的。不过理论的各种可能仍然给我们留下了无限的想象空间，特别值得关注的是高维空间存在的可能性。

2014 年风靡全球的影片《星际穿越》为我们的想象给出了一个非常有趣而且专业的描述。大家现在看到的这部作品，则是基普·索恩教授专门为我们奉献的针对影片中诸多科学问题的深入解释。

感谢湛庐文化将这部优秀的科普作品引进中国。特别要感谢中国科学院国家天文台苟利军博士和其他多位工作在相关科研领域第一线的年轻天文学家们为我们带来专业的中文翻译。这是我见到的极少数由国内一线专业科研人员合作翻译的国外科普图书，相信他们为此付出的巨大努力会使读者更好地了解和欣赏原作，而我也借此机会向他们表示崇高的敬意！

电影《星际穿越》在中国引发了令人兴奋的热潮——热度超过世界上任何国家（或许除了韩国）。虽然，这部影片在美国也非常受欢迎，但还远不及在中国的热度。

我想这种热情很大程度上源于《星际穿越》中包含的大量真实的科学信息。我猜相比于美国文化来说，推崇学习的中国文化更乐于接受科学知识。所以，《星际穿越》在中国能够吸引更多对科学感兴趣的人。我希望这本书的中文版能够像铁钩一样钩住这些感兴趣的人。

我希望我的书可以紧紧钩住年轻人，促使他们考虑投身科学事业。我也希望我的书可以紧紧钩住年长的人，让他们可以在余生中保持对科学的好奇心，并在日常生活中尝试应用科学原理。我衷心地希望这本书能够在中国加深人们对科学的认识。

每一次重温与吹毛求疵都是一个维度打开的机会

现在，距离《星际穿越》在世界范围内上映已经过去了 5 个月。这也给了我一个回复过去 5 个月来人们对电影的种种观点的机会。

通过与数百位观影者的对话和通信，我十分清醒地认识到,《星际穿越》不是通过一次观影就可以完全理解的。很多关键的科学概念在电影对话中仅仅出现了一次,而直到电影后半段,这些对话的意义才显现出来。因此在第一次观看时,人们很容易就忘掉了这些关键的对话,或者忽略了它们的重要性。很多科学信息只有看过两三次电影后才会变得清晰,而有些关键信息则需要更多的思考。

一个典型的例子是阿梅莉亚·布兰德(Amelia Brand)在米勒星球上的一段简短讲话[在大浪卷过"巡逻者"号致使道尔(Doyle)丧生后]。"他们,"她说,"是五维的生命。对他们来说,时间也许只是另一个物理存在的维度。对他们来说,过去也许只是一个他们能够跋涉进入的峡谷,而未来是一座他们可以攀登上的山峰。然而,对我们来说,并不是这样,明白吗?"在电影最后,我们看到男主角库珀[正乘坐超立方体(tesseract)进入五维空间]沿着超立方体的对角线向上移动,相对于地球时间前往未来。我们稍微想一下就会明白,如果他在超立方体中向下运动,就会回到地球时间的过去。在五维世界里,库

珀做到了阿梅莉亚所说的"他们"(五维世界的居民)能做到的事情。但若想完全理解这一切,大多数观众需要反复看几次电影并认真思考。

有时,在某些情节结束后,关键的解释才会出现在电影中,为观众(部分)厘清思绪。一个典型的例子是"超立方体"。在电影中,这个名词只在超立方体关闭的时候出现过一次。如果观众知道超立方体是指一个四维的立方体,并且知道当一个人处在超立方体的一个三维表面中时,他会被六个相对的表面环绕,那么也许就会开始理解之前半个小时的电影情节:库珀在环绕的三维表面上看到了他女儿墨菲的多个影像。

因此,我也希望这本书能够扮演电影指南的角色,帮助读者抓住电影中的科学概念,理解这些概念和现代科学的联系。有些影迷会希望享受反复观影带来的乐趣和智力挑战,只是在最后才阅读本书,以拓展视野。另一些观众也许会在观影前,或者是第一次观影后阅读本书,从而在接下来的重温中更加充分地享受电影。

在美国，一些权威人士总喜欢在每一部科幻电影刚刚上映时就对其吹毛求疵，傲慢地向人们指出电影存在这样或者那样的科学问题。《星际穿越》也未能幸免。人们从电影上映的第一周就开始挑刺，大多数人甚至不知道这本书的存在。华纳兄弟娱乐公司禁止我们在电影上映前为书做广告，这可能是因为担心书的广告会带给人们"电影太科学，对普通人来说难懂无趣"的印象。但是华纳兄弟娱乐公司允许我们在电影全球上映的同时打出广告。很多傲慢的评论者在写下批评数天后发现了这本书，在读过本书后，他们发现了自己的错误。我很惊讶他们中只有极少数承认了自己的错误，但我很高兴还是有人这么做了。

一个很常见的错误是评论者宣称米勒星球[靠近黑洞卡冈都亚（Gargantua）]上的一个小时不可能等于地球上的七年。这些傲慢的评论家们之所以会犯错，是因为他们对时间变慢的理解只是基于广义相对论对无自旋黑洞的预言。但是正如书中所解释的，黑洞的自旋，会创造一个飓风型的空间漩涡，从而保护行星不落入黑洞中。因此，行星可以非常靠近黑洞，而不被撕裂。在那里，时间流动大幅地变缓。如果黑洞卡冈都亚转得非常快，米勒星球上的一个小时确实可能等于地球上的七年。

权威人士的其他批评倒是可以原谅，因为在电影中，有些关于科学背景的暗示十分简短，不够充分，即使人们看过 20 次电影也未必能够领悟。在这些情况下，只有阅读本书才能完全理解，比如在电影高潮处扮演了重要角色的、诺兰设计的复杂超立方体。

每一个华丽特效都是一场严谨的科学追求

我科学生涯的一个重大乐趣是与保罗·富兰克林（Pual Franklin）的视觉特效团队一起打造了《星际穿越》中的虫洞、黑洞卡冈都亚以及卡冈都亚的吸积盘。这一合作的最高成就是，保罗因为《星际穿越》的视觉特效获得了奥斯卡最佳视觉特效奖以及英国电影与电视奖。几天前，我在伦敦访问了保罗和他的双重否定团队，并享受了和他们一起手持奖杯拍照的乐趣。

正如我在本书中写到的那样，我和团队的首席科学家奥利弗·詹姆斯（Oliver James）以及艺术团队的负责人尤金妮娅·冯·腾泽尔曼（Eugénie von Tunzelmann）的合作尤其紧密。在 2013 年 7 月的一天，奥利弗建议我们改变生成电影中图像的办法。我们过去用的是科学家和电影制作者的标准算法，计算光线从光源（比如遥远的恒星）出发，到达虚拟摄像机（在黑洞卡冈都亚附近）的传播路线。这些光线构成了我们所看到的图像。但是这个方法有个问题：在 IMAX 巨幕上，即使使用 2 300 万条光线产生一个图像，当恒星在银幕上移动时，这个图像仍然会出现闪烁现象。奥利弗建议我们改进方法，不再计算一条条单独的光线路径，而是计算光束（由光线组成）的截面形状和传播路径。我给了奥利弗必要的方程，并一同工作了数周以完善这个新的方法。新的方法棒极了！图像的闪烁现象消失了，我们可以在前所未有的精度和平滑度上创作电

这是双重否定公司的研发团队，他们是打造电影《星际穿越》中惊人、奇美特效的"神之手"，站在正中间的是我，我手上捧的是奥斯卡最佳视觉特效奖的奖杯。我的左面是团队的首席科学家奥利弗·詹姆斯，他手上捧的是英国电影与电视奖的奖杯。

影图像。我们总结了这一新的方法，并发表了一篇技术论文。很有可能，科学家和电影制作者接下来都会在某些视觉化项目中尝试我们的新方法。

奥利弗、尤金妮娅、保罗·富兰克林和我利用新的计算机程序（我们将之命名为"双重否定引力渲染器"）探索了在快速旋转的黑洞附近，虚拟摄像机拍摄到的景象——摄像机的位置比电影中与黑洞的距离近得多。我们发现，从遥远恒星发出的光线传播进入摄像机，分裂出了大量的像。这些像都聚集在黑洞阴影的一个边缘。在这个边缘处，黑洞周围的空间漩涡朝向虚拟摄像机。这个发现的意义不算重大，却十分有趣。我们将相关的讨论也写在了上面提到的技术论文中。在另一篇面向物理学学生的技术论文中，我们描述了如何在个人电脑中制作《星际穿越》中虫洞的图像。

在宇宙的狂野风暴中，乐享那宇宙弯曲的一面

人们常常问我，在参与电影《星际穿越》的工作时，我在进行什么样的物理学研究。答案并不出奇，是关于在遥远宇宙中的弯曲时空——我自己喜欢称之为"宇宙弯曲的一面"。也就是研究弯曲的时空，比如黑洞、虫洞以及奇点造成的种种现象。我感兴趣的课题是关于由弯曲的时空引发的"宇宙风暴"——海洋风暴的宇宙版本。电影《星际穿越》中展现的时空弯曲是平静的，就好像海上平静的

日子。但是，如果两个旋转的黑洞出现碰撞，它们就会让时空漩涡变得狂暴起来。时间的流逝急剧变慢，又突然地加速，并持续疯狂地震荡。这也会让空间的几何发生疯狂的变化。

与我合作的是一群来自加州理工学院、康奈尔大学和其他地方的年轻科学家，他们通过计算机数值模拟来研究这些"风暴"。这是被我们称作"极限时空"（Simulating eXtreme Spacetimes，SXS）的研究计划的一部分。我和SXS团队的另一个成员马克·谢尔（Mark Scheel）一起总结了我们的一些奇妙发现，并发表在了技术论文中。[①]

我们的研究并不仅局限于理论方面。风暴化的弯曲时空会产生引力波（时空中的涟漪），而引力波又会将风暴的信息传给地球。激光干涉引力波天文台（LIGO 计划，1983 年启动，我是奠基人之一）会从 2015 年起采用一套更先进的引力波探测器来做搜寻工作。

在很多年前，我已经将 LIGO 的领导权移交给了年轻一代的科学家，但我仍以极大的兴趣关注着他们的出色工作。我很有信心，在接下来的数年间，他们会真的探测到碰撞的黑洞发出的引力波信号，而我们则可以从观测分析的角度利用这些引力波来研究弯曲时空的狂野风暴。

[①] Scheel M A, Thorne K S. (2014). "Geometro-dynamics: The Nonlinear Dynamics of Curved Spacetime". Physics-Uspekhi, 57（4），342-351.

当挑战演变成人类大危机时，请追随科学的巨大力量

在《星际穿越》中，人类生活的地球正遭遇着生物危

机。大多数人为了生存而放弃了科学，只有少数人在利用科学的力量与危机做斗争，并试图拯救人类。在五维空间的居民——超体生物（bulk beings）的帮助下，这些人最终取得了胜利。

让我们感到幸运的是，我们今时今日的现实世界并未处于危机中。但是，我们也面临着一系列挑战。如果不能妥善处理，它们都可能演化为巨大的危机，比如，加速变化的气候、进化了的生物病原体（就好像埃博拉病毒）以及核武器的扩散。在面对这些挑战时，科学是一个非常有力的工具。但是，正如在《星际穿越》中展现的那样，很多人，甚至

是掌握力量的政治领导人，都背离科学而去。他们或者拒绝相信这些危机的严重性，又或者希冀找到与科学无关的解决方法。

我希望，《星际穿越》这部被上亿人观赏了的影片，能够传递重要的信息：科学在处理严峻挑战时蕴含着巨大的力量；在挑战演化成重大危机前，用科学应对是非常重要的。这也正是克里斯托弗·诺兰和乔纳森·诺兰所希望的。

基普·索恩
于加州理工学院
帕萨迪纳市，加利福尼亚州
2015 年 4 月 7 日

THE
SCIENCE
OF
INTERSTELLAR

我们是来自国家天文台的一群科研工作者，研究方向包括黑洞、引力透镜、星系和宇宙学等。

翻译这本书的想法最初由电影《星际穿越》上映之时已经远赴意大利的尔欣中博士在微信群中提出，并迅速得到了大家的响应。之后，通过与版权公司的多次沟通，我们终于联络到了中文版的出版公司湛庐文化。在与湛庐文化签订翻译合同之后，我们组成了8人的博士翻译团队，包括尔欣中、李然、王乔、李楠、谢利智、王岚、王杰和苟利军，同时每个人负责翻译的章节就被分配好了。之后，我们立即投入了紧张而有序的翻译工作中。

经过独立翻译各自章节、交叉校对（最后一轮均由富有经验的翻译者把关；上海天文台的左文文博士也参与了一定数量的前期校对工作）以及最后的统稿（由李然、苟利军和王岚共同完成），历时一个多月，定稿终于交付。在翻译过程中，我们一直保持着高度的热情，对遇到的问题和疑点随时讨论。在这个过程中，我们自己也获益良多。

本书的翻译以保证科学内容的准确性为第一原则，语言风格力求与原文一致。本书部分内容，在我们日常研究中常有涉及，翻译起来较为容易。但当索恩教授的笔锋游走到人类知识疆域的边缘，谈到黑洞奇点、高维时空、量子引力这些问题时，我们也必须查找资料、咨询同事，才能保证自己的理解准确无误。尽管我们是专业的研究人员，但翻译经验不足，文字水平有限。而且也由于多人参与翻译，虽然我们通过多轮校对和最后的统稿努力保证了前后语言和内容的一致性，但是疏漏仍不可避免，希望广大读者包容并欢迎讨论和指正。

本书译稿得以完成，要感谢索恩教授对我们主动交流的热情回复以及对我们翻译工作的支持。感谢美国诺顿出版公司（W.W. Norton & Company）的伊丽莎白·克尔（Elisabeth Kerr）女士和博达著作权代理公司的蔡国成先生（David Tsai），他们的帮助促成我们联系到了湛庐文化。感谢毛淑德教授和沈志侠博士帮助审读了部分章节，感谢国家天文台的谌悦馆长为我们慷慨地提供了图书馆场地，以方便我们拍摄相关的视频，感谢许多同事及朋友的讨论和无私支持。同时，感谢翻译团队成员家属们的支持。在我们交付译稿的当天，苟利军博士喜得娇子，希望这位小朋友有一天会觉得这是一本有趣的书。

如索恩教授所愿，也是我们的由衷希望，此书能给读者您带来快乐和思考。

在此，感念我们紧张、有趣、并肩奋战的愉快时光！

是为序。

译者于北京

国家天文台天体物理学重磅译者团队

尔欣中
男，德国波恩大学天体物理学博士，现为云南大学中国西南天文研究所教授。研究方向：引力透镜理论及其应用、星系、星系团及宇宙学。

李 然
男，北京大学天体物理学博士，现为中国科学院国家天文台研究员、巡天空间望远镜科学数据处理系统责任科学家。研究方向：宇宙学、引力透镜、暗物质。

王 乔
男，北京大学天体物理学博士，现为中国科学院国家天文台副研究员。研究方向：宇宙大尺度结构及数值模拟、引力透镜、暗能量。

李 楠
男，中国科学院国家天文台天体物理学博士，芝加哥大学博士后研究员，诺丁汉大学博士后研究员，现为中国科学院国家天文台研究员。研究方向：引力透镜数值模拟、暗物质空间分布。

谢利智
女，中国科学院国家天文台天体物理学博士，意大利里雅斯特天文台博士后，现为天津师范大学物理与材料科学学院助理研究员。研究方向：暗物质晕及星系的形成与演化。

王 岚
女，北京大学天体物理学博士，现为中国科学院国家天文台副研究员。研究方向：星系的形成和演化，温暗物质宇宙学模拟。

王 杰
男，德国马克斯－普朗克研究所博士，英国杜伦大学博士后，国家"青年千人计划"入选者。现为中国科学院国家天文台研究员、中国科学院大学教授。研究方向：宇宙学的数值模拟。

/ 苟利军 /

男，美国宾夕法尼亚州立大学天体物理学博士。美国哈佛大学哈佛史密森天体物理中心博士后及研究人员。国家"青年千人计划"入选者。现为中国科学院国家天文台研究员、中国科学院大学教授和国家天文台恒星级黑洞研究创新小组负责人。研究方向：黑洞基本性质测量以及爆发现象的研究。

/ 左文文 /

女，北京大学天体物理学博士。现为中国科学院上海天文台副研究员，负责科技传播工作。研究方向：类星体的光变，以及高红移类星体的黑洞质量演化（审校部分稿件）。

我做了半个世纪的科学家。这是愉快而有趣的生涯，并且让我对世界和宇宙有了深刻的理解。

在幼年和少年时代，我就梦想成为科学家。这源于我所读的一些书：艾萨克·阿西莫夫（Isaac Asimov）、罗伯特·海因莱因（Robert Heinlein）等人的科幻小说以及阿西莫夫和物理学家乔治·伽莫夫（George Gamow）的科普读物。一直以来的索取让我觉得亏欠他们太多，而作为回报，我想将他们的理念传递给下一代，以激发青年人甚至成年人对科学的兴趣，引领他们进入真正的科学世界，并为非科学人士解释科学是如何运作的，解释科学为我们每一个个体、我们的文明以及全人类所带来的巨大力量。

从这个角度讲，克里斯托弗·诺兰的电影《星际穿越》是一个理想的媒介。我非常幸运地从创意阶段就能够参与这部电影的制作，我主要是帮助诺兰等人把科学元素改编成电影素材。

在《星际穿越》这部电影中，很多科学内容尚处于人类认知的最前沿，有的甚至超出了我们现阶段的理解能力。这给影片增加了许多神秘感，也让我有机会解释一下科学事实、有根据的推测和猜想之间的差别，并且阐释科学家是如何从推理中获得最初的灵感，如何将它们证伪或转变成有意义的猜想甚至是坚定不移的科学理论的。

我是从两方面着手的。一方面，对于电影中的一些现象，我会说明我们已有的知识（像黑洞、虫洞、奇点、第五维度等），解释我们是如何学到这些既有知识的，以及我们打算如何去探索未知的内容。另一方面，我会从科学家的角度阐述自己如何看待这部电影，就像一位艺术评论家或者艺术鉴赏者去品评毕加索的画作一样。

我的解读往往出于我对电影之后科学世界的想象：黑洞卡冈都亚的物理现象，它的奇点、视界（horizon）和视觉外观（visual appearance）；卡冈都亚的潮汐力（tidal gravity）是如何在米勒星球上引发高约 1 219 米的巨浪的；超立方体，这一具有四个空间维度的物体是如何通过五维的超体来运送三维的库珀的……

有时候，我解读的并不是电影故事的一部分，而只是基于电影的推测。例如，我猜测布兰德教授早在电影中的故事开始之前，就已经通过引力波[1]探测到了虫洞。而这

① 引力波（gravitational waves）：时空曲率以波的形式从源向外传播的扰动，这种波会以引力辐射的方式传递能量。——译者注

一引力波可能来自黑洞卡冈都亚附近的一颗中子星①，然后通过虫洞传播到了地球上。

当然，这些解释我仍予以保留，尽管它们并没有取得诺兰的支持，但就像艺术评论家的观点并不一定会得到毕加索的认可一样，它们只是我用来描述一些精彩的科学现象的工具。

书中的一些部分可能会比较难懂，但那是科学的真实面貌。它需要你进行思考，有时候甚至需要深入的思考，但是思考是有回报的。你可以选择跳过这些段落，或是试图理解它们。如果你在努力之后却没有收获，那全是我的错，不是你的问题，我为此感到抱歉。

我希望至少有一次，你会在夜深人静、半睡半醒时，仍然思考我书中所写到的内容。其实，诺兰在完善剧本时问过我的一些问题也常常让我琢磨至深夜。并且，我更希望至少有一次，你能在夜半挠头苦思时，感受到那种灵光一现的快乐。这是我在思考诺兰所提出的问题时所时常经历的。

我由衷地感谢克里斯托弗·诺兰、乔纳森·诺兰、埃玛·托马斯、琳达·奥布斯特和史蒂文·斯皮尔伯格把我带入了好莱坞，并给予了我如此美好的机会来实现梦想，给下一代传递这样的信息：科学美丽而迷人，蕴含着巨大的力量。

① 中子星（neutron star）：当质量约为 8~20 倍太阳质量的恒星进入演化末期，经由引力塌缩发生超新星爆炸后，恒星内核就被压缩成了中子星。典型的中子星的质量一般介于 1.35~2.1 倍太阳质量，半径在 10~20 千米之间，密度大约是原子核的密度。——译者注

你了解科幻巨制《星际穿越》中烧脑的知识吗?

扫码加入书架
领取阅读激励

扫码获取全部测试题及答案,
一起了解宇宙的奥秘

- 地球上各个地方时间流逝的速率都是完全一样的吗?(　　)

  A.完全一样

  B.不完全一样

- 黑洞在宇宙中是普遍存在的,太阳系中的黑洞正在毁灭地球,这是真的吗?(　　)

  A.真

  B.假

- 如果我们把宇宙的弯曲空间设想成起伏不定的海洋表面,那么奇点就是?(　　)

  A.海浪上随便一个点

  B.浪花中的随便一个点

  C.海浪上那个即将破碎的顶点

  D.大海上随便一个点

扫描左侧二维码查看本书更多测试题

THE SCIENCE OF INTERSTELLAR

目 录

GARGANT-
UA

**第二部分
卡冈都亚，
黑洞中的巨人**

DISASTER
ON
EARTH

**第三部分
地球大灾难**

THE
WORMHOLE

**第四部分
虫洞，超太空
跳跃的桥梁**

EXTREME
PHYSICS

**第六部分
极端物理**

CLIMAX

第七部分
穿越之门已经
开启

THE SCIENCE OF INTERSTELLAR

一场华梦，九年曲折：
电影《星际穿越》的创生

琳达·奥布斯特
LYNDA OBST

在一次晚餐中，琳达跟我说了她的一个想法。她构思了一部科幻电影，想让我帮她付诸实践。这将是她二度涉足科幻电影：之前，她曾与卡尔·萨根合作拍摄电影《超时空接触》。

我最杰出的好莱坞搭档

一段失败的罗曼史最后发展成了开创性的友谊和合作关系，这段经历便是《星际穿越》这部电影的种子。

1980 年 9 月，我的朋友卡尔·萨根（Carl Sagan）给我打了个电话。他知道我是一个单身父亲，独自抚养着十几岁的女儿，在南加州过着单身汉生活，并且在从事理论物理专业的工作。

卡尔打电话给我，建议我参加一次相亲——与琳达·奥布斯特一起参加一场首映活动。那是为卡尔即将上映的一部系列剧《宇宙》举办的活动。

琳达是一位睿智漂亮的编辑，在《纽约时报》杂志（New York Times）工作，主要负责"反主流文化和自然科学"版块。当时刚刚搬到洛杉矶——她其实极不情愿到这儿来，但无奈拗不过她丈夫，不过这也加速了他们的离婚。这一切糟糕事情中的唯一亮点是：琳达开始尝试步入电影圈，参与构思一部名为《闪舞》（*Flashdance*）的电影。

《宇宙》的首映礼在格里菲斯天文台举办，是一次正装活动，但我愚蠢地穿了一件浅蓝色燕尾服。洛杉矶所有有头有脸的人那天都在场！我虽然显得格格不入，却度过了非常愉快的时光。

在此后的两年中，我和琳达时断时续地约会，但关系却没有更进一步的发展。虽然，她的激情迷住了我，但也使我身心俱疲。当时，我已经在犹豫这种疲惫是否值得，但无奈决定权不在我这一边。也许是因为我的丝绒衬衫和双面针织的肥大休闲裤，琳达很快就对我失去了兴趣，但是有一些更好的事情却正在发生：来自不同世界的两个完全不同类型的人建立起了一段持久的、富有创造性的友谊和合作关系。

时间快进到 2005 年 10 月，在我与琳达时不时进行的一次晚餐聚会中，我们从近期的宇宙学发现聊到了左翼政治，又从美味的食物一直聊到了电影制作的变化无常。彼时，琳达已经是好莱坞颇有才华和成就的制作人（作品有《闪舞》《渔王》《超时空接触》《十日拍拖手册》），而我也已经结婚。我的太太卡罗尔·温斯坦（Carolee Winstein）已经成了琳达的好友。我在物理学界做得也还算不错。

在一次晚餐中，琳达跟我说了她的一个想法。她构思了一部科幻电影，想让我帮她付诸实践。这将是她二度涉足科幻电影：之前，她曾与卡尔·萨根合作拍摄电影《超时空接触》。

我从未想过自己会参与一部电影的制作，在好莱坞与琳达一起冒险更是我做梦也没想到的。但是与琳达的合作很吸引我，特别是她提到了虫洞——一个由我开创研究的天体物理学概念，所以她轻而易举就拉我入伙了，并进行了一场场头脑风暴。

在接下来的 4 个月里，通过吃饭讨论、电子邮件和电话联系，我们粗略制定了电影的雏形——它包含了虫洞、黑洞、引力波、一个五维的宇宙，以及人类和更高维度空间里生物的缘分。

但最重要的是，在我们的想象中，这部大片将根植于实实在在的科学，而且是人类认知的最前沿，甚至是超过人类认知的科学。这部电影的导演、编剧和制片人都应对科学持有敬意，并且能从中寻求灵感，彻底地、令人信服地将科学融入电影素材中。这部电影应给观众呈现出宇宙中物理定律能够或可能创造的神奇事物，以及在掌握这些物理定律之后，人类可以成就的伟大事业。这部电影可以激发很多观众去了解科学，甚至可能让他们从此以科学为事业。

9 年后，《星际穿越》这部电影实现了我们的所有想象，但是这一过程有如电影《宝林历险记》一般颇为曲折，曾有数次我们的梦想几近坍塌。我们一度找到了电影界的传奇人物史蒂文·斯皮尔伯格，但后来又错失了与他合作的机会。我们还找到了一位非常优秀的年轻编剧乔纳森·诺兰，然而在非常关键的阶段，我们却又两次错失了机会——每次都导致了长达数月的进度停滞。在两年半的时间里，这部影片无人问津，也没有导演。最后，奇迹般地，它在乔纳森的哥哥、最杰出的新生代导演克里斯托弗·诺兰的手中复活并焕发出了新的生机。

史蒂文·斯皮尔伯格
STEVEN SPIELBERG

我当然愿意！但是就在一个星期之后、具体见面时间都还未来得及安排时，琳达就打来了电话："斯皮尔伯格要签下我们的电影！"她欣喜若狂，我也一样。"这种事情从来没有在好莱坞发生过，"琳达告诉我，"从来没有！"但是，它的确发生了。

谁是最初的导演?

2006 年 2 月,在我们已经为这部电影琢磨了 4 个月的时候,琳达和托德·费尔德曼(Todd Feldman)共进了一次午餐。托德是斯皮尔伯格在创新艺人经纪公司(Creative Artists Agency)的经纪人。当费尔德曼问起她当时正在筹备的电影时,琳达谈到了与我的合作,谈到了我们对于一部从头到尾包含真正科学元素的科幻电影的憧憬——我们关于《星际穿越》的梦。费尔德曼听后也非常兴奋,他认为斯皮尔伯格可能会感兴趣,并且敦促琳达当天就把一份剧本大纲给他(他要的剧本大纲应是一个大约 20 页或更长篇幅的有关故事和人物的介绍)。

但是当时,我们写下的所有东西也只有几封电子邮件,以及几次晚餐讨论时所做的笔记而已。所以我们以旋风般的速度工作了几天,精心制作出了一份长达 8 页的剧本大纲。我们对这份剧本大纲非常自豪,并把它寄了出去。几天之后,琳达发邮件给我:

> 斯皮尔伯格已经读了,并且非常感兴趣。我们可能需要和他见一面。好戏开始了,愿意来吗?
>
> 琳达

我当然愿意!但是就在一个星期之后、具体见面时间都还未来得及安排时,琳达就打来了电话:"斯皮尔伯格要签下我们的电影!"她欣喜若狂,我也一样。"这种事情从来没有在好莱坞发生过,"琳达告诉我,"从来没有!"但是,它的确发生了。

之后我向琳达坦白,我只看过斯皮尔伯格导演的一部电影——当然是《E.T. 外星人》,之所以这样是因为作为一个成年人,我一直对电影不是特别感兴趣。所以她给了我一份"家庭作业",名为"基普必看的斯皮尔伯格导演的电影"。

一个月之后的 2006 年 3 月 27 日,我们和斯皮尔伯格进行了第一次会面——或者说史蒂文，我已经开始这么称呼他了。我们在他位于伯班克的电影制作公司安培林娱乐的核心地带见面，那是一个舒适的会议室。

在会议中，我向史蒂文和琳达提出了两条准则：

1. 影片中的情节不能违背已成定论的物理定律，也不能违背已牢固确立的我们对宇宙的认知。

2. 对尚不明确的物理定律和对宇宙的猜想（通常十分疯狂）要源自真正的科学。猜想的依据至少要被一些"备受尊敬"的科学家认可。

史蒂文对此很认同，并且接受琳达的建议，召集了一批科学家与我们集思广益，并组织了一场《星际穿越》研讨会。

这场研讨会于 6 月 2 日在加州理工学院举行。会议室就在我办公室外走廊的另一端。

那是一次长达 8 个小时的会议，14 位科学家兴奋地畅所欲言（包括太空生物学家、行星科学家、理论物理学家、宇宙学家、心理学家和空间政策专家），与会的还有琳达、史蒂文、史蒂文的父亲阿诺德（Arnold）和我。我们聚到一起，虽筋疲力尽，却收获了大量的新思路，并否定了一些不成熟的旧想法。这帮助琳达和我修改并丰富了我们最初的剧本大纲。

由于还有很多事情要忙，所以我们花了 6 个月时间才完成电影的剧本大纲。到 2007 年 1 月，我们的剧本大纲已经长达 37 页，此外还有 16 页关于电影所涉及的科学的介绍。

乔纳森·诺兰
JONATHAN NOLAN

史蒂文和我们一样在等待——等待乔纳的回归。虽然他和琳达完全可以请其他人完成剧本，但他们十分看重乔纳的才华，所以一直在等待……时间不知不觉就到了6月9日，乔纳已经在全力修改第4版剧本。而此时，我却收到琳达的一封邮件：史蒂文的协议现在出了点儿问题。我在想办法。

一波三折的编剧遴选

与此同时，琳达和史蒂文开始物色编剧。这是一个漫长的过程，最终，他们把目光聚集在了乔纳森·诺兰这个年仅31岁的年轻人身上。他刚和哥哥克里斯托弗·诺兰合作过两部影片——《致命魔术》和《蝙蝠侠前传2：黑暗骑士》，而且都是大热影片。

乔纳森（他的朋友叫他乔纳）虽然对科学知识的了解非常少，但他聪明，富有好奇心，又很好学。他花了几个月时间啃书本，以便了解关于《星际穿越》的所有科学知识。同时，他还提出了很多尖锐的问题。他为我们的电影提出了许多重大、新奇的想法，我们欣然接受。

与乔纳一起工作是一件让人愉快的事情。很多个中午，他和我在加州理工学院的教工俱乐部一起开动脑筋讨论关于影片的科学问题，通常一聊就是两三个小时。乔纳总是带着很多新主意和问题来与我共进午餐。有些问题我可能当场就能回答："这在科学上是可能的，但那个不行……"但我的回答有时也是否定的。此时，乔纳就会敦促我多想想："为什么？如果那样将会如何？"但是我反应比较慢，有时就算到了该睡觉时也没有理出个头绪来。但在半夜，当人的本能反应被抑制时，我通常能找到一些方法使他想要的东西成立，或者找到一种替代方法达到他的最终目的。慢慢地，我开始变得善于在半睡半醒的时候进行创造性思考。

第二天一早，我通常会整理半夜写下的那些不太清楚的笔记，"破译"它们，并将之写到发给乔纳的邮件里。他可能会给我打电话、发电子邮件或者再约一次午餐，这样我们便能整合思路。通过这种方式，当我们探讨到引力异常（gravitational anomalies）①以及如何利用它使人类飞离地球的时候，我恰好在当前知识领域的认知范围内发现了一些方法，让这些异常现象在科学上成为可能。

在关键时刻，我们常常把琳达拉进来。她非常善于批判我们的想法，然后引领我们转向新的方向。在与我们一起为电影开动脑筋的同时，她还运用自己的神奇魔力阻止派拉蒙电影公司的干涉，好让我们保有创新自主权。此外，她也在计划下一步，即把《星际穿越》变成一部真正的电影。

到 2007 年 11 月，乔纳、琳达、史蒂文和我基本就故事结构达成了共识。整个故事经过了大面积修改，融合了琳达和我的最初剧本大纲、乔纳的伟大创意以及在我们的讨论中产生的许多新想法。然后，乔纳就开始全力投入剧本写作的工作。但是，2007 年 11 月 5 日，美国作家协会号召罢工。乔纳被禁止继续写作，随后就"消失"了。

我一下就慌了。我们所有的辛苦工作、我们的梦想难道就这样付之东流了？我询问琳达，她劝我要有耐心，

① 引力异常：本书中的引力异常主要指观测到的引力加速度与模型预言的值不符合。其产生原因可能是：(1) 引力模型的不精确；(2) 存在其他未知的引力源。

但她自己显然也非常沮丧。她把这一切都生动地写进了她的书《好莱坞不眠夜》（*Sleepless in Hollywood*）中的第6章，题目是"大灾难"。

罢工持续了3个月，于2008年2月12日结束。此时，乔纳回来了，接着写他的剧本，并且与琳达和我进行了密集的讨论。在随后的16个月中，他创作出了一份详细的剧本大纲，并先后修改了3遍。每一次完成的时候，我们都邀请史蒂文加入讨论。史蒂文总会提出些尖锐的问题，这通常会持续一个小时或更久。然后，他会给出很多建议、要求以及修改的指令。他并不怎么亲自动手，但他却很周到、犀利、有创意，有时还很严格。

2009年6月，乔纳把剧本草稿的第3版给了史蒂文，然后就又"消失"了——在很久以前，他就接下了电影《蝙蝠侠前传3：黑暗骑士崛起》的剧本写作工作，却拖延了一月又一月，把时间都花在了《星际穿越》上。这时他不能再拖延，于是我们就没有编剧了。雪上加霜的是，乔纳的父亲此时也身患重病。乔纳在他父亲最后的几个月时间里，一直陪伴在伦敦，直到当年的12月份。经过这个漫长的沉寂，我越发担心史蒂文会因此失去兴趣。

但史蒂文和我们一样在等待——等待乔纳的回归。虽然他和琳达完全可以请其他人完成剧本，但他们十分看重乔纳的才华，所以一直在等待。

2010年2月，乔纳终于回来了。3月3日，史蒂文、琳达、乔纳和我进行了一次颇有成效的会面，主要讨论9个月前的第3版剧本。我感到一丝欣喜。终于，我们又回到了正轨。

时间不知不觉就到了6月9日，乔纳已经在全力修改第4版剧本。而此时，我却收到琳达的一封邮件：

> 史蒂文的协议现在出了点儿问题。我在想办法。

图 0-1　乔纳森·诺兰、基普和琳达·奥布斯特（从左到右）

　　但是，问题没有得到解决。斯皮尔伯格和派拉蒙电影公司没有就电影的下一步达成一致，琳达也没有找到解决问题的方案。一瞬间，我们又没有了导演。

　　史蒂文和琳达都曾告诉过我，这部电影的制作费将会非常高，几乎没有几位导演能够让派拉蒙电影公司放心交付这么庞大的制作。我似乎看到《星际穿越》在走向地狱边缘，慢慢死去。我彻底绝望了。有一阵儿，琳达也是。但是，她一直是一个解决问题的超级能手。

克里斯托弗·诺兰
CHRISTOPHER NOLAN

　　埃玛是克里斯托弗·诺兰的太太，并且是他所有执导过的电影的制片人和联合出品人。她和克里斯托弗对这部电影很感兴趣。琳达兴奋得几乎发抖。乔纳打电话告诉她："这是最好的可能了。"但是由于许多原因，这件事一直拖了两年半时间才最终确定下来，尽管我们一直非常确定克里斯托弗和埃玛参与此事的决心。

意外接棒的好莱坞顶尖导演

在收到"史蒂文协议出现问题"的邮件之后的第 13 天,当我打开电子邮箱时,就欣喜地发现了这样一封邮件:

与埃玛·托马斯聊得很开心……

埃玛是克里斯托弗·诺兰的太太,并且是他所有执导过的电影的制片人和联合出品人。她和克里斯托弗对这部电影很感兴趣。琳达兴奋得几乎发抖。乔纳打电话告诉她:"这是最好的可能了。"但是由于许多原因,这件事一直拖了两年半时间才最终确定下来,尽管我们一直非常确定克里斯托弗和埃玛参与此事的决心。

因此,我们静下心来等待——从 2010 年 6 月一直等到 2012 年 9 月。在此期间,我开始有些着急了。在我面前,琳达一直显得信心满满,但是后来她吐露曾写下这样的话:

明天我们醒来时,诺兰可能已经离开——在经历了两年半时间的等待之后,他可能另有自己的想法。某个制片人可能给了他一个更好的剧本。他也可能决定休息一下。那样,我长久以来的等待就全都白费了。这是会发生的。我的生活就是这样,创意制片人的生活就是如此。但是对我们来说,他就是那个完美的导演,所以,我们继续等待。

最后,谈判终于开始了,但这远远超出我的能力范畴。克里斯托弗·诺兰只有在派拉蒙电影公司同意与华纳兄弟娱乐公司合作的情况下,才愿意导演这部影片。这是因为华纳兄弟娱乐公司制作了他的前几部电影。所以,这两家平常互为竞争对手的制片公司需要就此达成协议—— 一份极其复杂的协议。

终于,在 2012 年 12 月 18 日,琳达发来了邮件:

派拉蒙和华纳终于达成了协议。太棒了,春天开始了!!!

从那时起，电影完全掌握在了克里斯托弗·诺兰的手中，至此我终于可以说所有事情都在顺利进行了。终于，事情的进展开始变得明朗、充满乐趣，并且令人振奋！

克里斯托弗对乔纳的剧本很了解。他们毕竟是兄弟，并且在乔纳当编剧的时候也曾经聊起过它。在合作剧本方面，他们有着颇为成功的经验：《致命魔术》《蝙蝠侠前传 2：黑暗骑士》和《蝙蝠侠前传 3：黑暗骑士崛起》都是出自他们之手——乔纳完成初稿，克里斯托弗修改，仔细思考他将如何处理每一个镜头，并将之画在纸上。

随着电影完全掌握在克里斯托弗手中，他把乔纳的剧本和他自己进行的另一个项目的剧本合并到了一起——他注入了全新的视角和一套全新的想法。这些想法把电影带向了我们未曾预见的新方向。

2013 年 1 月中旬，克里斯（我很快就开始这样称呼他）邀请我去他在辛克匹电影制作公司①的办公室单独会面，而这家制片公司就位于华纳兄弟娱乐公司的制片场里。

从谈话中，我可以清楚地看出克里斯对相关的科学问题相当了解，同时还拥有敏锐的直觉。他的直觉偶尔会跑偏，但通常都不会离得太远。而且，他充满了好奇心——我们的谈话经常从电影的内容跳到其他一些虽与电影无关却使他着迷的东西上去。

在初次会面中，我向克里斯提出了自己的科学指导原则：不能违背已牢固确立的物理定律；猜想也要源自实际

① 由克里斯托弗·诺兰和妻子埃玛·托马斯共同创办的电影制作公司，总部位于英国伦敦。——译者注

的科学。他似乎很赞同，但是同时告诉我说，如果我不喜欢他在科学上所做的处理，也不需要为他在公众面前辩护。这在当时让我吓了一跳。但是现在电影已经成型，他很好地遵从了这些原则，同时还保证它们并没有妨碍制作这样一部伟大的影片，这让我很佩服。

从 1 月中旬到 5 月上旬，克里斯紧张地改写着乔纳遗留下来的剧本。他和助理安迪·汤普森（Andy Thompson）不时打来电话，邀请我去他办公室或家里讨论一些科学方面的问题，或者让我读一下剧本的最新稿，之后再会面讨论一下。我们的谈话常会持续很长时间，一般为 90 分钟，有时在一两天后还会继续通过电话进行长时间的讨论。他也会提出一些需要我考虑的问题。正如我和乔纳一起工作时一样，我的最佳思考时段仍是深夜。第二天早晨，我会把想法写下来，包括图表和图片，形成几页纸的备忘，并亲手交给克里斯。（克里斯总是怕我们的想法会泄露出去，以至于毁掉粉丝们不断增加的期待。所以，他是好莱坞最神秘的电影制作人之一。）

偶尔，克里斯的想法看上去似乎违背了我的方针，但神奇的是，我几乎总能找到行得通的解决办法。只有一次，我不幸失败了。结果是，在历时两周多的讨论之后，克里斯退让了——把这一小部分改成了其他内容。

所以到了最后，我可以毫无顾虑地为克里斯影片中的科学问题进行辩护。事实上，我热情满满！琳达和我的这个梦想——以真正的科学为基础制作一部电影的梦想被他实现了，真正的科学贯穿于影片始终！

在乔纳和克里斯手中，《星际穿越》的故事有了巨大的变化——它只是在整体思路上与我和琳达的最初设计相似，但比一开始好太多了！影片中的科学想法也并非都是我的。克里斯注入了他自己非凡的科学理念，甚至有的会让我的物理学同事误认为是我的。事实上，当我看到这些想法时，我问自己，我怎么就没想到呢？此外，很多卓越的想法是从我与克里斯、乔纳和琳达的讨论中诞生的。

4月的一个晚上，在我位于帕萨迪纳的家中，卡罗尔和我为史蒂芬·霍金举办了一个大型聚会。聚会聚集了来自不同领域的100多人，包括科学家、艺术家、作家、摄影师、电影制片人、历史学家、教师、社区组织者、工会组织者、企业家和建筑师等。克里斯和埃玛也在其中，还有乔纳和他的太太莉萨·乔伊（Lisa Joy），当然也少不了琳达。夜深时，我们久久地站在阳台上，在漫天的繁星下，远离聚会的喧闹，恬静地聊着。这是我第一次从电影人之外的视角了解克里斯，那是如此愉快！

克里斯很平易近人，非常健谈，有一种强烈的冷嘲式的幽默感。他使我想起了我的另外一个朋友戈登·摩尔（Gordon Moore）——英特尔公司的创始人[1]。他们虽都

图 0-2 基普（左）和克里斯托弗·诺兰在片场中"永恒"号的控制舱内讨论剧本

① 优秀的人物往往都有相似的优点，在《三位一体：英特尔传奇》（湛庐文化策划、浙江人民出版社出版）中你可以领略到戈登·摩尔的更多风采。——编者注

是站在各自领域巅峰的人，却十分朴实低调。他们都开旧车，而不开自己拥有的、更奢华的新车。他们都使我这个内向的人感到自在，这并不容易。

PAUL FRANKLIN
OLIVER JAMES
EUGENIE VON TUNZELMANN

保罗·富兰克林
奥利弗·詹姆斯
尤金妮娅·冯·腾泽尔曼

> 保罗临走的时候，我问他打算雇用哪家图像公司来做视觉特效。"我的公司。"他温和地回答。我又天真地问："那是家什么公司？""双重否定公司（Double Negative）。我们在伦敦有 1 000 名员工，在新加坡还有 200 名。"

视觉特效的缔造者们

2013 年 5 月中旬的一天，克里斯给我打电话。他想让一个名叫保罗·富兰克林的人来我家讨论电影中电脑特效的事情。保罗第二天就来了，我们集思广益，在我的办公室中度过了美妙的两个小时。他很谦逊，与克里斯强有力的风格完全不一样。但他也很聪明，对相关的科学内容了解得很深入，尽管他在大学里主修的是艺术。

保罗临走的时候，我问他打算雇用哪家图像公司来做视觉特效。"我的公司。"他温和地回答。我又天真地问："那是家什么公司？""双重否定公司（Double Negative）。我们在伦敦有 1 000 名员工，在新加坡还有 200 名。"

保罗走后，我上网搜索了一下他的信息。我发现他不仅是那家公司的联合创始人，而且已经凭借诺兰执导的电影《盗梦空间》拿到了奥斯卡最佳视觉特效奖。我喃喃自语道："我是该好好补习一下电影界的事情了。"

在几周后的一次视频会议上，保罗把我介绍给了他在伦敦的同事——《星际穿越》视觉特效团队的负责人们：奥利弗·詹姆斯，作为首席科学家的他将编写计算机代码来实现视觉效果；艺术团队的负责人尤金妮娅·冯·腾泽尔曼，她的团队将把奥利弗的计算机代码加入丰富的艺术元素来产生引人注目的电影图像。

在电影合作者中，奥利弗和尤金妮娅是我初次接触到的学过物理的人。奥利弗拥有光学和原子物理专业学位，了解爱因斯坦狭义相对论的技术细节。尤金妮娅是一位工程师，毕业于牛津大学，攻读的是数据工程和计算机专业。他们与我有很多共同语言。

图 0-3 保罗·富兰克林（左）和基普

我们很快就建立起了良好的合作关系。有好几个月，我几乎全身心地投入到推导黑洞和虫洞周围宇宙的图像方程式（参见第 7 章和第 14 章）上去了。我在低分辨率下测试我的方程式，用的是一个方便使用的计算机软件 Mathematica。然后，我把方程式和 Mathematica 程序发给了奥利弗。他把它们转化为复杂的计算机代码，以产生 IMAX 所需的超高品质图像，然后再交给尤金妮娅和她的团队，以实现艺术效果。现在回想起来，那仍然是非常愉快的工作经历。

图 0-4 尤金妮娅·冯·腾泽尔曼、基普和奥利弗·詹姆斯（从左至右）

《星际穿越》最终的视觉特效非常惊人！并且，这些视觉特效经得起科学的检验，非常精确。

你无法想象，当奥利弗发给我最初的电影剪辑时，我是多么的欣喜若狂。有生以来第一次，而且在其他所有科学家之前，我看到了在极高清晰度下一个高速自旋的黑洞的样子，以及十分直观地看到了它是如何影响周围环境的。

MATTHEW MCCONAUGHEY
ANNE HATHAWAY
MICHAEL CAINE
JESSICA CHASTAIN

马修·麦康纳、安妮·海瑟薇
迈克尔·凯恩、杰茜卡·查斯坦

尽管我在电影中没有角色，但作为《星际穿越》背后的真正科学家，我却是"臭名远扬"，因为我一直在不停地督促每一个人尽力保证这部大片中科学内容的正确性。

精彩"穿越"背后的好莱坞巨星们

2013 年 7 月 18 日，电影开拍前两周，我收到了一封来自马修·麦康纳的邮件，他扮演的是电影中的库珀一角。

关于《星际穿越》，我想问你几个问题……如果你在洛杉矶附近，当面谈最好。请让我知道可否，谢谢！期待你的回复。

麦康纳

6 天后，我们在贝弗利山庄的精品酒店 L'Ermitage 的一间套房里碰面。他安顿在那里，正奋力使自己进入电影角色，并了解电影里的科学内容。

我到达的时候，麦康纳穿着短裤和背心，光着脚给我开门。他刚刚拍摄完《达拉斯买家俱乐部》，很消瘦。他问我是否可以叫我"基普"。我说当然可以，并问应该怎么称呼他。"什么都可以，但不要叫我马特，我讨厌被叫马特。马修和麦康纳，嘿，哥们儿，你想怎么叫都可以。"我选择了"麦康纳"，因为叫起来很顺口，而且我认识太多叫马修的人了。

麦康纳把巨大客厅和餐厅中的所有家具都搬走了，只剩一个转角沙发和一张咖啡桌。散落在地板和桌子上的是 A3 纸大小的纸张，每张上面都洋洋洒洒地写满了关于某个特定内容的笔记。我们坐在沙发上，他捡起一张纸，浏览一下，然后问一个问题。这些问题通常都很深入，并让我们陷入长时间的讨论之中。在此期间，他会在这些纸上做些笔记。

我们的讨论经常会跑题，但这是在很长一段时间里我所经历的最有趣、最愉快的谈话之一了！我们从物理学定律，特别是量子物理，谈到了宗教和神秘主义，从影片中的科学问题谈到了我们的家人，特别是孩子们，我们还谈到了我们的生活哲学、我们如何得到灵感、我们的大脑如何工作以及我们如何探索发现。两个小时后，我在一种亢奋的状态下离开。

后来，我向琳达诉说起了我和麦康纳的会面过程。"理当如此。"她说。她本来可以提前告诉我麦康纳是怎样的人——这是她和麦康纳合作的第 3 部影片了。我很高兴她没有提前告知。事实上，自己发现要有趣得多。

几个星期后，另一封邮件翩翩而至，来自阿梅莉亚·布兰德的扮演者安妮·海瑟薇。

> 嗨，基普！希望收到邮件的时候你一切都好……埃玛·托马斯给了我你的邮箱，说如果我有问题可以找你。好吧，这次的主题相当复杂，所以我有好些问题呢……我们是否可以聊聊？非常感谢。
>
> 安妮

最终，我们在电话上聊了聊，因为我们的日程都太满了，根本没时间会面。她说自己有点儿像物理极客，也说她的角色布兰德是一个对物理非常在行的人。然后，她就抛出了一连串令人惊讶、颇具技术含量的物理问题：时间和引力是什么关系？为什么我们会认为有更高维度的存在？当前关于量子引力的研究进展如何？有没有检测量子引力的实验？直到最后，我们才转移了话题，谈到了音乐。她在高中时演奏小号，而我吹萨克斯和单簧管。

在电影拍摄期间，我极少去片场。他们不需要我。但是一天早上，埃玛·托马斯带我参观了位于索尼电影制片厂 30 号摄影棚的"永恒"号太空船的拍摄现场——包括指挥舱和导航舱的实物尺寸模型。

它极其惊人：13.4 米长，7.9 米宽，4.9 米高，悬挂在半空中，可以从水平方向移动到几乎垂直的方向，制作精致，注重细节。它让我震惊，同时激发了我的好奇心。

"埃玛，既然可以用计算机制作出这些东西的图像，为什么还要建造如此庞大和复杂的模型？""因为不清楚哪样会更便宜，"她回答道，"而且计算机图像现在还不能给出和实物一样令人信服的视觉细节。"只要有可能，她和克里斯就会使用真实的场景和效果，除非是那些不可能实现的，比如像黑洞卡冈都亚。

还有一次，我在布兰德教授的黑板上写下了一长串方程和图解，然后看着克里斯他们拍摄教授办公室里的一个场景，其中，迈克尔·凯恩扮演布兰德教授一角，杰茜卡·查斯坦扮演成年墨菲（Murph）一角。凯恩和查斯坦对我表示出了热情又友好的尊重，我有点儿吃惊。尽管我在电影中没有角色，但作为《星际穿越》背后的真正科学家，我却是"臭名远扬"，因为我一直在不停地督促每一个人尽力保证这部大片中科学内容的正确性。

让我没想到的是，这个"坏名声"却触发了我和许多好莱坞名人的有趣谈话：不仅仅是诺兰一家、麦康纳和海瑟薇，还有凯恩、查斯坦等人。这都是我和琳达创造性友谊的意外收获。

现在，终于到了琳达和我关于《星际穿越》之梦的最后一步。这一步就是你们，广大的观众们。你们应该已经对《星际穿越》的科学产生了好奇，并试图为电影中不可思议的情节寻找解释。

那么，答案就在这里。这便是我写此书的缘由。

祝你们开启一场美妙的探索之旅！

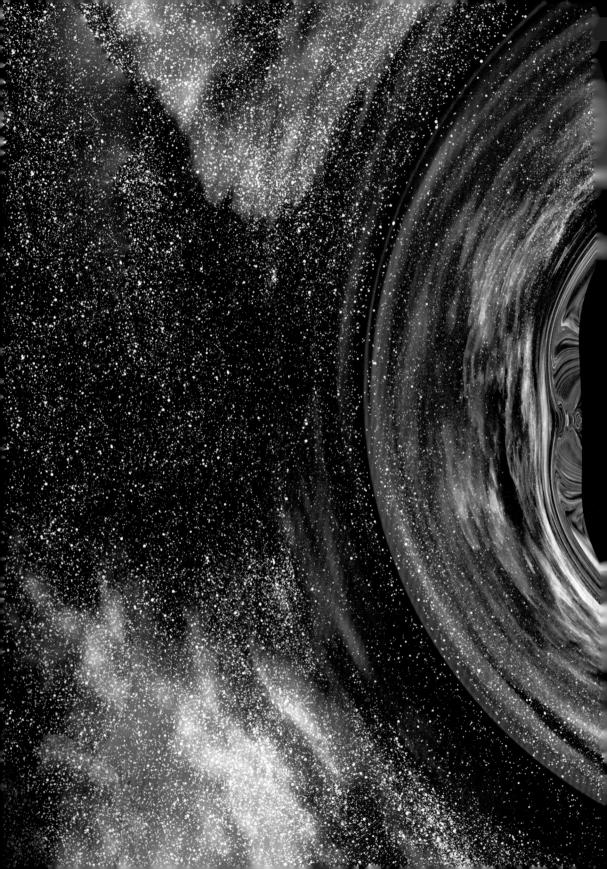

FOUNDATIONS

第一部分

宇宙奥秘，穿越之钥

宇宙的终极真相

宇宙非常广阔，浩瀚而美丽。从某些方面看，它极其简单；而从另一些方面看，它又十分复杂。从宇宙极其丰富的内容里，我们只需要了解很少的一些基本事实即可。

大爆炸，宇宙诞生

宇宙起源于 137 亿年前的一次大爆炸。我的朋友，宇宙学家弗雷德·霍伊尔（Fred Hoyle）给它取了一个略带调侃的名字——"宇宙大爆炸"（Big Bang）。在 20 世纪 40 年代，他觉得这只是一个哗众取宠、异想天开的想法。

事实证明，弗雷德错了。我们已经发现了由大爆炸发出的辐射，甚至就在我写这本书的上一周，我们还获得了一些观测数据。初步的分析表明，我们可能观测到了起源于大爆炸后第 1 兆兆兆分之一秒的辐射。

我们不知道是什么引发了大爆炸，也不知道在那之前世界是什么样子。但宇宙就从那一刻诞生，变成了充满高温气体的浩瀚海洋，并且向所有方向飞速膨胀，就像核弹爆炸或者煤气管道爆炸引发的火球一般。但是这场爆炸没有破坏任何东西（就目前所知），而是创造了我们宇宙中的一切，或者说为宇宙中的万物播下了种子。

我可以单独为大爆炸谱写一章，但这与本书的主题并没有太多关联，所以我尽力克制自己只点到为止。

万亿星系与黑洞

随着宇宙的膨胀，高温气体开始冷却。随机地，有些地方的气体密度比其他地方稍高。当气体冷却到一定程度时，高密度区域自身的引力就会使气体向内塌缩，产生星系（星系由一大团恒星和它们的行星，还有充斥于其中的稀薄气体组成），参见图 1-1。

此图为哈勃空间望远镜拍摄

图 1-1 一个名为阿贝尔 1689（Abell 1689）的巨大星系团和许多其他遥远的星系

最早的星系产生于大爆炸发生的几亿年之后。

我们可见的宇宙里大约有上万亿个星系。最大型的星系中包含上万亿颗恒星，并且有大约 100 万光年[①]**那么大。而那些体积较小的星系也有 1 000 万颗恒星和 1 000 光年那么大。几乎在每一个大型星系的中心都有一个超大质量的黑洞（见第 4 章）。它们比太阳的质量大 100 万倍**[②]**，甚至更多。**

地球所在的星系叫作银河系。银河系里的大多数恒星位于一条明亮的长带中，横亘于晴朗的夜空里。实际上，不仅仅是长带中的恒星，我们在夜空中看到的所有的星星点点都是银河系中的恒星。

离我们最近的一个大型星系是仙女星系（Andromeda），见图 1-2。它距离地球 250 万光年，包含了上万亿颗恒星，跨越了 100 000 光年。银河系和它就像一对双胞胎，大小、形状都很接近，连恒星的数量也是。如果在图 1-2 中的是银河系的话，那么地球就应该处于黄色小方块所标示的位置。

太阳系

恒星是巨大的高温气体球，通常由内部的热核聚变来维持高温。太阳是一个非常典型的恒星，它的直径有 140 万千米长，比地球直径大 100 倍。它的表面有闪烁的耀斑，

① 光年是一个距离单位，光年是光走 1 年的距离，大约为 10 万亿千米。

② 更科学地讲，它的质量是太阳质量的 100 万倍或更多，这也就是说当你在某一个固定距离时，它的引力强度相当于 100 万个太阳的吸引力一样。在本书中，"质量"和"重量"表示相同的意思。

仙女星系里面有一个巨型黑洞，比太阳重 1 亿倍，跨度相当于地球的运转轨道（电影中的黑洞卡冈都亚也是同样的大小和质量，见第 5 章）。它就位于仙女星系最亮的球形区域的中心。

图 1-2. 仙女星系

100 000 光年

还有一些耀斑分布于各处的高低温区域，通过望远镜看时非常迷人（见图 1-3 ）。[①]

图 1-3 太阳的图像，由美国国家航空航天局（NASA）太阳动力学天文台拍摄

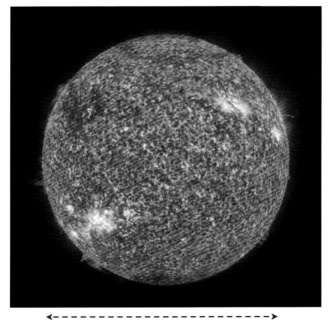

140万千米

在围绕太阳的椭圆轨道上有八大行星，这其中就包括地球，还有许多矮行星（dwarf planet，冥王星是最有名的一个），此外还有许多彗星以及更小的、被称作小行星和流星的岩石块（见图 1-4 ）。在距离太阳由近到远的行星排序中，地球处在第三位上。土星是第六位行星，它有一个美丽的光环，在电影中是很重要的角色（见第 14 章 ）。

太阳系直径为 120 亿千米，即使是光也需要 11 个小时才能穿越它。距离太阳最近的恒星，是位于半人马座的

① 太阳非常明亮，所以我们在观测时需要在望远镜前加装滤镜以降低亮度。——译者注

比邻星（Proxima Centauri），它距离我们 4.24 光年，比我们与太阳的距离还要大 2 500 倍！在第 12 章，我将探讨遥远距离为星际旅行带来的麻烦。

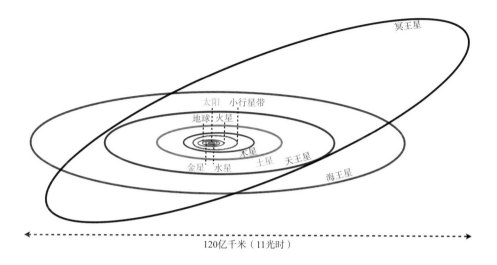

120亿千米（11光时）

图 1-4　太阳的几大行星和冥王星的轨道，其间的小行星带中包含数量庞大的小行星

恒星的死亡：白矮星、中子星和黑洞

太阳和地球大约有 45 亿年历史，这约为宇宙年龄的 1/3。再过大约 65 亿年，太阳将会燃尽它内部的核燃料。然后，它将会燃烧内核表层的燃料，它的外层面将开始膨胀，其间会把地球烤干并包裹起来。当这部分燃料也耗尽时，它便开始塌缩为一颗与地球大小差不多的白矮星，但是密度要比后者大 100 万倍。白矮星会逐渐冷却，再过几百亿年以后会变成一颗致密的、无光的死星。

那些质量比太阳大很多的恒星燃烧得非常快，之后可能会塌缩成一颗中子星或一个黑洞。

中子星的质量一般是太阳质量的 1~3 倍，周长大约为

75~100 千米（与芝加哥的大小差不多），密度和原子核的密度一样大，达到了 100 万亿倍岩石或者地球的密度。实际上，中子星基本上是由一个挨着一个的原子核构成的。

黑洞（见第 4 章）却不一样。黑洞完全是而且仅仅是由弯曲的时间和弯曲的空间构成的（我会在第 3 章解释这个奇怪的论断）。黑洞不包含物质，但有表面，黑洞的表面被称作"事件视界"[1]或简称"视界"。没有东西可以逃离黑洞，甚至光。这也是黑洞之所以如此漆黑的原因。黑洞的表面积和质量成正比：质量越大，表面积越大。

一个黑洞如果有一颗典型的中子星或白矮星这样的质量（一般来说是 1.2 倍太阳质量），那么它的周长将会是 22 千米：这个值是中子星的 1/4，白矮星的千分之一（见图 1-5）。

因为一般恒星的质量不会超过 100 倍的太阳质量，变成黑洞的恒星也是如此。

星系中心巨型黑洞的质量可以达到 100 万甚至 200 亿倍太阳质量。因此，它们不可能是恒星死亡后的产物。它们的形成过程有其他方式，也许源自许多小黑洞的聚和，也许源自巨大的气体云的塌缩。

宇宙中的电场、磁场与引力场

由于磁力线（magnetic force line）在宇宙中扮演了重

图 1-5 一颗白矮星（左）、中子星（中）和黑洞（右），质量都是 1.2 倍太阳质量。对于白矮星，我只画了它表面的一小部分

① 事件视界（event horizon）：相对论中的一种时空界线。视界中的任何事物都无法对视界外的观察者产生影响。黑洞的最外边界便是事件视界。事件视界是造成黑洞之所以被称为黑洞的根本原因。——译者注

要角色，并且在电影《星际穿越》中也很重要，所以在我们进入电影的具体科学内容前，先来谈谈磁场。

在学生时代上物理课时，你想必已经通过一些小实验见过磁力线了。你是否还记得在一张纸下面放一块磁铁，然后在纸面撒上铁屑后形成的图案？

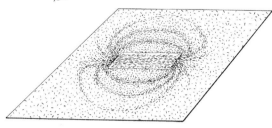

图 1-6　从一块磁铁发出的磁力线，由铁屑在纸上形成的图案使其形象化，此图是马特·齐梅特（Matt Zimet）根据我的草图所画，图片来自我的另外一本书《黑洞与时间弯曲》

这些铁屑形成的图案可以参见图 1-6。它们沿着磁力线的方向排列。其实，磁力线是不可见的。磁力线从磁铁的一极出发，绕过磁铁，然后消失于另一极。磁场就是所有磁力线的集合。

当你试着把两块磁铁的北极对到一起时，它们的磁力线就会相互排斥。虽然在两块磁铁之间看不到什么，但是你能感觉到它们之间的斥力。磁悬浮就是利用了这个原理，它可以使被磁化了的物体，甚至是一列火车，都悬浮在空中（见图 1-7）。

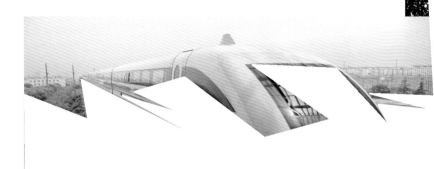

图 1-7　世界上第一列商用磁悬浮列车出现于中国上海

地球也有两个磁极：一个南磁极，一个北磁极。磁力线从南磁极出发，绕过地球进入北磁极（见图1-8）。这些磁力线会影响罗盘的指针，就像它们会影响纸片上的铁屑一样，使得指针尽可能地指向磁力线的方向。这就是罗盘运作的原理。

图 1-8 地球的磁力线

地球的磁力线能够通过北极光显现（见图1-9）。从太阳发出的质子，在经过地球时，被地球磁场捕获，并沿着地球磁场穿过大气层。这些质子与氧原子、氮原子相互碰撞，并使之发出荧光，这就是北极光。

图 1-9 挪威哈默弗斯特天空中的北极光

中子星拥有非常强的磁场，它们的磁力线与地球的很像，并形成了类似于甜甜圈的形状。高速运动的粒子会被中子星的磁场捕获。它们发出光，显现出磁力线，并产生了如图 1-10 所示的蓝色光环。有些粒子从磁场的两极喷射出来，形成了两束强烈的喷流。这些喷流中有各种类型的辐射：伽马射线、X 射线、紫外线、可见光、红外线和射电辐射（radio waves）。由于星体本身的自转，它的喷流快速地划过了中子星上方的天空，像探照灯一样。[①]每当这个喷流扫过地球所在的天区时，天文学家就可以观测到一个脉冲信号，因此天文学家给它们起了另外一个名字：脉冲星（pulsar）。

图 1-10 中子星的艺术图像——甜甜圈状的磁场及其喷流

① 一般来说，磁场的两极和自转轴并不完全重合，地球也是如此。——译者注

　　除了磁场，宇宙中还存在着一些其他类型的场（即其他类型力线的总和）。其中的一个例子是电场（电力线的组合，导线里的电流就是被电场驱动的）；另外一个例子是引力场（引力线的组合，我们总是被引力拉回地球表面）。

　　地球的引力线沿着径向指向地心，并且它们总是把其他物体拉回地球表面。引力的强度正比于引力线的密度（通过某一固定截面内引力线的数量）。因为引力线都是指向地球内部的，所以它们通过的截面是逐渐减小的（见图 1-11 中由红点围成的圈），因此引力线的密度越向下越大。也就是说，地球的引力沿着引力线的方向增大，并且以 1 /（红点围成的圈的面积）的速度变化。

　　由于这些圈的面积正比于它们到地心距离 r 的平方，所以地球的引力以 $1/r^2$ 的量级增强。这就是牛顿的平方反比引力定律（inverse square law）——一个基础物理定律。而基础物理定律正是电影《星际穿越》中布兰德教授的探寻激情所在，也是其中科学现象的基础。我们在之后的章节中将会谈到。

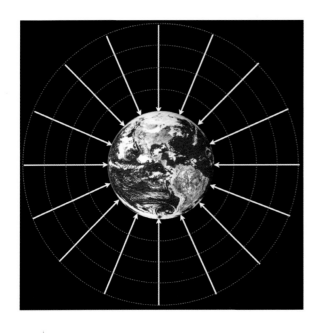

图 1-11　地球的引力线

↗ 02

THE LAWS
THAT
CONTROL
THE
UNIVERSE

主宰宇宙宿命的法则

揭秘物理世界的四大定律

从 17 世纪开始，物理学家们就在努力探索物理定律是如何构造并控制宇宙的。这与欧洲早期的探险家们进行的地理大发现很像（见图 2-1）。

1506 年，欧亚大陆的版图已然清晰，但南美洲仍在"朦胧"之中。1570 年，美洲的轮廓已经清晰，但地图上仍然没有澳洲的丝毫踪迹。1744 年，澳洲的版图也清晰了，但南极洲仍是未知领域。

类似的情况也发生在物理世界中（见图 2-2）。到 1690 年，牛顿定律（Newtonian Laws of Physics）已经广为人知。通过力、质量和加速度这些物理概念，以及联系这些物理概念的方程，例如 $F = ma$，牛顿定律可以精确地描述月球环绕地球的运动、地球环绕太阳的运动、飞机的飞行轨迹、大桥的建造原理以及小孩子所玩的弹珠

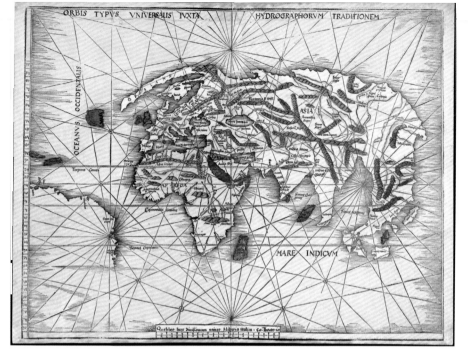

1506 年，马丁·瓦尔德泽米勒
（Martin Waldseemuller）绘

1570 年，亚伯拉罕·奥特柳斯
（Abraham Ortelius）绘

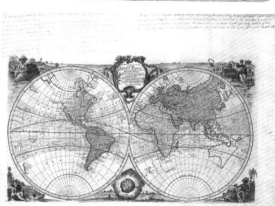

1744 年，伊曼纽尔·鲍恩
（Emanuel Bowen）绘

图 2-1 1506—1744 年的
世界地图

的碰撞原理。在第 1 章，我们简要地描述过牛顿定律的一个例子：平方反比引力定律。

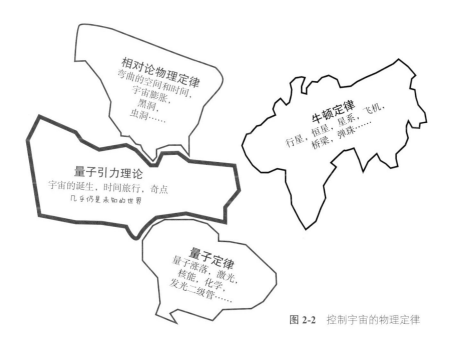

相对论物理定律
弯曲的空间和时间，
宇宙膨胀，
黑洞，
虫洞……

牛顿定律
行星，恒星，星系，飞机，
桥梁，弹珠……

量子引力理论
宇宙的诞生，时间旅行，奇点
几乎仍是未知的世界

量子定律
量子涨落，激光，
核能，化学，
发光二级管……

图 2-2 控制宇宙的物理定律

到 1915 年的时候，爱因斯坦和另一些物理学家已经发现了有力的证据，证明牛顿定律在某些情况下会失效，包括研究涉及超高速运动时（物体以接近光速的速度运动）、涉及超大尺度（例如研究宇宙时）以及非常强的引力场时（例如黑洞）。为了弥补这些漏洞，爱因斯坦提出了革命性的相对论物理定律（relativistic laws of physics）。通过引入弯曲的时间和弯曲的空间的概念（我会在下一章中论及），相对论预言并描述了宇宙膨胀、黑洞、中子星以及虫洞。

到 1924 年的时候，人们已经非常清楚地知道牛顿定律在微观尺度上也不适用了（例如当研究分子、原子和基本粒子时）。为了解决这个问题，尼尔斯·波尔（Niels Bohr）、维尔纳·海森堡（Werner Heisenberg）、埃尔温·薛定谔（Erwin Schrödinger）等物理学家们为我们引入了量子定律（Quantum Laws）。这种理论认为万物都会有点儿随机的涨落（我将在第25章描述）。随机涨落能从真空中产生新粒子和辐射。量子定律给我们带来了激光、核能、发光二极管以及对化学更深刻的理解。

到1957年，相对论物理定律和量子定律在本质上的分歧变得愈发明显。在引力非常强、量子效应也非常强的情况下，它们作出了不同的预测，且互不相容。[①]这种情况包括：宇宙诞生的大爆炸（见第1章）、黑洞（比如卡冈都亚）的核心部分（见第25章和第27章），以及向过去传递信息的时间旅行（见第29章）。在这些情况下，不兼容的相对论物理定律和量子定律卷进了"火爆的婚姻"[②]中，量子引力理论（laws of quantum gravity）由此产生（见图2-2）。

我们至今还不清楚量子引力理论的具体法则，但是我们获得了一些很有吸引力的见解，包括超弦理论（见第20章）[③]，这全要归功于21世纪全世界最杰出的物理学家们的巨大贡献。尽管我们对之有了一些理解，但量子引力理论仍然是一片未知的世界。这反倒给了那些激动人心的科幻小说以施展拳脚的空间，也给了诺兰充分的想象空间，以使他在《星际穿越》中展示了自己精湛的电影技巧（见第27~30章）。

科学事实、有根据的推测和猜想

电影《星际穿越》中的科学依据涉及以上所有4个理论领域：牛顿定律、相对论物理定律、量子定律和量

① 在引力场非常强、量子效应也非常强的情况下，光的能量有巨大的量子涨落，它的能量之大可以显著地并且是随机地扭曲时间和空间。这种涨落造成的扭曲超出了爱因斯坦相对论的范畴，而且这种扭曲对光的影响也超出了量子定律的范畴。

② "火爆的婚姻"这一说法是由我的导师约翰·惠勒提出的，他对命名新事物非常在行。约翰还创造了"黑洞"、"虫洞"和"黑洞无毛"等词汇表达（参见第4章和第13章）。他跟我讲过，他曾泡在澡盆中数个小时，把自己的头全部浸入肥皂泡里就是为了寻找一个形象、恰当的词。

③ 超弦理论（superstring theory）：引进了超对称的弦论，是量子引力理论的候选者之一，包含11维的时空。在这一理论中，我们的四维宇宙镶嵌在高纬度空间中，并能受到高维世界的影响。——译者注

子引力理论。这其中，一些内容是科学事实，另一些是有根据的推测，还有一些是猜想。

所谓的"科学事实"必须植根于已经建立的物理定律（牛顿定律、相对论物理定律或者量子定律）。并且，它要有足够多的观测事实作为基础。而这些观测事实，都可以被以上物理定律描述。

具体而言，我在第 1 章中讲到的中子星和磁场是真实存在的，属于科学事实。为什么这样讲呢？首先，中子星是由量子定律和相对论物理定律切实预言而存在的。其次，天文学家们对大量来自中子星的脉冲辐射（pulsar radiation）进行了研究（包括可见光、X 射线、射电辐射）。这些脉冲辐射的观测数据非常漂亮，如果这些脉冲辐射来源于自转的中子星，那么它们可以精确地被量子定律和相对论物理定律描述。并且，人们至今还没有找到其他合理的解释。再次，中子星是切实的天文学预言，它们产生于超新星（supernova）爆发。在超新星爆发的遗迹——巨大膨胀的气体云中心，我们观测到了同样的脉冲辐射。因此，天体物理学家们对以下结论深信不疑：**中子星确实存在，并且发出了可观测到的脉冲辐射**。

另一个科学事实是黑洞卡冈都亚和由它偏折光线所产生的恒星图像的扭曲（见图 2-3）。物理学家们称之为"引力透镜"①，因为这和我们使用放大镜或者曲面镜看到的变形图像非常像，比如我们在游乐园的哈哈镜中所见的景象。

① 引力透镜（gravitational lens）：根据广义相对论，就是当背景光源发出的光在引力场（比如星系、星系团及黑洞）附近经过时，光线会像通过透镜一样发生弯曲。光线弯曲的程度主要取决于引力场的强弱。分析背景光源的扭曲，可以帮助研究其中作为"透镜"的引力场的性质。——译者注

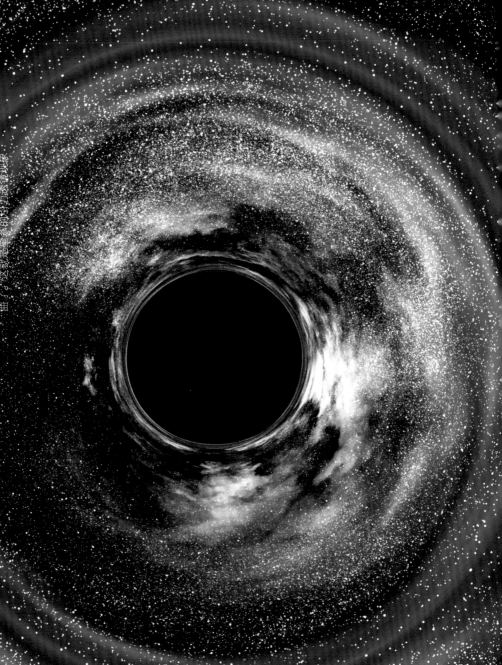

图 1-3 来自双重系之公司视觉特效团队为木来阶段的图像模拟，它们围绕在卡冈图黑洞的周围。黑洞从左区域可观看到图片为星系的恒星。卡冈黑洞吞噬了发自恒星的光线，因此这个星系看起来被强烈地扭曲了。这类星系的引力透镜现象。

爱因斯坦的相对论物理定律明确地预言了黑洞的所有性质，从黑洞的表面到外围，包括引力透镜现象。天文学家们则拥有确凿的观测证据表明宇宙中的确存在黑洞，包括像卡冈都亚一样的超大质量黑洞。天文学家们已经观测到很多引力透镜现象（参见图 2-3）。尽管由黑洞引起的引力透镜现象尚未有记录，但已有的引力透镜观测现象与爱因斯坦相对论物理定律的预言非常精确地吻合了。

这对我来说已经足够了。我提供了卡冈都亚的引力透镜方程，而保罗·富兰克林的团队据此进行了图像模拟，这些图像就是我们可能会看到的真实图景。

相反，电影中"枯萎病会危及人类在地球上的生存"的桥段（见图 2-4 和第 10 章），一方面是一个有根据的推测，而另一方面也是一种猜想。下面我来解释一下。

在历史上，我们可以找到农作物被"枯萎病"（由微生物引起的快速传播的疾病）困扰的相关记载。理解枯萎病需要进行生物学研究。生物学建立在化学理论的基础上，而后者基于量子定律。科学家们现在还不知道如何从量子定律推导出所有

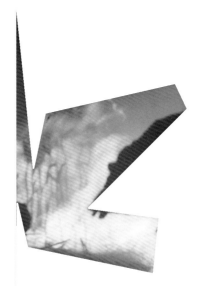

电影《星际穿越》剧照，由华纳兄弟娱乐公司授权使用

图 2-4 焚烧感染了枯萎病的农作物

相关的化学理论（但是他们已经可以推导出很多了），他们也不完全知道化学和相关生物学之间的关系。然而，从观察和实验中，生物学家们已经知道了关于枯萎病的诸多事实。迄今为止，人们遇到的枯萎病还没有由一种农作物感染到另一种农作物，然后迅速蔓延以致威胁人类的生存。但是，我们并不能保证这种事情不会发生。因此，"可能存在这样一种枯萎病"是有根据的推测，而"这种枯萎病某天确实会发生"则是一种猜想。不过，大多数生物学家还是觉得这不太可能会发生。

影片中发生的引力异常（见第 23 章和第 24 章），例如库珀扔出的硬币突然快速落到地板上，这是一个猜想。同理，利用引力异常离开地球、移民太空的情景也同样是猜想（见第 30 章）。

尽管实验物理学家们在测量引力效应时曾经努力寻找这些可能的异常现象——那些不能由牛顿定律或相对论物理定律来解释的现象。但是，在地球上，人们至今仍没有发现令人信服的引力异常现象。

然而，在探索量子引力理论的过程中，人们发现宇宙似乎是更高维度的"超空间"中的一层宇宙膜[①]，物理学家们把这个高维空间叫作"超体"，请参见图 2-5、第 3 章和第 20 章。当物理学家们把爱因斯坦的相对论物理定律运用到超体中时，正如影片中布兰德教授在他办公室的黑板上所写的（见图 2-6），他们发现了引力异常存在的可能性——引力异常可以由超体中的物理场触发。

① 宇宙膜（brane）：来源于弦理论，主要用来描述将一个点粒子一般化为更高维度的理念所对应的一个物理实体，比如，一个点粒子可以被看作零维，而弦就是一维的膜。在第 N 维中，就是 N 维的膜。宇宙膜一般被认为是漂浮在一个更高维度的"超体"（释义见第 49 页）里。比如我们的宇宙其实是镶在一些更高维度的超体空间上的三维空间。——译者注

图 2-5　太阳周围的区域。在图中，宇宙被描绘成了一个二维的表面或者膜，存在于一个三维的超体中。事实上，我们的宇宙膜是三维的，而超体则是四维的。这张图在第 3 章里有更为详细的解释（特别是图 3-4）

　　实际上，我们还远不能确定超体的存在。如果超体存在且也属于爱因斯坦相对论物理定律统治的世界，那么"引力异常"才可以算是一个有根据的推测。可是，即使超体存在，我们也并不知道是否会有作用场能诱发引力异常，即使有，我们也不知道它能否被控制。所以，**引力异常和控制引力异常是极致的猜想**。但是这些猜想有一定的科学依据，我和我的物理学家朋友们很热衷于谈论这些问题——

至少是在几杯啤酒下肚的晚上。所以，这些猜想遵循的是在电影《星际穿越》中我所倡导的准则："猜

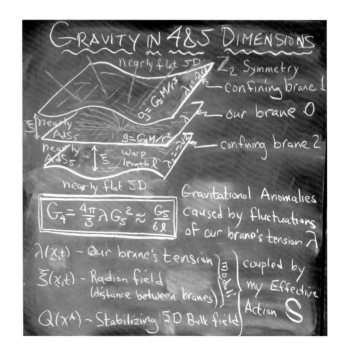

图 2-6　布兰德教授黑板上的相对论物理定律方程描述了引力异常可能根植的物理学基础，细节见第 24 章

想起源于真实的科学，至少那些'备受尊敬'的科学家们应认为这些猜想是有可能的。"

> **特别提示**
>
> 在整本书里，每当我们讨论到电影中的科学问题时，我都会说明这个问题的状态：
>
> Ⓣ（Truth）——科学事实；
>
> ⒠ⓖ（Educated Guess）——有根据的推测；
>
> ⚠（Speculation）——猜想。

当然，这些状态并不是一成不变的；你有时可能会遇到它们在电影里或在本书里发生变化的情况。对库珀来说，超体原本是一个有根据的推测。然而，当他进入超立方体后，这就变成了事实（见第 28 章）。而量子引力理论起初只是一个猜想，直到它被那个极富幽默的海军机器人塔斯（TARS）在黑洞中提取出来时，库珀和墨菲才意识到它的真实性（见第 27 章和第 29 章）。

对于 19 世纪的物理学家来说，牛顿的平方反比引力定律是绝对真理；但是在 19 世纪 90 年代前后，它被革命性地颠覆了，起因是人们观测到水星环绕太阳的运动轨道存在一个微小的反常（见第 23 章）。牛顿定律对于太阳系的研究接近完美，但还差了一点儿。这个小小的异常开启了通往 20 世纪爱因斯坦相对论物理定律的大门。在强引力场下引力定律会改变，一开始这只是一个猜想，后来有了观测数据的初步分析，就变成了有根据的推测，到 1980 年，当进一步的观测证据肯定了这一理论时，它就变成了科学事实（见第 3 章）。

已被公认的科学事实很少遭到革命性的颠覆；但一旦发生，势必会对科学与技术产生深远的影响。

猜想变成有根据的推测，最后变成了科学事实，你能找出生活中类似的例子吗？你是否经历过由自己建立的理论被推翻并引发革命性结果的事情呢？

人 **03**

WARPED
TIME AND
SPACE,AND
TIDAL
GRAVITY

弯曲时空和潮汐力 Ⓣ

爱因斯坦的时间弯曲理论

从 1907 年起，爱因斯坦就一直在试图理解引力的起源。终于在 1912 年，他灵感迸发，意识到时间一定是被类似于地球或黑洞这些质量很重的物体弯曲了，正是弯曲导致了引力。他将这些发现归纳成精确的数学方程①，而我喜欢称之为 "爱因斯坦的时间弯曲理论"。以定性的方式描述，这个定律可以表述为：**任何事物都倾向于去往时间流逝最慢的地方——引力会将其拉向那个地方。**

① 参见本书最后的 "附录 2 技术札记"。

　　时间流逝得越慢，引力就越强。在地球上，时间每天只会变慢几微秒，所以引力的强度适中。在一颗中子星的表面，时间流逝的速度每天会减慢几个小时，所以那里的引力是非常强的；而在一个黑洞的表面，时间流逝已经停止，所以那里的引力非常大，以至于没有任何东西可以逃离，包括光。

　　黑洞周围时间变慢的效应在电影《星际穿越》中有着重要作用。库珀对能再次见到女儿墨菲已经绝望了——当他乘坐飞船飞到黑洞卡冈都亚附近时，时间变慢的效应使他只变老了几个小时，然而地球上已经过去了 80 年。

　　在爱因斯坦归纳出这个理论的近半个世纪之内，由于其效应过于微小，所以人类的技术无法检验这个理论。第一次比较理想的测试是在 1959 年，当时鲍勃·庞德（Bob Pound）和格伦·雷布卡（Glen Rebca）采用了一种叫作"穆斯堡尔效应"（Mössbauer effect）的新技术。他们对比了两个地方时间流逝的速率，一个是在哈佛大学 22.3 米高塔的地下室里，另一个是在同一个塔的顶楼中。他们的实验异常精确，足以探测出一天中 0.000 000 000 001 6 秒（1.6 万亿分之一秒）的差别。他们测到的差别比实验精度大 130 倍。实验结果和爱因斯坦的理论吻合得非常好：时间在地下室流逝得比在顶楼每天慢 210 万亿分之一秒。

　　在 1976 年的时候，测量精度得到了进一步提高。哈佛大学的罗伯特·维索特（Robert Vessot）把一台原子时钟通过 NASA 的火箭送到了 10 000 千米的高空。卫星上时钟的嘀嗒声被无线电信号带回，并与地面上的时钟进行了比较（见图 3-1）。维索特发现，地面上的时钟要比位于 10 000 千米高空的时钟每天慢 30 微秒（0.000 03 秒），并且他的测量与爱因斯坦的时间弯曲理论在实验精度内完全吻合。实验的精度（也就是维索特测量的误差）达到了测量结果的十万分之七，也就是一天的测量误差不超过 30 微秒中的 0.000 07 微秒。

　　利用全球定位系统（GPS），智能手机可以确定我们所在的位置，精度可以达

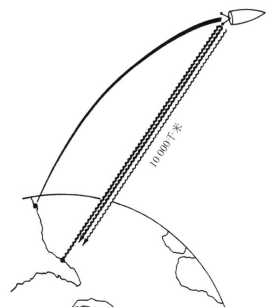

10 000千米

重绘自克利福德·威尔 1993 年所著 图 书 *Was Einstein Right? Putting General Relativity to the Test*

图 3-1 在地球上用原子时钟测量时间变慢的效应

到 10 米。GPS 的精度依赖的是一组由 27 颗处于 20 000 千米高空的卫星所发出的无线电信号（见图 3-2）。一般来说，在地球上的任意位置，手机一次能收到 4~12 颗卫星发出的信号。每颗卫星发给手机的无线电信号里包括卫星的位置和信号发出的时间。我们的手机再利用信号到达的时间计算出卫星和手机的距离。收到多个卫星发出的信号并计算出距离后，手机就可以利用三角测量定位的方法来确定我们所处的位置。

如果信号的发出时间是卫星真实测量到的时间，那么这个方法就会失效。因为在 20 000 千米的高空，时间流逝得比在地面上每天快 40 微秒，所以卫星必须要对此作出修正。卫星只能用自带的时钟测量时间——它们会让时钟走得慢一些，调整到和地球表面的时间流逝速率一致，并将这种时间信号发到我们的手机上。

爱因斯坦是一位天才，他或许是历史上最伟大的科学家。他对物理定律的很多认识都是在他那个年代无法用实验检验的。以上讨论的仅仅是众多例子中的一个。人们花了半个世纪改进技术，才达到足够的精度来检验他的理论，然后又

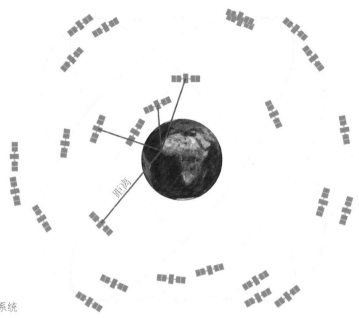

图 3-2 全球定位系统

花了半个世纪才把他的理论应用到日常生活中。其他这样的例子还包括激光、核能、量子密码学（quantum cryptography）。

弯曲的空间：超体和我们的宇宙膜

1912 年，爱因斯坦意识到如果时间可以被大质量物体弯曲，那么空间也可以。在很长一段时间里，尽管他绞尽脑汁地思考，还是想不明白空间弯曲的具体细节。从 1912 年到 1915 年年底，他都在刻苦地钻研。1915 年 11 月，在一个伟大的"尤里卡时刻"①，爱因斯坦写出了他的"广义相对论场方程"（field equation of general relativity），这个方程式总结了他提出的完整的相对论物理定律，包括空间弯曲。

① 尤里卡时刻（Eureka moment）：尤里卡在希腊语中意为"我发现了"。相传阿基米德在澡盆里想出了浮力问题的解决办法，惊喜地光着身子跑出来，大喊着"尤里卡"。尤里卡时刻在此意为发现真理的时刻。在电影中，当墨菲终于解开量子引力理论时，也曾高兴地大喊"尤里卡"。

又一次地，人类的技术力量因过于落后而无法立即进行高精度的测试。[①]这一次所需的技术改进花费了大约60年，最终人们取得了几项关键性的实验突破。我最喜欢的一个实验是由哈佛大学的罗伯特·艾森伯格（Robert Reasenberg）和欧文·夏皮罗（Irwin Shapiro）领导的。1976—1977年间，他们向火星轨道上的两个空间飞行器发送了无线电信号。这两个空间飞行器分别叫作"海盗1号"（Viking 1）和"海盗2号"（Viking 2）。它们收到信号后将之增强，再将新的信号发送回地球。然后，我们就可以测量信号发出和返回的时间间隔。由于地球和火星在各自轨道上环绕太阳公转，所以无线电信号所经过的路径是变化的。一开始，信号所经过的路径离太阳很远，然后离太阳越来越近，之后又越来越远，就像图3-3下半部分所显示的那样。

如果空间是平直的，那么信号往返所用的时间应该就是稳定渐变的。但事实上并非如此：当无线电信号近距离经过太阳时，其时间比预期长几百微秒。在图3-3的上半部分中，这个额外的传输时间被画了出来（横坐标是空间飞行器的位置），是先上升然后再下降。爱因斯坦的相对论物理定律要求光速是不变的绝对常数。[②]因此，当传播路线经过太阳附近时，地球到空间飞行器的距离比预想的要远，远了光速乘以几百微秒的距离：大约为50千米。

如果空间是平直的，那么这个多出来的距离绝不可能出现。**这个额外的距离来自太阳产生的空间弯曲。**通过测量额外的时间延迟及其如何随着空间飞行器与地球的相对位置变化而变化，艾森伯格和夏皮罗推断出了空间弯

① 请参见第23章的第一部分。

② 在星际空间（interplanetary space）中有一些电子会与光相互作用，这会稍微减慢一点光速，在做了精确的修正［所谓的"等离子体修正"（plasma corrections）］之后，光速还是不变的。

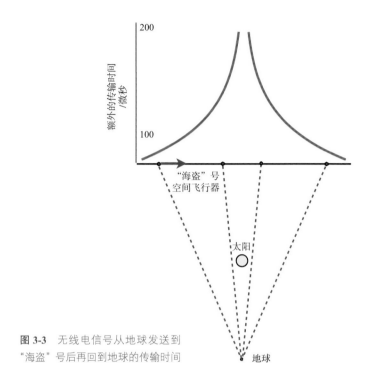

图 3-3 无线电信号从地球发送到"海盗"号后再回到地球的传输时间

曲的形状。更为精确地说，他们推断出了"海盗"号发出的信号所经过的二维表面的形状。这个表面的位置与太阳的赤道面非常接近，所以下面我会按照它位于赤道面的情况来讨论。

　　艾森伯格和夏皮罗所测量到的太阳赤道面的形状可参考图 3-4，空间弯曲的幅度在图中被夸张地表现了出来。他们测量到的形状与爱因斯坦相对论物理定律的预言十分吻合（当然是在测量误差范围内，测量误差大约是实际弯曲的千分之一）。在一颗中子星附近，空间的弯曲要大得多。而在黑洞附近，这种弯曲则异常巨大。太阳的赤道面把空间分成了完全一样的两半：赤道面以上和以下。然而，图 3-4 所示赤道面弯曲的形状则像是一个碗。在太阳所处位置以及附近，赤道面会先向下弯曲，所以在太阳附近，用直径乘以圆周率 π（3.14159…），得到的长度大于实际周长，相比于太阳而言，长了大约 100 千米。这虽然不是一个大数字，但是对于空间飞行器

来说却很容易测量，因为它的测量精度可以达到这个距离的千分之一。

空间怎么会弯下去？它到底在什么里面才产生了弯曲？其实它是在一个更高维度的超空间中产生了弯曲，我们可以称之为"超体"[①]。它并不是宇宙的一部分！

更确切地说，在图 3-4 中，太阳的赤道平面是一个二维表面，它在一个三维超体中向下弯曲。这激发了物理学家们思考整个宇宙的存在方式。宇宙有三个空间维度（东西、南北和上下），我们可以想象它是一个三维的宇宙膜，弯曲在一个更高维的超体中。

那么，超体一共有多少个维度呢？我们将在第 20 章详述。但是对于《星际穿越》这部电影来说，超体只多了一个空间维度，也就是总共四个空间维度。

人类很难想象三维宇宙（我们的宇宙膜）存在并且弯曲于一个四维的超体中。所以从始至终，我在画我们的宇宙膜和超体的时候都会去掉一个维度，就像我在图 3-4 中所呈现出的那样。

在电影《星际穿越》里，演员们经常会提到五维。其中，前三个维度是我们的宇宙或宇宙膜的空间维度（东西、南北和上下），第四个维度是时间维度，第五个维度则是超体空间额外的空间维度。

超体是否真的存在？是否真的有人类无法感知的第五维度或者更高维度？答案很有可能是肯定的。我们将在

① 超体（bulk）：也来自超弦理论，假设我们的宇宙总共有 11 维的时空，其中的三维空间和一维时间是可以被感受到的，而其余的额外维度都以某种方式（模型）存在而不能被感知。但在电影《星际穿越》中，超体被认为只有 4 个空间维度和 1 个时间维度。

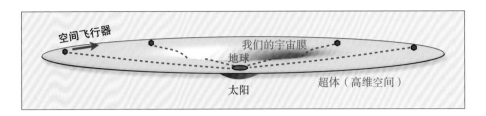

图 3-4 "海盗"号发出的无线电信号在经过太阳的弯曲赤道面时的路径

第 20 章探讨这个问题。

空间弯曲（或者我们的宇宙膜的弯曲）在电影中扮演着重要角色。例如，对于连接了太阳系和遥远的黑洞卡冈都亚所在宇宙空间的虫洞而言，空间弯曲是它存在的关键。另外，由于空间弯曲，在虫洞和黑洞附近的天空也都被扭曲了，即我们在图 2-3 中已经见过的引力透镜效应。

图 3-5 是空间弯曲的一个极端例子，是我的艺术家朋友利亚·哈洛伦（Lia Halloran）创作的想象画。她描绘了一块假想的宇宙区域，很多虫洞（见第 13 章）和黑洞（见第 4 章）从我们的宇宙膜向外一直延伸到超体世界中。**黑洞终止于被称**

献给我的朋友基普 利亚·哈洛伦 2008

本图由艺术家利亚·哈洛伦绘制

图 3-5 黑洞和虫洞延伸出我们的宇宙膜，进入超体空间。在图片中，我们的宇宙膜和超体都被去掉了一个空间维度

作"奇点"的尖点。虫洞把我们的宇宙膜的一个区域连接到另一个区域。像之前一样，我还是把我们的三维膜减少了一个维度，使我们的宇宙膜看起来像是一个二维表面。

潮汐力，米勒星球巨浪的来源

爱因斯坦的相对论物理定律预言，在黑洞附近，行星、恒星和无动力的空间飞行器会沿着黑洞弯曲时空中所允许的最直路径运动。图 3-6 展示了 4 种类似的路径。两条朝向黑洞的紫色路径开始时是相互平行的，但在它们各自保持直行的情况下，变得越来越接近。这是由于时空弯曲把它们拉到了一起；同样，两条围绕着黑洞做圆周运动的绿色路径开始时也是相互平行的，但这次时空弯曲却把它们分开了。

图片截取自图 3-5 利亚的
画，并予以放大

图 3-6 黑洞附近行星运动
的 4 种路径

几年前，我的学生和我发现了一种看待这些行星运动路径的新视角。在爱因斯坦的相对论物理定律里，有一个数学名词叫作"黎曼张量"（Riemannian tensor），它描述了时空弯曲的细节。我们发现，力线会挤压一部分行星的运动路径，而拉伸其他一部分，这些都隐含于黎曼张量的数学形式之中。我的学生大卫·尼古拉斯（David Nichols）给它们起了"拉伸线"（tendex line）这个名字，它源自拉丁文的"tendere"一词，意思就是"拉伸"。

　　图 3-7 在图 3-6 的黑洞周围增添了几条拉伸线。绿色的两条路径从右边开始平行出发，然后红色的拉伸线会把它们拉开。我在红线上画了一个女人，拉伸线也会拉伸她。她会感受到红色拉伸线作用于头脚之间的拉力：

头被向上拽，脚被向下拽。

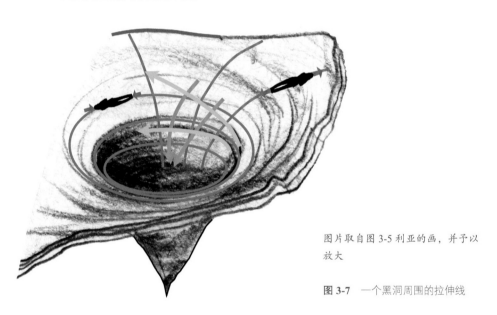

图片取自图 3-5 利亚的画，并予以放大

图 3-7 一个黑洞周围的拉伸线

　　紫色的两条路径开始时也是平行的，都是自上而下运动的。它们被蓝色的拉伸线挤到了一起。同样，位于蓝色拉伸线上的人也感受到了挤压力。

　　这里的拉伸和挤压仅仅是用另外一种不同方式来想象时空弯曲的影响。从一方面看，在弯曲时空中，因为行星将按照可能的最短路线运动，所以其路径也会被拉伸或者挤压。从另外一个方面看，拉伸线造成了拉伸和挤压。因此，拉伸线肯定在深层次上反映了时空弯曲。实际上，它们的确如此，就像黎曼张量给我们提供的信息一样。

黑洞并不是唯一能产生拉伸力和挤压力的物体，恒星、行星和月亮也能产生类似的效果。1687 年，牛顿用他的引力理论发现了同样的效果，并用它解释了海洋的潮汐现象。

牛顿认识到，地球近月面会比远月面感受到更强的月球引力。相对作用于地球两侧的引力来说，它的方向会稍微向内，因为它指向月球中心，而且两侧的引力方向又略有不同。图 3-8 是描绘月球引力的通常视角。

地球受到的力并不是这些引力的平均值，因为地球是在它本身的轨道上做自由落体运动并沿着轨道自由下落的。[①]（这就像"永恒"号上的成员们并不会感受到黑洞卡冈都亚的引力一样，因为它正处在停泊轨道上。他们只感觉到了源自飞船旋转的离心力。）地球所感受到的月球引力实际上是图 3-8 左半边红色箭头所表示的力的大小减掉一个平均值，也就是说，地球将会感受到地月连线方向的拉伸力和侧面方向的挤压力（图 3-8 的右半部分）。大体上来说，这和黑洞周围是一样的。

在朝向月球和背向月球的方向上，这种力把海洋拉离了地球表面，产生了涨潮现象。在侧面方向上，这种力把

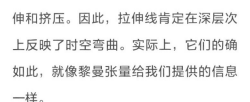

图 3-8 牛顿对海洋潮汐的解释

① 1907 年，爱因斯坦想到了这样的例子，如果他从房顶掉落，他将感觉不到地球的引力。他称这是自己"一生中最快乐的想法"，因为这促使他开始寻求对引力的理解，并促使他提出了时空弯曲的概念，建立了描述弯曲的定律。

月球

地球

图 3-9 从相对论的视角看潮汐现象，它是由月球的拉伸线产生的

① 潮汐力：当引力源对物体产生力的作用时，由于物体上各点到引力源的距离不等，所以受到的引力大小不同，从而产生引力差，对物体产生拉伸效果，这种引力差就是潮汐力。——译者注

海洋挤压回地球表面，也就是落潮现象。由于地球在自转，所以在一圈 24 个小时内我们能看到两次涨潮和落潮现象。这就是牛顿解释的潮汐现象。此外还有一点要补充的是：太阳的潮汐力也会对涨落潮现象产生影响，它的拉伸和挤压会增强月球的拉伸和挤压效应。

由于它们产生的涨落潮现象，这些挤压力和拉伸力被叫作"潮汐力"①。在使用牛顿的引力定律和爱因斯坦的相对论物理定律计算这种潮汐力时，即使在极高的精确度上，结果也是一样的。它们也必须是一样的，因为相对论和牛顿定律在弱引力场和低速运动的物体上给出的预言就是一致的。

如果用相对论描述月球产生的潮汐现象（见图 3-9），潮汐力是由拉伸线产生的：蓝色的线在地球的侧面方向上产生挤压力，而红色的线在地月连线的方向上产生拉伸力。这和黑洞的拉伸线效应非常相似（见图 3-7）。月球的拉伸线是月球弯曲时空的可视化体现。令人非常惊讶的是，如此微小的弯曲却能够产生足够大的力以引发海洋的潮汐现象！

在米勒星球上（见第 16 章），潮汐力极其巨大，这就是库珀和他的队员们所遇到的巨浪形成的关键。

我们现在有 3 种视角可以用来解释潮汐力：

1. 牛顿的视角（见图 3-8）：地球不会感受到月球的全部引力，而是全部引力（在地球的不同位置上会有变化）都减去一个平均值。

2. 拉伸线视角（见图 3-9）：月球的拉伸线会拉伸或挤压地球的海洋；同样，黑洞的拉伸线也会拉伸或挤压黑洞周围恒星或行星的路径（见图 3-7）。

3. 最直路径视角（见图 3-6）：在黑洞周围的弯曲时空里，恒星或行星遵循着沿最直轨迹运动的原理。

对同一现象有 3 种不同视角的理解是极其宝贵的。科学家和工程师们花费毕生的精力来解决各种难题，包括如何设计空间飞行器以及研究黑洞会有怎样的表现。无论是什么样的难题，当一种视角不能奏效时，另一种视角也许就能派上用场。面对难题时，从一种视角转换到另一种视角有时能启发新的灵感。在电影中，当布兰德教授试图理解并利用引力异常时（见第 23 章和第 24 章）也是这么做的。在我成年后的大部分生涯中，我也是在做同样的事情。

04

BLACK HOLES

黑洞，光都无法逃逸的牢笼 Ⓣ

　　黑洞卡冈都亚在《星际穿越》这部电影中扮演着重要角色。我们将在本章介绍黑洞的一些基本知识，并在下一章着重研究卡冈都亚。

　　首先，请记住一个看似古怪的事实：**黑洞就是由弯曲的空间和弯曲的时间构成的，除此无他。**

蹦床上的蚂蚁，黑洞弯曲的空间

　　假设你是一只蚂蚁，生活在一张儿童蹦床上——就是那种由高高立柱支撑起来的橡皮膜。此时，一块很重的石头落在其上，把橡皮膜拉向下方（见图 4-1）。不过，你是一只失明了的蚂蚁，看不见立柱、石块或者弯曲的橡皮膜。但你是一只聪明

的蚂蚁,你怀疑自己生活于其中的整个宇宙(橡皮膜)是弯曲的。为了验证橡皮膜的形态,你先在橡皮膜上方靠外围的区域绕了一圈,并测量了圆圈的周长,然后你从这个圆圈的一头穿过中心点径直爬到另一头,并测量了圆圈的直径。如果你所在的世界是平直的,那么圆圈的周长和直径的比值应该正好等于圆周率,即 π(3.14159…)。可是在蹦床上,你发现圆圈的周长比直径还要小得多。这让你肯定,你的宇宙是高度弯曲的!

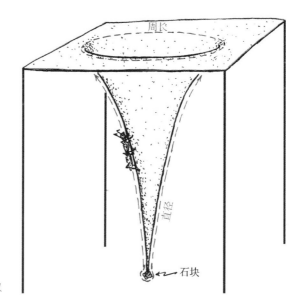

我手绘的草图

图 4-1 弯曲蹦床上的蚂蚁

在无自旋的黑洞周围,空间弯曲和蹦床类似。取黑洞的赤道面切片,你就会得到一个二维的表面。从高维空间(超体)中看,这个表面的弯曲方式和蹦床一样。图 4-2 展示了黑洞弯曲的空间,看起来与图 4-1 一样,只是我们移去了立柱和蚂蚁,并在黑洞中心用奇点代替了石头。

奇点是一个非常小的区域,在那里二维表面变成了一个点,所以空间才会产生"无限扭曲"。在奇点处,潮汐力无限强大,任何已知物体都会被拉伸或挤压到无法存在。在第 25 章、第 27 章和第 28 章中,我们会看到卡冈都亚的奇点与此处

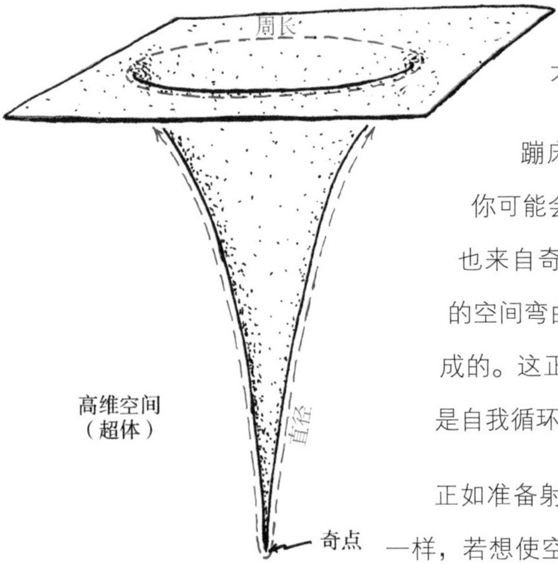

图中标注：周长、高维空间（超体）、直径、奇点

我手绘的草图

图 4-2 从超体中看到的黑洞内部和黑洞周围的弯曲空间

略有不同，而且还会知道为何不同。

蹦床的弯曲是由石头的重量产生的。你可能会猜想，类似地，黑洞的空间弯曲也来自奇点。但并非如此。事实上，黑洞的空间弯曲是由引起空间弯曲的巨大能量造成的。这正是我想强调的。虽然这看起来像是自我循环，但包含着更深刻的含义。

正如准备射箭时拉开一张硬弓需要很多能量一样，若想使空间弯曲也需要大量能量。而正如弯曲的弓储存了弯曲能量一样（直到松开弦，能量才会从弓传送到箭上），弯曲能量也储存在黑洞的弯曲空间中。对黑洞来说，弯曲能量是如此巨大，以至于它本身就可以产生空间弯曲。

空间弯曲这种非线性、自我循环式的行为违反了我们的日常经验，却正是爱因斯坦相对论物理定律的一个基本特性。这有点儿像科幻小说中的人物回到过去并孕育了自己的情节。

这种自我循环式的空间弯曲并不在太阳系内发生。空间弯曲在整个太阳系中都显得非常小，这种能量也微不足道，远达不到产生循环式弯曲的级别。太阳系内几乎所有的空间弯曲都是由质量——太阳的质量、地球的质量、其他行星的质量直接产生的。相反，黑洞的空间弯曲则完全由弯曲自身造成。

视界困住的信号，黑洞弯曲的时间

如果你是第一次听说黑洞，那你可能首先想到的是它的引力，而不是它弯曲的空间（见图 4-3）。

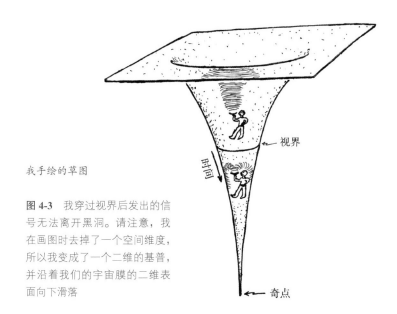

我手绘的草图

图 4-3 我穿过视界后发出的信号无法离开黑洞。请注意，我在画图时去掉了一个空间维度，所以我变成了一个二维的基普，并沿着我们的宇宙膜的二维表面向下滑落

如果我带着一个微波发射器（microwave transmitter）落入黑洞，当我穿过视界后，将不可避免地被拉向下方的黑洞奇点。不管我怎样尝试，我发出的所有信号也会和我一样被拉向下方。任何处在视界上方的人都无法收到我穿过视界后发出的信号。我和信号都被困在了黑洞中（关于这一现象在电影《星际穿越》中的呈现，请看第 27 章）。

困住我的实际上是黑洞的时间弯曲。假设我带着火箭喷射引擎在黑洞上方盘旋，我越靠近视界，我的时间流逝将变得越慢。在视界处，时间流逝将停滞。根据爱因斯坦的时间弯曲理论，我感受到的引力拉伸将趋于无穷大。

在视界内发生了什么？时间在那里将被极度弯曲，以至于你会认为时间的流逝方向与某个空间方向重合了：**时间将向下流逝，指向奇点。事实上，时间之所以向下流逝，正是因为没有东西能离开黑洞。所有东西都被无可避免地拉向未来**[1]。在黑洞内部，未来指向奇点，远离视界，因此，一切都被无可避免地拉向下方，无法离开。

无可抵抗的空间"漩涡"

黑洞可以自旋，就好像地球会自转一样。自旋的黑洞会拉动它周围的空间进行一种漩涡式的回旋运动（见图4-4）。就好像飓风中的空气，在靠近黑洞中心的地方，空间回旋会变得越来越快，而越向外远离黑洞的地方会回旋得越慢，任何落向黑洞视界的东西，都会被回旋的空间拉着，不停地绕着黑洞做回旋运动，如同被飓风捕获和拖曳着的一根稻草。在视界附近，这种拖曳将变得无法抗拒。

[1] 如果可以逆时间旅行，那你也只可能回到黑洞外边、你出发前的地方。你不能在一个固定地点向过去穿越，同时还看着在那里的其他人向未来前进。我们可以在第29章了解更多相关知识。

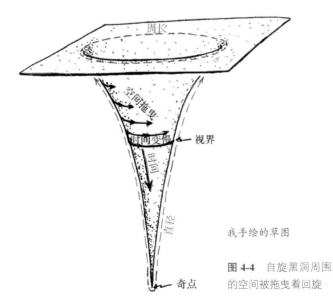

我手绘的草图

图4-4 自旋黑洞周围的空间被拖曳着回旋

精确刻画黑洞附近的弯曲时空

时空弯曲的 3 个方面——弯曲的空间、变慢并弯曲的时间和回旋的空间，都可以通过数学公式表达。这些公式可以由爱因斯坦的相对论物理定律推导出。图 4-5 定量地描述了这些公式的精确预言（相对地，图 4-1 和图 4-4 只是示意图）。

图 4-5 中弯曲的表面精确地展示了我们在超体中看到的黑洞的赤道面。颜色的变化显示了观测者在距离黑洞视界某个固定高度盘旋时所测得的时间的变慢程度。从蓝色到绿色的过渡区域，时间的流动速度相当于在远离黑洞处时间流动速度的 20%。从黄色到红色的过渡区域，时间的流动速率降到远离黑洞处的 10%。在曲面底部的黑色圆环上，时间流动停滞，这里正是视界。在此处，视界是一个圆环，而不是一个球面，因为我们这里只是在观察黑洞的一个赤道面，图中只显示了宇宙空间（或者我们的宇宙膜）的两个维度。如果我们回到三维空间，那么

由唐·戴维（Don Davis）在我草图的基础上绘制

图 4-5 快速旋转黑洞周围弯曲时空的精确图示，它的自旋速率达到了最快可能自旋速率的 99.8%

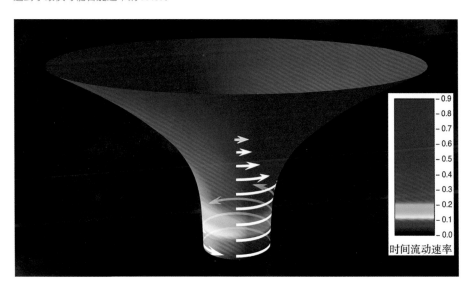

视界则将变成一个扁平的球面：一个椭球面。白色的箭头刻画了黑洞周围空间回旋的程度。空间的旋转在视界处很快，当我们驾驶飞船离开黑洞向上飞向外围时，空间回旋会变慢。

在精确度极高的图 4-5 中，我没有刻画黑洞内部，但我们将在稍后的第 25 章和第 27 章提到这点。图 4-5 展示的时空弯曲是黑洞性质的精髓。在研究时空弯曲的细节时，物理学家们可以用数学推导黑洞的一切，除了奇点的性质。对于奇点，物理学家们需要用到量子引力理论（见第 25 章），而他们对此却知之甚少。

从宇宙中观测到的黑洞外貌

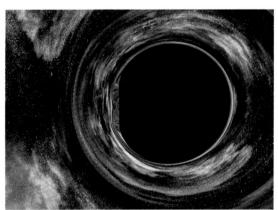

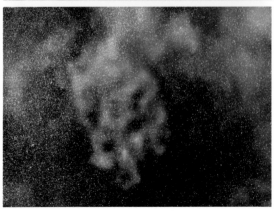

人类局限在宇宙膜上。我们无法离开宇宙膜进入超体（除非像电影《星际穿越》中库珀那样，由某种超级先进的文明带我们搭乘四维超立方体或者类似的交通工具，见第 28 章）。所以，我们无法看到像图 4-5 那样黑洞周围弯曲的时空。任何存在于宇宙中的生物，都不可

来自双重否定公司视觉特效团队为本书所进行的数值模拟

图 4-6 上图：快速旋转的黑洞在星场（star field）前运动；下图：没有黑洞时背景星场的样子

能看到那种经常被展现在其他电影中的、呈漏斗状和漩涡状的黑洞，比如迪士尼工作室 1979 年推出的电影《黑洞》。

电影《星际穿越》从视觉和感官上真实呈现了黑洞，它是第一部正确刻画黑洞的好莱坞电影。图 4-6 是一个例子，展示了黑洞的样子（并未出现在电影中）。黑洞向其背后的星场投下了黑色阴影。背景恒星发出的光线被黑洞的扭曲空间所弯折，这就是引力透镜效应。引力弯曲星光产生了长弧状的变形图案。当光线经过黑洞阴影的左侧时，前进方向正好和黑洞回旋方向一致。空间的回旋会给这些光线助力，使得它们更容易逃离黑洞，而经过黑洞右侧的光线则需要额外的挣扎以克服黑洞回旋。因此，经过黑洞阴影左侧的光线相比于经过阴影右侧的光线，可以从更靠近视界的地方逃离。这就是为什么图中的阴影左侧凹进去一些，而右侧却凸了出来。在第 7 章，我会更深入地讨论这个话题，并考察在宇宙以及我们的宇宙膜中近距离观察黑洞时，它将呈现出的其他实际特征。

"踩着彼此的肩膀"的黑洞发现史

爱因斯坦的广义相对论已经在很高精度上被证实了。除了它和量子物理学冲突的那些地方，我确信它的正确性。对于像电影中卡冈都亚那样的大黑洞来说，量子物理学只在黑洞中心、靠近奇点处适用。所以，如果黑洞确实在宇宙中存在，那么它们的性质一定会服从爱因斯坦的相对论物理定律的刻画，正如我在前面所描述的那样。

以上讨论的黑洞的性质及其他性质已由爱因斯坦的方程推导出。这是大量物理学家们"踩着彼此的肩膀"并发挥聪明才智取得的成果。这中间最重要的人是卡尔·史瓦西（Karl Schwarzschild）、罗伊·克尔（Roy Kerr）和史蒂芬·霍金（见图 4-7）。1915 年，史瓦西推导出了无自旋黑洞周围弯曲时空的细节，但不久后他悲剧性地死于第一次世界大战中的德俄前线。根据物理学家们的惯例，这一成果

图 4-7　黑洞科学家（从左至右）：卡尔·史瓦西（1873—1916）、罗伊·克尔（1934—）、史蒂芬·霍金（1942—2018）、罗伯特·奥本海默（1904—1967）和安德烈娅·贾斯（1965—）

被称作"史瓦西度规"[①]。1963 年，新西兰数学家克尔对自旋的黑洞作出了同样的贡献，推导出了自旋黑洞的"克尔度规"[②]。而在 20 世纪 70 年代早期，史蒂芬·霍金和其他一些人推导出了一系列定律。当黑洞感受其他天体的潮汐力以及吞噬恒星、相互碰撞和合并时都必须服从这些定律。

黑洞肯定存在。当大质量恒星耗尽核能、无法保持温度时，其星体必然会内爆塌缩，这是爱因斯坦的相对论物理定律所规定的。1939 年，罗伯特·奥本海默（J. Robert Oppenheimer）和他的学生哈特兰·斯奈德（Hartland Snyder）利用爱因斯坦的理论发现，如果塌缩是精确球对称的，那么恒星的塌缩必然会在它周围产生一个黑洞，并且在黑洞中心创造一个奇点，而塌缩恒星将被奇点吞噬。无论如何，任何物质都不会留存，只会剩下一个由弯曲时空构成的黑洞。1939 年后的几十年间，物理学家们利用爱因斯坦的物理定律发现，即使塌缩的恒星是畸形的并且带有自旋，它仍然可以产生一个黑洞。计算机数值模拟可以展示所有的相关细节。

天文学家们已经发现了有许多黑洞存在于宇宙的强有力的证据。其中，一个最佳的例子是存在于我们银河系中心的大质量黑洞。加州大学洛杉矶分校的安德烈娅·贾

① 史瓦西度规（Schwarzschild metric）：又称史瓦西几何，是史瓦西于 1915 年对广义相对论场方程中关于物质球状对称分布且不带电荷的解。
② 克尔度规（Kerr metric）：描述旋转物质周围的时空几何。

斯（Andrea Ghez）领导着一个天文学家小团队，一直致力于观察这个黑洞周围的恒星运动。如图 4-8 所示，在每条轨道上相邻两个圆点显示的是恒星在间隔一年的时间中所在的不同位置。我用一个白色的五角星代表黑洞的位置。通过观察恒星的运动，安德烈娅可以推算出黑洞的引力。对于在同样距离上的物体，它的引力相当于太阳所能产生引力的 410 万倍。这意味着：银河系中心黑洞的质量是太阳的 410 万倍！

图 4-9 展示了这个黑洞在夏季夜空中的位置，就在人马座（茶壶形）的右下方。我用白色 X 将它标记为"银河系中心"。

在宇宙中，几乎每一个大星系中心都寄宿着一个大质

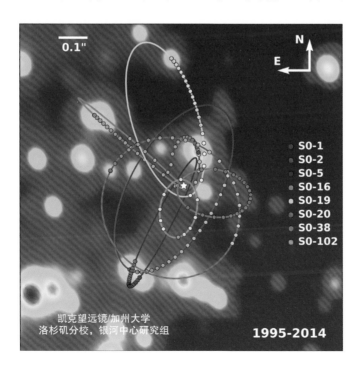

图 4-8　我们观测到的恒星环绕银河系中心黑洞的运行轨道。由安德烈娅·贾斯及其同事测量获得

当前测量到的最大黑洞比太阳重170亿倍。这个黑洞
寄居在被称作NGC1277的星系的中心，距离地球2.5
亿光年——这个距离大约是我们到可见宇宙边际距离
的1/10。

银河系
中心

人马座

图4-9 银河系中心（白色X）在夜空中的位置，这里寄宿着一个巨大的黑洞

量黑洞。其中，很多和卡冈都亚一样重（1亿倍太阳质量），甚至可能更重。

在星系中，大约存在着1亿个小质量黑洞。它们的质量大多是3~30倍太阳质量。我们并没有看到所有这些黑洞的存在证据，而是通过天文学家们对大质量恒星的普查知道了这一点，这些恒星未来都能够变成黑洞。通过普查数据，天文学家们可以知道有多少颗大质量恒星将在耗尽核燃料后变成黑洞，他们还可以据此推断有多少颗恒星已经变成了黑洞。

所以，黑洞在宇宙中是普遍存在的。让我们感到幸运的是，太阳系中并没有黑洞。否则，黑洞的引力将摧毁地球的轨道，地球或者会被丢到太阳附近烤焦，或者会被抛到远离太阳的地方冻僵，也可能会被弹出太阳系，或者干脆被黑洞吞噬。人类也将很快灭绝，无法幸存超过一年！

天文学家们估计，离地球最近的黑洞大约在300光年之外：约为太阳与最近的恒星——半人马座比邻星距离的300倍。

现在，我们已经储备了关于宇宙、场、弯曲时空和黑洞的基本常识，终于可以去探索电影《星际穿越》中的黑洞卡冈都亚了。

GARGANTUA

第二部分

卡冈都亚，黑洞中的巨人

05

GARGANTUA'S ANATOMY

黑洞卡冈都亚的构造

　　如果我们知道黑洞的质量和它的自旋速度，那么通过爱因斯坦的相对论物理定律，我们便可以推算出黑洞的其他性质：大小、引力强度、视界在赤道附近因离心力而向外延伸的程度，以及黑洞对其背后天体所产生的引力透镜效应的细节。事实上，我们可以推断出黑洞的所有性质。

　　这很神奇，与我们的日常经验相当不符。这就好像你一旦知道了我的体重和奔跑速度，就能推断出关于我的一切事情，包括我眼睛的颜色、鼻子的长度和智商这些一样……

　　约翰·惠勒为此发明了一个短语"黑洞无毛"，意为黑洞没有任何性质能独立于它的质量和自旋。事实上，他当时应该说的是"黑洞只有两根毛，你可以由此推断出黑洞的所有事情"，但这听起来不如"无毛"顺口，所以后者很快进入了黑洞小百科和科学家们的词典。[1]

正如电影《星际穿越》所展示的，通过研究米勒星球的性质，物理学家们可以利用爱因斯坦的相对论物理定律，推断出卡冈都亚的质量和自旋速率，从而了解关于此黑洞的所有事情。让我们来看看这是怎么实现的。[2]

1 亿倍太阳质量，米勒星球被撕裂的临界点 ⓣ

米勒星球（我将在第 16 章详细讨论）离黑洞卡冈都亚很近，近乎极限，却刚好仍能幸存。我们可以从宇航员巨大的时间损失上知道这一点，因为这只可能发生在离卡冈都亚非常近的地方。

在这么近的距离上，卡冈都亚的潮汐力非常大（见第 3 章）。米勒星球在朝着黑洞的方向上被拉伸，在它与黑洞连线的垂直方向上被挤压（见图 5-1）。

潮汐力对米勒星球的拉伸和挤压强度反比于黑洞卡冈都亚质量的

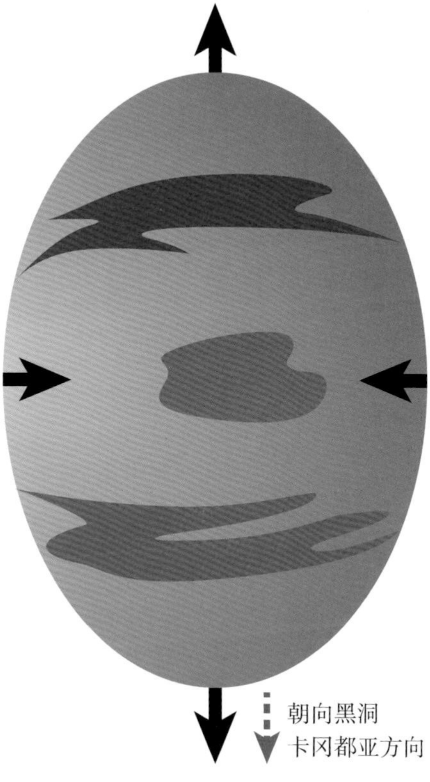

图 5-1 卡冈都亚的潮汐力对米勒星球的拉伸和挤压

朝向黑洞
卡冈都亚方向

平方。为什么？因为卡冈都亚的质量越大，周长就越长，相应地，由黑洞施加在星球不同部分的力就越均匀，潮汐力也就越弱（见图 3-8）。通过研究这些细节，我可以断定卡冈都亚的质量至少为 1 亿倍太阳质量。如果卡冈都亚比这一质量轻的话，米勒星球就将被潮汐力撕裂！

在我对《星际穿越》这部电影作出的所有科学解释中，我都会假设卡冈都亚的质量就是 1 亿倍太阳质量[①]。比如，我在第 16 章中采用这个质量，用以解释卡冈都亚的潮汐力是怎样产生巨大的海浪以至于吞噬了米勒星球上的"巡逻者"号。

黑洞视界的周长正比于黑洞的质量。对于 1 亿倍太阳质量的卡冈都亚来说，它的视界周长差不多等于地球环绕太阳转动的轨道长度：大约为 10 亿千米。非常巨大！在咨询过我之后，保罗·富兰克林的视觉特效团队便采用这个周长来制作《星际穿越》中的影像。

物理学家们定义黑洞的半径为其视界周长除以 2π（大约为 6.28）。因为黑洞内部的空间是极度弯曲的，所以这并不是黑洞的真实半径，也不代表在宇宙中测量得到的从视界到黑洞中心的真实距离，但这是在超体中所测量得到的视界的半径（即其直径的一半，见图 5-3）。在这个意义上，卡冈都亚的半径是 1.5 亿千米，与日地距离（日心到地心的直线长度）差不多。

① 2 亿倍太阳质量也许是一个更加合理的数值，但我希望让数字简单些，而且这个值本身就有很大的不确定性，所以我才选择了 1 亿倍太阳质量。

"天上一时，地上七年"，自旋速率大揭秘 ⑤

当诺兰告诉我他所需要的米勒星球上的时间变慢程度——星球上的 1 小时相当于地球上的 7 年时，我感到很震惊。我告诉诺兰，这不可能。"这没得商量。"诺兰坚持。于是，不是第一次也不是最后一次，我回到家里，整夜都在思考这个问题并用爱因斯坦的相对论物理定律方程进行推导，最终找到了办法。

我发现，如果米勒星球在不落入黑洞卡冈都亚的情况下尽可能地靠近它（请参见图 16-2 和第 16 章的相关内容），并且旋转得足够快，那么诺兰所需要的"天上一时，地上七年"是可能实现的。但是，卡冈都亚的自旋速度一定要极快。

黑洞有一个所能达到的最大自旋速率。如果超过这个转速，那么它的视界就会消失，对全宇宙敞开它的奇点。也就是说，它会有一个裸露的奇点，而这很有可能是被物理定律所禁止的（见第 25 章）。

我发现，要想达到诺兰希望的极端的时间变慢程度，黑洞必须几乎以最大自旋速率旋转：只可以比最大速率慢大约 100 万亿分之一秒①。在多数情况下，我对电影《星际穿越》的科学解释就将基于这个自旋速率。

当塔斯落入卡冈都亚时（见图 5-2），"永恒"号的船

① 换句话说，黑洞自旋的速度是最大速率减去 0.000 000 000 000 01 倍的最大速率。

员可以直接从很远处观察并测量黑洞的自旋速率。[①]从远处看，塔斯一直没有穿过视界（因为他穿过视界之后发出的信号无法离开黑洞）。取而代之的是，塔斯越落越慢，最后看上去正好悬停在视界上。从远处看，当塔斯悬停时，卡冈都亚的回旋空间带动着他绕着黑洞一圈圈转动。如果考虑到卡冈都亚的自旋速率很接近其最大速率，那么从远处观察，塔斯回旋的轨道周期将大约是 1 个小时。

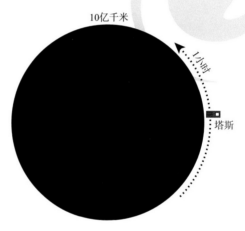

10亿千米

1小时

塔斯

图 5-2 从远处看，塔斯落入卡冈都亚时被带着环绕黑洞旋转，每小时围绕黑洞 10 亿千米的边界转一周

① 当塔斯落入黑洞时，"永恒"号离得并不是非常远，而是恰好在临界轨道上——很接近视界。"永恒"号也在环绕黑洞回旋，几乎和塔斯一样快。所以在"永恒"号上的阿梅莉娅并没有看到塔斯高速绕着黑洞旋转。更多讨论请参见第 26 章。

你可以推导一下，绕卡冈都亚转动一圈的轨道长度大约是 10 亿千米，而塔斯用 1 个小时就可以转一圈。从远处看，它的速度大约是 10 亿千米每小时——几乎达到了光速！如果卡冈都亚的自旋速率超过最大自旋速率，那么塔斯的绕转速度将超过光速，这违反了爱因斯坦的相对论物理定律中的速度极限。以上探索性的推导，可以帮助你理解为什么任何黑洞都会有一个最大自旋速率。

　　1975 年，我发现自然界可以通过一种机制来阻止黑洞转得比最大自旋速率更快：

　　　　当黑洞吞噬轨道方向与它的自旋方向相同的物体时，自旋会加快，但当黑洞自旋接近最大速率时，这些物体则难以被黑洞捕获。

　　　　相反地，此时轨道方向与黑洞自旋方向相反的物体却容易被黑洞捕获，而吞噬这些物体则会令黑洞的自旋减速。因此，当黑洞接近最大自旋速率时，它的自旋速率反而很容易降低。

　　在这项工作中，我重点研究了轨道方向与黑洞自旋方向相同的气体盘。这种气体盘有点儿像土星环，被称作"吸积盘"[①]（见第 8 章）。吸积盘中气体间的摩擦逐渐使气体旋转着落入黑洞，从而加速了黑洞的自旋。摩擦也会加热气体，令其辐射光子。黑洞周围回旋的空间会抓住那些前进方向与黑洞自旋方向相同的光子，再将其抛出，使这些光子最终无法进入黑洞。相反地，如果回旋的空间抓住前进方向与黑洞自旋方向相反的光子，则会将其吸入黑洞，从而降低黑洞的自旋速率。最终，黑洞的自旋速率会达到最高自旋速率的 0.998 倍。这时，平衡会建立起来，黑洞捕获光子而降低的自旋速率精确地抵消了其吸积气体增加的自旋速率。在一定程度上看来，这种平衡还是稳定的。在大多数天体物理环境中，我预计黑洞自旋将无法超过 0.998 倍的最大自旋速率。

　　但我也能想象在某些情况下（虽然非常稀少，甚至可

① 吸积盘（accretion disk）：一种由气体组成的、围绕中心天体转动的结构。比较典型的中心天体有年轻的恒星、原恒星、白矮星、中子星和黑洞。在中心天体引力的作用下，其周围的气体会落向中心天体。假如气体的角动量足够大，以致在其落向中心天体的某个位置处，其离心力能够与中心天体的引力相抗衡，那么这个类似于盘状的结构就会形成。——译者注

能在真实宇宙中并不存在），黑洞的自旋速率会更加接近于最大自旋速率，甚至可以达到诺兰所要求的米勒星球上时间变慢的程度——只低于最大自旋速率100万亿分之一。这种可能性很小，但并不是零。

这在电影行业中很常见。为了制作伟大、完美的电影，制作者往往会将想象推至极限。在奇幻电影，比如《哈利·波特》中，这种极限远远超过了科学上的可能边界。而在科幻电影中，剧情仍有科学上的可能性。这是奇幻电影和科幻电影最主要的区别。《星际穿越》是一部科幻电影，而不是奇幻电影。黑洞卡冈都亚的超快自旋速率存在着科学上的可能性。

卡冈都亚的结构奥妙 ⓣ

一旦确定了卡冈都亚的质量和自旋速率，我便可以利用爱因斯坦的方程来计算它的结构。与之前的章节一样，我们这里完全聚焦于黑洞的外部结构，将内部结构（特别是黑洞卡冈都亚的奇点）留待第25章和第27章讨论。

图5-3上部是卡冈都亚的赤道平面在超体中的样子。这与图4-5类似，但卡冈都亚的自旋速率更加接近于最大自旋速率（只相差100万亿分之一，而图4-5中差别为20‰），此时，卡冈都亚的"喉咙"变得非常长，向下延伸了很长的距离才到达视界。从超体中看，靠近视界的区域好像一个长圆筒。圆筒的长度大约是视界周长的两倍，也就是20亿千米。

圆筒的截面在图中是一个个圆圈，但如果我们离开卡冈都亚的赤道平面、回到三维的宇宙膜时，我们看到的截面会变成扁平的球面（椭球面）。

在卡冈都亚的赤道平面上，我标注了几个在电影《星际穿越》的科学解释中的特殊地点：卡冈都亚的视界（黑色圈）；临界轨道（绿色圈），在影片的末尾，库珀和塔斯由此落入黑洞；米勒星球的轨道（蓝色圈，见第16章）；当船员探索

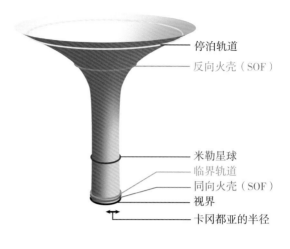

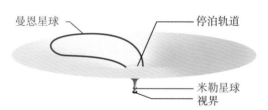

图 5-3 卡冈都亚的结构。因为需要让米勒星球上有极端的时间变慢效应，所以卡冈都亚的自旋速率只比最大可能速率慢100 万亿分之一

米勒星球时，"永恒"号所停泊的轨道（黄色圈）；曼恩星球非赤道面轨道的一段在赤道面上的投影（紫色圈）。曼恩星球轨道的外部远离卡冈都亚（600 倍卡冈都亚半径或更远，见第 18 章）。这个距离太大，我不得不在图 5-3 下半部分画一个比例尺更大的图以容纳它。但即使如此，我也无法真实地还原它：我把轨道画在了 100 倍卡冈都亚半径的地方，而不是本应的 600 倍处。红色圈被标记为"SOF"，代表"火壳"（shell of fire）。

我是如何确定这些位置的呢？在这里，我用停泊轨道做一个说明，其他的之后会谈到。在电影中，库珀是这样描述停泊轨道的："让我们停在一个离卡冈都亚更远的轨道上，平行于米勒星球，但是稍微朝外一些。"他还希望这个轨道离卡冈都亚足够远，而且"不会有时间漂移"，这意思是，要离卡冈都亚足够远，相对于地球，时间变慢程度很轻微。这是我选择停泊轨道是 5 倍卡冈都亚半径的动机

（图 5-3 中的黄色圈）。"巡逻者"号从这一停泊轨道到米勒星球需要两个半小时，这更坚定了我的选择。

这样的选择有一个问题。在这样的距离上，卡冈都亚看起来很大，它将遮盖"永恒"号大约 50 度的天空。这会是令人震撼的景象，但在电影里却出现得太早了！因此，诺兰和富兰克林选择让卡冈都亚从停泊轨道上看起来比实际小得多——角直径大约只有 2.5 度，相当于从地球上看月球大小的 5 倍，依然很壮观，却并非动人心魄。

火壳，被禁锢的光线 ⓣ

引力在黑洞卡冈都亚附近是如此强大，空间和时间弯曲是如此强烈，以至于光线（光子）会被困在视界外的轨道上，绕着黑洞一圈又一圈地转动，很长时间后才可以逃脱。这些禁锢光线的轨道不稳定，因为光线最终总会逃离它们。（相对地，被捕获到视界之内的光子将永远无法逃脱。）

我喜欢称这些暂时被禁锢的光线为"火壳"。在为《星际穿越》这部电影制作卡冈都亚视觉特效的计算机数值模拟中，火壳扮演了重要角色。

对于无自旋的黑洞来说，火壳是一个球面，其最大横截面的周长是视界周长的 1.5 倍。被困住的光线在球面上沿大圆一圈圈地绕行（与地球上的经线类似），其中有些光线漏出来进入了黑洞，而其他光线则漏向外部，逃出了黑洞。

如果一个黑洞已经转动起来了，那么它的火壳会向内和向外延展，这时火壳占据了一个有限的体积而不仅仅是一个球面。就卡冈都亚而言，由于其巨大的自旋速率，在赤道平面中（见图 5-3 上部），火壳会从下方的红圈延伸到上方的红圈。

火壳的延伸范围覆盖了米勒星球和它的轨道，以及广阔得多得多的区域！在下部的红圈上，一束光线（光子轨道）一圈圈地绕卡冈都亚旋转，方向与卡冈都亚自旋方向相同（正向轨道）。在上部的红圈上，一个光子可以在与卡冈都亚自旋方向相反的轨道上绕着黑洞运行（反向轨道）。显然，由于空间的回旋，相比反向轨道，正向轨道的光线可以离黑洞更近而不落入黑洞。空间回旋带来的效果真是巨大！

图 5-4 刻画了火壳在赤道面上方和下方占据的空间区域，这是一个很大的环状区域。在这幅图中，我省略了空间的弯曲，因为这会妨碍我展现三维火壳的全貌。

图 5-5 展示了一些被暂时困于火壳中的光子的轨道（光线）。

黑洞处在这些轨道的中心。最左边展示的轨道一圈又一圈地缠绕着一个较小球面的赤道区域，轨道总是向前，与卡冈都亚的自旋方向相同。这与图 5-3 的底部红圈和图 5-4 中的内部红圈上的轨道几乎一样。第二个轨道缠绕着一个略大一些的球面，轨道几乎是极向的，只是稍微沿着正方向前进。第三个轨道缠绕的球面更大一些，也几乎是极向的，只稍稍向反方向前进。最右边的轨道几乎缠绕着赤道，但沿着反

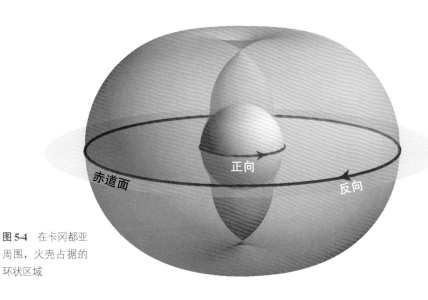

图 5-4 在卡冈都亚周围，火壳占据的环状区域

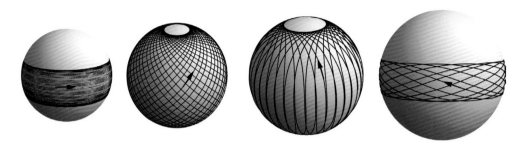

图 5-5 被火壳暂时困住的光线（光子的轨道）的例子，由爱因斯坦的相对论物理定律方程计算而得

方向运行，就与图 5-3 上方和图 5-4 外部的红圈处的轨道一样。这些轨道事实上是相互重叠的，我之所以分开来画，是为了让你看得更清楚。

　　火壳中暂时被困住的光子最终会向外逃出。一些光子会回旋式地离开卡冈都亚。其余的光子则会回旋式地向内，朝向卡冈都亚并陷入它的视界中。暂时被困住但最终逃离的光子对电影中卡冈都亚的视觉特效有着重要影响，它们标记了"永恒"号船员看到的卡冈都亚阴影的边缘，并且会在这一边缘处形成一条细细的亮线：一个"火环"（见第 7 章）。

在黑洞卡冈都亚附近驾驶飞船十分困难，因为黑洞的转速非常快，相应地，引力就非常大。行星、恒星或者飞船必须有足够大的离心力才能与卡冈都亚的巨大引力相抗争，从而不被毁灭。这意味着，飞船必须以极快的速度航行。事实上，这一速度需要接近光速。按照我对电影《星际穿越》的科学解读，"永恒"号应该停泊在 5 倍卡冈都亚半径的轨道上，这里的轨道速度是光速的 1/3，即 $c/3$（c 代表光速）。此时，船员们需要抵达米勒星球，那里的轨道速度是光速的 55%，即 $0.55c$。

按照我的理解，为了从停泊轨道抵达米勒星球（见图 6-1），"巡逻者"号必须将飞船的前进速度从 $c/3$ 大幅降低。这样，卡冈都亚的引力就可以将它拉向下方。当它落到米勒星球附近时，它必须从下落状态转变为前进状态。这时，飞船已经

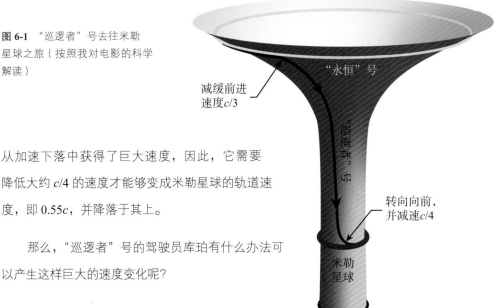

图 6-1 "巡逻者"号去往米勒星球之旅（按照我对电影的科学解读）

"永恒"号

减缓前进
速度c/3

"巡逻者"号

转向向前，
并减速c/4

米勒
星球

从加速下落中获得了巨大速度，因此，它需要降低大约 c/4 的速度才能够变成米勒星球的轨道速度，即 0.55c，并降落于其上。

那么，"巡逻者"号的驾驶员库珀有什么办法可以产生这样巨大的速度变化呢？

21 世纪科技都无法解决的加速困境

库珀需要降速 c/3，也就是 10 万千米每秒（注意，是每秒，不是每小时）！

令人感到遗憾的是，人类至今能够制造出的最强大的火箭也只能达到 15 千米每秒的速度，也就是需求的七千分之一。在《星际穿越》中，"永恒"号从地球到土星的旅行花了两年时间，即平均速度为 20 千米每秒，是需求的五千分之一。我认为，21 世纪人类最终能够制造出来的最快飞船的航行速度能够达到 300 千米每秒，这就要求在核动力火箭上投入巨大的研发力量，但这依然比《星际穿越》剧情需要的速度慢 300 倍！

幸运的是，自然界提供了一个能满足电影中对巨大速度改变的方法：利用比卡冈都亚质量小很多的黑洞的引力弹弓效应，所以电影中需要的 c/3 的速度改变是可以实现的。

驶往米勒星球的弹弓之旅

　　卡冈都亚这种巨大的黑洞附近聚集着很多恒星和小质量黑洞（更多讨论见下节）。按照我对电影的科学解释，我猜测库珀和他的团队调查了环绕卡冈都亚转动的所有小黑洞。他们发现其中一个正好处在恰当的位置上，可以通过引力偏转"巡逻者"号的近圆形轨道，并将其向下送入去往米勒星球的航线（见图 6-2）。这种通过引力帮助航天器移动的东西被称作"引力弹弓"，现在经常被 NASA 应用于太阳系内的旅行中——只不过是利用行星的引力而不是黑洞的（参考本书结尾处的"附录 2 技术札记"）。

图 6-2 "巡逻者"号利用一个小黑洞的引力弹弓效应偏转向下，前往米勒星球

　　《星际穿越》这部电影中没有表现如何操纵引力弹弓效应，也没有在对话中讨论过，但库珀曾说："看，我可以利用那颗中子星的弹弓效应来减速。"减速在旅途中很必

要，当"巡逻者"号从"永恒"号的停泊轨道前往米勒星球时，它会在卡冈都亚巨大的引力拉拽中下落，从而获得过大的速度：**它会比米勒星球的轨道速度快 *c*/4**。在图 6-3 中，一颗中子星正在向米勒星球的左侧前进，它会降低"巡逻者"号的速度，使它平稳地降落在米勒星球上。

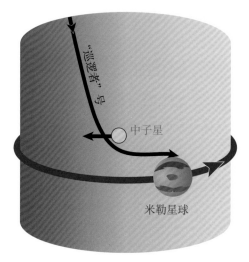

图 6-3 中子星的引力弹弓效应帮助"巡逻者"号在米勒星球上平稳降落

但是，这些引力弹弓之旅可能会非常不舒服。事实上，因为潮汐力的作用（见第 3 章），旅途还可能是致命的。

为了改变 *c*/3 或者 *c*/4 这样巨大的速度，"巡逻者"号必须离小黑洞或者中子星非常近，以利用它们强大的引力。在这样近的距离内，如果"弹弓"是一颗中子星或者一个半径小于 10 000 千米的黑洞（大约是地球那么大），那么"永恒"号和船员们都会被潮汐力撕裂（参考第 3 章）。

为了让"巡逻者"号和船员们存活下来,"弹弓"必须是一个尺寸超过 10 000 千米的黑洞。

自然界中确实存在着这种尺寸的黑洞,它们被称作中等质量黑洞(intermediate-mass black holes,IMBHs)。它们的半径并不算小,但比卡冈都亚要小 10 000 倍。[1]

所以,诺兰本应该选择一个地球大小的中等质量黑洞来为"巡逻者"号减速,而不是一颗中子星。在对乔纳电影剧本进行早期修改时,我和诺兰曾讨论过这个问题。经过讨论,诺兰还是选择了中子星。为什么?因为他不希望大多数观众被一堆黑洞搞迷糊。在两个小时的快节奏电影中,理解一个黑洞、一个虫洞、一颗中子星,再加上《星际穿越》中丰富的其他科学知识,这是诺兰所能承受的极限。所以,当他了解到在卡冈都亚周围的旅行必须用到引力弹弓效应时,他只是在库珀的台词中加进了一句话,然后使用了一个科学上不太可能的弹弓:一颗中子星而不是一个中等质量黑洞。

星系中心的中等质量黑洞,最佳弹射弹弓

半径为 10 000 千米的中等质量黑洞重约 10 000 倍太阳质量。这比黑洞卡冈都亚轻 10 000 倍,但比普通黑洞重 1 000 倍。这就是库珀需要的引力弹弓。

人们认为,有的中等质量黑洞可能形成于恒星集团密集的核心区,这些恒星集团被称作"球状星团"(globular

[1] 自然界中确实可能存在中等质量黑洞,但到目前为止,天文学家们仍然没有在观测中确认它的存在。——译者注

cluster）。而另一些中等质量黑洞也可能一路前往星系中心，到达巨大黑洞所在的地方。

以仙女座为例。这个星云是离银河系最近的大星系（见图 6-4），其中心潜伏着一个与卡冈都亚大小相同的黑洞，重达 1 亿倍太阳质量。大量恒星被拉到了巨型黑洞的附近区域：大约 1 000 颗恒星聚集在 1 立方光年的空间里。如果一个中等质量黑洞经过这样的密集星场，它的引力会偏转这些恒星，而它背后的恒星密度则会增加，形成航行轨迹（见图 6-4）。这个航行轨迹的引力会拉拽中等质量黑洞，降低它的速度，这个过程叫作"动力学摩擦"。当中等质量黑洞慢慢减速，它会更深地沉入巨型黑洞附近。按照我的理解，通过这种方式，自然界提供了库珀所需要的中等质量黑洞来进行弹弓弹射。①

① 在特定时间、特定地点发现中等质量黑洞的概率很小，但根据科幻小说的精神，只要这在物理上是可能的，我们就可以加以利用。

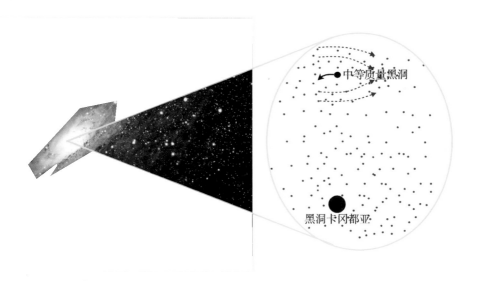

图 6-4　左：仙女座星系中寄宿着一个与卡冈都亚大小相同的黑洞。右：中等质量黑洞通过动力学摩擦过程减速，从而沉入巨型黑洞附近

超级文明的航行轨迹

太阳系里行星和彗星的轨道都是非常精确的椭圆（见图 6-5）。牛顿引力定律确保了这一点。相反地，如卡冈都亚这样巨型的、旋转的黑洞周围由于受爱因斯坦相对论物理定律的主导，其天体轨道复杂得多。图 6-6 是一条轨道的示意图。沿着这条轨道绕卡冈都亚旅行一周需要几个小时到几天时间，所以图上轨道缠绕出的图案需要一年时间才能完成。几年后，这条轨道会经过几乎所有你想去的地方，虽然到达的速度可能不是你想要的。那时，你需要一次引力弹弓弹射来改变速度，以抵达目的地。

你可以自由想象一种超级文明会如何利用这些轨道。在对电影剧情的阐释中，为了简单起见，我避开了复杂的

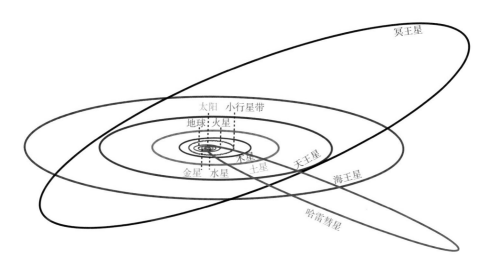

图 6-5 行星、冥王星、哈雷彗星的运行轨道都是椭圆形的

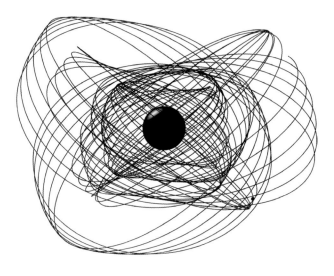

引自史蒂夫·德雷斯克（Steve Drasco）的模拟

图 6-6 一艘飞船或者一个行星或恒星在快速转动的超大质量黑洞（比如卡冈都亚）周围的一条轨道示意图

轨道，主要讨论了圆形的、赤道面上的轨道（比如"永恒"号的停泊轨道、米勒星球的轨道以及临界轨道）和简单的航行轨迹，如"永恒"号从一个圆形赤道轨道上迁移到另一个。但曼恩星球是一个例外，详细讨论见第 18 章。

"卡西尼"号，现实中的"巡逻者"号

现在让我们从可能存在的世界（不违背物理定律的世界）回到太阳系的舒适"监牢"中来，看看实际的、真实生活中的引力弹弓吧（截至 2014 年，人类已经做到的）。

你可能对 NASA 的"卡西尼"号（Cassini）航天器很熟悉。它于 1997 年 10 月 15 日从地球发射，前往目的地——土星，但只带了很少的燃料。"卡西尼"号的动力问题需要引力弹弓效应相助：它在 1998 年 4 月 26 日利用了金星的弹射，在 1999 年 7 月 24 日利用了金星的第二次

弹射，又于 1999 年 8 月 18 日利用了地球的弹射，后于 2000 年 12 月 30 日利用了木星的弹射，最终于 2004 年 7 月 1 日抵达土星（见图 6-7）。

这些弹弓弹射和我们上面讨论的不同，飞行器的方向没有被强烈地偏转。金星、地球、木星都只是温和地偏转了飞行器，为什么呢？

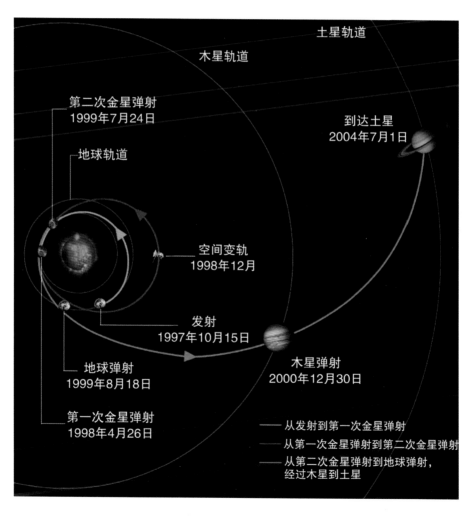

图 6-7 "卡西尼"号从地球到土星的旅程

这是因为这些弹弓提供的引力都太弱了，所以才无法提供强烈的偏转。金星、地球和伊奥都只能提供小偏转，因为它们的引力很弱。木星倒是有很大的引力，但是当时"卡西尼"号只需要一个微小的偏转就可以到达土星，若木星提供的是一个太大的偏转，那么"卡西尼"号反倒会被送到错误的航向上。

虽然航向的偏转很小，但"卡西尼"号还是在掠过这些天体时被结结实实地"踢了一脚"，以此获得了足以弥补燃料不足的动能。在每次掠过行星时（除了伊奥），"卡西尼"号都是追赶着天体，沿特定角度飞行的，所以行星的引力可以有效地带着"卡西尼"号向前航行，为其加速。在电影《星际穿越》中，"永恒"号就利用火星做了一个类似的弹射。

在过去的10年里，"卡西尼"号考察了土星及其卫星，发回了令人震撼的图片和信息，开创了美术和科学领域的宝藏。

相对于太阳系内这些较弱的引力弹弓，黑洞卡冈都亚的强大引力可以抓住任何超高速移动的物体，并通过一个强大的引力弹弓效应，将这个物体再次抛出去，连光线也不例外。黑洞对光线的偏转形成了引力透镜效应，而这正是我们理解卡冈都亚外形的关键。

07

IMAGING
GARGANTUA

打造黑洞卡冈都亚 Ⓣ

黑洞本身不发光，所以人类看见卡冈都亚的唯一方式就是通过它对其他天体的光线的影响。在《星际穿越》这部电影中，其他天体包括吸积盘（见第 8 章）及其所在的星系。星系由气体云和密集的恒星场构成。为简单起见，我们现在只考虑恒星。

卡冈都亚对背景的恒星场投下了黑色的阴影，并且偏转了每颗恒星发出的光线，扭曲了恒星在摄像机上所成的像。这种扭曲就是我在第 2 章讨论过的引力透镜效应。

如果恒星场前方有一个快速旋转的黑洞（假设就是卡冈都亚），那么你会看到的图像就将如图 7-1 所示。图 7-1 假设的就是你处在卡冈都亚的赤道平面，而全黑的区域是卡冈都亚在恒星场上投下的阴影。在阴影边缘，那由非常细的星光构成

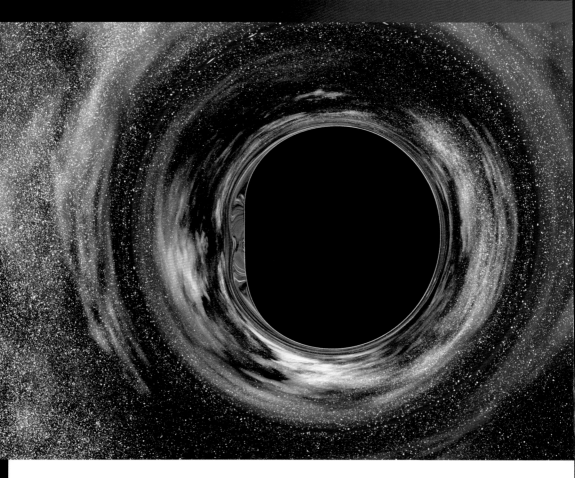

基于双重否定公司视觉特效团队的数值模拟

图 7-1 恒星场被类似于卡冈都亚的快速旋转的黑洞的引力透镜扭曲后的样子。从远处看，阴影的角直径大约是 9 个卡冈都亚半径除以从观测者到卡冈都亚的距离

的环就是火环。我手工增加了火环的对比度，使得阴影的边缘看起来更为显著。在火环之外，我们可以看到密密麻麻的恒星呈现出了一种同心壳状的图案。这种图案便是由引力透镜效应所产生的。

如果你带着摄像机围绕卡冈都亚转一圈，那么背景星场也会随之发生变化。这种变化结合引力透镜效应会对我们观察到的图像产生戏剧性的影响。恒星在某些区域里会快速流动，在另一些区域里会和缓地流动，而在另一些区域里却会凝固不动。

在本章中，我会解释图像上的所有特征。我将首先谈到阴影和火环，然后再描述《星际穿越》中的黑洞图像是如何制作的。

在讨论卡冈都亚的外形时，我会假设它是一个快速旋转的黑洞，因为只有这样的黑洞才能解释"永恒"号船员们相对于地球的极端时间损失（见第 5 章）。但是，因为旋转过快，卡冈都亚的左边缘处会变得扁平（见图 7-1），并且恒星流动模式和吸积盘会出现一些特殊的现象。这些可能会令观众困扰，所以诺兰和保罗·富兰克林选择了一个不那么快的自旋速率——大约最大自旋速率的 60%——来产生电影中卡冈都亚的图像（参见第 8 章图 8-9、图 8-10 与图 8-11）。

> 警告：以下 3 节的解读可能需要大量思考，但即使你跳过它们也不会影响本书其他部分的阅读，所以不要担心。

黑洞阴影及其火环

火壳（见第 5 章）在产生卡冈都亚的阴影和围绕阴影的细细火环时起到了关键作用。在图 7-2 中，火壳是卡冈都亚周围的紫色区域。暂时被困住的光子轨道（光线）就分布在这一区域，例如展示在图 7-2 右上角小图中的轨道（可以参见图 5-4 和图 5-5）。

现在，假设你处在图 7-2 的黄点上。白色的光线 *A* 和 *B* 与其他类似的光线带给了你火环的图像，而黑色的光线 *A* 和 *B* 带给了你阴影边缘的图像。举例来说，白色的光线 *A* 起源于远离卡冈都亚的某颗恒星，它向卡冈都亚传播，暂时被困在火壳位于黑洞赤道面轨道的内边缘上。在这条轨道上，它被回旋的空间引导着绕了一圈又一圈，最终逃出来进入你的眼睛。同样，被标记为 *A* 的黑色光线从卡冈都亚的视界出发，向外传播并同样被困在火壳的内边缘上，绕转了一圈又一圈，

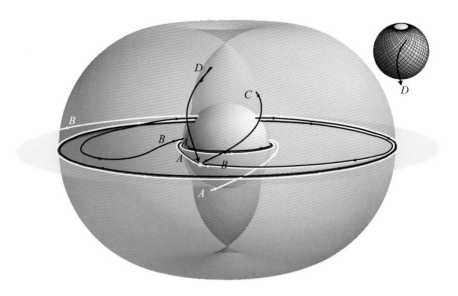

图 7-2 卡冈都亚(中心的椭球)的赤道平面(蓝色)、火壳(紫色和淡紫色)
以及带来阴影边缘细环的光线 (黑色和白色)

最终逃离，并与白色光线一起进入你的视线。白色光线形成了你看到的细环的一
部分，而黑色光线则形成了你看到的阴影边缘的一部分。火壳的作用正是合并这
些来源不同的光线，并将它们导入你的视野。

　　白色和黑色的光线 *B* 与 *A* 的情况类似，不同的是，光线 *B* 被困在火壳的外边
缘上并且沿着顺时针传播（抵抗空间回旋），而光线 *A* 则是被困在火壳内边缘上并
沿着逆时针方向传播（被空间回旋带动）。在图 7-1 中，阴影左边缘处扁平，而右
边缘处却圆滑，正是因为光线 *A*（阴影左边缘）来自非常接近于视界的火壳内边缘，
而光线 *B*（阴影右边缘）则来自比较靠外的火壳外边缘。

　　在图 7-2 中，黑色光线 *C* 和 *D* 起源于视界，向外传播并暂时被困在火壳的非
赤道面轨道上，它们最终逃出了禁锢，进入了你的视野，带给了你阴影边缘在赤
道面外的图像。光线 *D* 在火壳上的轨道被展示在图 7-2 右上角的小图中。白色光
线 *C* 和 *D*(没有画出来)从远处的恒星出发，与黑色光线 *C* 和 *D* 一起被困在火壳中，

但最终与黑色光线一起进入了你的眼睛，同时带给了你火环和阴影边缘的图像。

无自旋黑洞的引力透镜效应

为了理解引力透镜效应对阴影外恒星的作用，并了解恒星是如何随着摄像机的运动而移动的，我们先从一个无自旋黑洞开始，看看它是如何影响单颗恒星发出的光线的。在图 7-3 中，两条光线从恒星出发到达摄像机。在黑洞周围弯曲的空间里，每条光线走过的都是最直路径，但因为空间弯曲，其路径被偏转了。

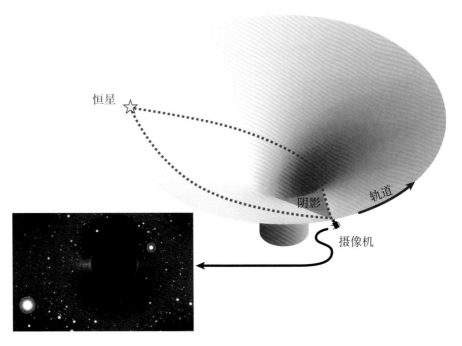

恒星

阴影　　轨道

摄像机

基于阿兰·莱阿祖罗（Alain Riazuelo）的数值模拟

图 7-3　上图：从超体中看到的一个无自旋黑洞周围的弯曲空间。两条光线在弯曲的时空中从恒星传播到摄像机。下图：红圈中的图像是经过引力透镜效应弯曲后的恒星像

一条弯曲的光线从黑洞的左侧传播，另一条光线则沿右侧传播。两条到达摄像机的光线都会在那里形成恒星像。图 7-3 左下的小图显示了摄像机拍摄到的恒星所成的两个像。我用红色的圆圈加以标记，以便将它们和背景中的其他恒星区分开来。请注意，右边的像之所以比左边的更靠近黑洞的阴影，是因为它的光线传播路径更接近黑洞的视界。

所有其他恒星也都在图片中出现了两次。两个像总是处于黑洞的两侧。你能否找到其他几对恒星？在图中，黑洞的阴影代表了所有无法到达摄像机的光线的传播方向。在图 7-3 右上角的图中，有一个三角区域被标记为阴影。所有"想要"进入阴影的光线都被黑洞抓住并吞噬了。当摄像机沿着它的轨道向右方前进时，恒星在摄像机底片上的图案变化将如图 7-4 所示。

图中着重标注了两颗恒星：一颗标记在红圈中（即图 7-3 中的恒星），另一颗则用黄色菱形标记。我们可以看到每颗恒星的两个像：一个在粉色圆圈内，一个则在圈外。这个粉色的圆圈被称作"爱因斯坦环"[①]。

当摄像机向右移动时，恒星的像就将沿着黄色和红色的曲线移动。

爱因斯坦环外的恒星像（我们称它为"主像"）移动的方向和一般人预想的差不多：当恒星平滑地从左向右移动、经过黑洞时，其主像被偏折到了远离阴影的地方（你

① 爱因斯坦环（Einstein ring）：在天文上，遥远天体发出的光被路径上的强大引力场折射（引力透镜）所形成的圆环图案。——译者注

基于阿兰·莱阿祖罗的数值
模拟

图 7-4 当摄像机沿着图
7-3 中的轨道向右前进时恒
星图案的变化

能想明白为什么会远离阴影而不是靠近它吗)。

但是，在爱因斯坦环内的像(我们称它为 "次级像")的移动方式却出乎意料：
它们从阴影的右侧出现，沿着爱因斯坦环和阴影之间的环先向外移动，然后再移
向左方，最后落回阴影边缘。(回到图 7-3 的示意图将有助于你理解这个现象。) 从
右侧传播的光线比较靠近黑洞，所以恒星在右侧所成的像也更靠近阴影。在更早
的时刻，摄像机的位置更靠近左侧，则从右侧传播的光线需要比现在更靠近黑洞，
其路径才会更加弯折以使其到达摄像机。因此，那时恒星在右侧成的像更加靠近
阴影的边缘。相反，在更早时刻左侧的光线传播路线离黑洞更远。这时光线的传
播路径几乎是直线，成的像也就离黑洞更远了。

好了，如果你已经准备好了，请认真思考一下，恒星像为什么会像图 7-4 中
描绘的那样移动。

快速自旋黑洞的引力透镜效应

黑洞卡冈都亚的超快转速产生了空间回旋，改变了引力透镜效应。恒星在图 7-1 中（卡冈都亚的情况）形成的图像和图 7-4（无自旋黑洞的情况）相比略有不同。而且，观测者看到的恒星流动模式的差别也更大。

在卡冈都亚周围，恒星流动展现出两个爱因斯坦环（见图 7-5）。我用粉色的环标记它们。在爱因斯坦环外环之外，恒星向右侧移动（比如，沿着两条红色的曲线），这与图 7-4 展示的无自旋黑洞周围的情况类似。但是，回旋的时空将星流聚集成了高速运动，并环绕在黑洞的阴影边缘的窄带上。然后，窄带在黑洞赤道附近突然弯折。而与此同时，空间回旋也产生了星流的漩涡（闭合的红圈）。

图 7-5　摄像机观测到的快速旋转黑洞（如卡冈都亚）周围的恒星流动模式。在双重否定公司视觉特效团队的数值模拟中，这个黑洞以最大自旋速率的 99.9% 旋转。此时，摄像机在一个圆形轨道上运转。轨道在黑洞赤道面上，轨道的周长比黑洞视界的周长大 6 倍

每颗恒星的次级像都出现在两个爱因斯坦环之间。每个次级像的轨迹都是闭合的曲线（如图 7-5 中黄色的闭合曲线所示）。并且，次级像的运动方向和爱因斯坦环外环之外红色标记的恒星流动方向相反。

如果没有引力透镜效应，卡冈都亚的天空中会有两颗非常特殊的恒星：一颗在卡冈都亚的北极上方，另一颗正好在其南极下方。它们可以类比于地球的北极星——一颗正好是在地球北极轴上的恒星。我用红色的五角星标记了卡冈都亚南、北极星的主像，用黄色五角星标记了它们的次级像。在地球上，天空中的所有恒星都好像绕着北极星做圆周运动，这是因为人类在地球上随着地球自转而活动。类似地，卡冈都亚周围的所有恒星主像都围绕着红色的南、北极星的主像做圆周运动，只是它们的圆周运动轨迹（比如两条红色的闭合曲线）被回旋的空间和引力透镜效应强烈地扭曲了。类似地，所有次级像都会环绕黄色五角星做扭曲的圆周运动（比如沿着两条黄色闭合曲线）。

为什么对于一个无自旋黑洞（见图 7-4）来说，次级像会从黑洞的阴影中出现，最终又沉没到阴影中去，而不是像在卡冈都亚周围那样（见图 7-5），其运动轨迹形成一条闭合的曲线呢？其实在无自旋黑洞周围，次级像的运动确实形成了闭合的路径，但是闭合曲线的内侧离黑洞阴影的边缘太近了，所以看不到。卡冈都亚的自旋产生了空间回旋，而后者使得爱因斯坦环内环向外移动，令其显现出来，同时也显现出了次级像的全貌（图 7-5 中的黄色曲线）。

在爱因斯坦环内环之内，恒星流动模式更加复杂。如果说宇宙中所有恒星的主像都在爱因斯坦环外环之外，而次级像在两环之间，那么内环之内汇集的就是所有恒星的三级像和更高级的像。在图 7-6 中，我在 5 幅小图中展示了卡冈都亚的赤道平面。黑色的圆代表黑洞，紫色的虚线代表摄像机的轨道，红色的曲线标示了光线——光线给摄像机带来了恒星像，这些像在图 7-6 上部的图片中由蓝色箭头标示。此时，摄像机则绕卡冈都亚逆时针而行。

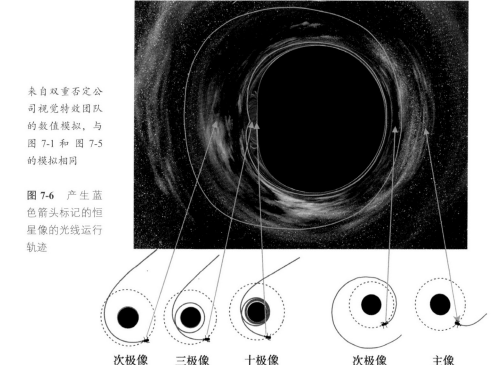

来自双重否定公司视觉特效团队的数值模拟，与图 7-1 和图 7-5 的模拟相同

图 7-6 产生蓝色箭头标记的恒星像的光线运行轨迹

一幅幅地浏览这些图片可以帮助你增加对引力透镜效应的了解。注意，恒星的真实方向是在图的右上方（见红色光线的最外端），而恒星像的位置则由光线进入摄像机的方向决定。十级像离阴影的左侧边缘很近，右侧的次级像的位置则很靠近阴影右侧的边缘。比较摄像机观测到的这些像的方向，我们会发现阴影在摄像机正上方的天空中占据了 150 度的区域。虽然卡冈都亚的中心在图中的位置是摄像机的左上方，但是相对于卡冈都亚的真实位置来说，引力透镜移动了阴影。

制造《星际穿越》中黑洞和虫洞的视觉特效

诺兰希望电影中的卡冈都亚看起来是一个从近处观察到的旋转黑洞的真实相貌，所以他拜托保罗来咨询我。保罗请我和《星际穿越》的视觉特效团队保持密切联系。之前说过，这个团队是由伦敦的双重否定公司的班底构成的。

于是，我鼓起干劲开始与这一团队的首席科学家奥利弗·詹姆斯紧密合作。奥利弗和我通过电话、Skype 进行讨论。我们交换电子邮件和文档，有时也在洛杉矶或者他位于伦敦的办公室中碰面。奥利弗有光学和原子物理专业的学士学位，懂得爱因斯坦的相对论物理定律，所以我们有着共同的技术语言。

我的几位物理学家朋友们已经用计算机数值模拟研究过在黑洞轨道上绕转甚至是落入黑洞时人会看到什么情景。这个领域最优秀的专家是法国巴黎天文台的阿兰·莱阿祖罗和美国科罗拉多大学博尔德分校的安德鲁·汉密尔顿（Andrew Hamilton）。安德鲁曾经制作过一些有关黑洞的影片，并在世界上的一些天文馆中播出过。而阿兰用数值模拟研究过像卡冈都亚这样自旋非常非常快的黑洞。

所以，最初我计划让奥利弗联系阿兰和安德鲁，向他们寻求所需的数值模拟数据。说实话，在做了这个决定后，我有好几天不太舒服。最终，我改变了主意。

在半个世纪的物理研究生涯中，我付出了巨大的努力以寻求新发现，也指导学生，帮助他们作出新发现。但我自问，为什么不换换口味，做点儿有趣的研究，哪怕别人已经在此之前做了一些工作也无妨。于是，我决定亲自上阵。我确实从中获得了乐趣。令我没想到的是，作为副产品，我也得到了一些新发现。

我极大地受益于他人此前的工作，特别是法国宇宙理论实验室（Laboratoire Univers et Théories）的布兰登·卡特（Brandon Carter）和哥伦比亚大学的耶娜·莱文（Janna Levin）所做的工作。在这些工作的基础上，我利用爱因斯坦的相对论物理定律，设法写出了奥利弗需要的那些方程。这些方程可以用来计算光线的路径。比如说，光线从一颗遥远的恒星出发，通过卡冈都亚的弯曲时空进入摄像机的路径。我的方程可以计算出这些光线进入摄像机所成的像，结果不但考虑了光源的性质和卡冈都亚的弯曲时空，也考虑了摄像机围绕卡冈都亚的运动。

在推导出方程后，我使用了方便实用的计算机软件 Mathematica，自己编程并且计算出结果。我对比了 Mathematica 生成的图像和阿兰的图像。当我发现它们很好地契合了时，我感到很高兴。之后，我详细描述了我的方程，并将其和 Mathematica 程序一起发给了奥利弗。因为这一程序算起来非常缓慢，所以只能给出低分辨率的结果。奥利弗面临的挑战是，如何将我的方程转换成能够生成超高品质 IMAX 图像的计算机程序。

奥利弗和我一步步地实现了这一目标。我们首先考虑的是一个无自旋黑洞和一台静止的摄像机。随后，我们加入了黑洞的自旋。再往后，我们加入了摄像机的运动：先是在一个圆形轨道上运动，然后径直落入黑洞。最后，我们计算出了摄像机在虫洞附近能观测到的景象。

这时，奥利弗提出了新要求，让我小吃了一惊：为了实现某些更加精细的视觉效果，他不但需要知道描述光线传播路径的方程，还需要知道光束在经过黑洞时，其截面的尺寸和形状是如何变化的。

我大约知道怎么做，但是这些方程复杂得吓人，我怕会算错。所以，我搜索了一下过去的技术文献，发现早在 1977 年，加拿大多伦多大学的瑟奇·皮诺特（Serge Pineault）和罗布·罗德（Rob Roeder）就已经推导出了必要的方程——几乎就是我所需要的形式！我又费劲地努力了 3 周，将他们的方程转换成了我们需要的精确形式。我用 Mathematica 推导出了这些方程，得出结果后发给奥利弗。他又将方程整合成了计算机程序。最后，这些程序制造出了电影所需要的高品质图像。

在双重否定公司那边，奥利弗的计算机程序只是工作的开始。他要将程序交给由尤金妮娅·冯·腾泽尔曼领导的艺术团队——他们会为之加上吸积盘（见第 8

章），并创建星系背景和其中的恒星、星云。这些天体图像随后将被卡冈都亚的引力透镜弯曲。她的团队之后又增加了"永恒"号、"巡逻者"号和"登陆"号，构造了摄像机内看到的图像（考虑了摄像机的运动、运动方向和视野等）。最后，他们将这一切塑造成具有强烈吸引力的图像：在电影中实际呈现的那种令人赞叹的场景。更多讨论请见第 8 章。

与此同时，我在苦苦思索奥利弗和尤金妮娅交给我的电影片段，努力理解为什么图像看起来是那样的以及恒星场在镜头中为什么那样流动。对我来说，这些电影片段就像实验数据：它们展示了我脑海中没有的图像。这些图像只有数值模拟能够提供，就比如在之前章节中我描述过的那些（见图 7-5 和图 7-6）。我们计划发表一篇或多篇技术文章，以描述我们学到的这些新东西。

引力弹弓旅程中的景象

虽然诺兰决定不在电影《星际穿越》中展示任何引力弹弓之旅中间过程的镜头，但我却好奇在库珀驾驶"巡逻者"号前往米勒星球的途中，会看到什么样的图景。所以我用自己的方程和 Mathematica 模拟出了它们的图像（因为我的程序太慢了，所以得出的图像能达到的分辨率远远低于奥利弗和尤金妮娅所模拟出的图像）。

在我对《星际穿越》的科学解释中，库珀驾驶"巡逻者"号时需要借助一个中等质量黑洞的引力弹弓来改变方向，以飞向米勒星球。这就是图 6-2 所描述的引力弹弓弹射。图 7-7 显示了一系列图片，这是库珀将会在引力弹弓旅途中看到的景象。

在图 7-7 最顶部的图片中，卡冈都亚在中等质量黑洞的背景上，后者正在从它前面经过。中等质量黑洞抓住了遥远恒星发出的向卡冈都亚传播的光线，令这

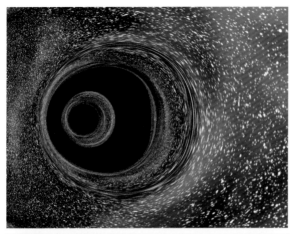

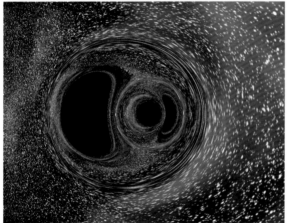

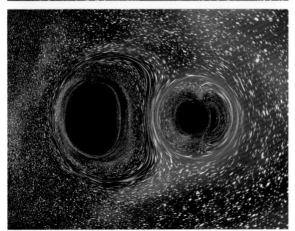

些光线先环绕自己传播，并最终将其送入摄像机中。这解释了中等质量黑洞周围甜甜圈状的星光的由来。虽然中等质量黑洞比卡冈都亚轻 1 000 倍，但它离"巡逻者"号的距离比卡冈都亚近得多，所以体积看起来只是略小一些。

从记载引力弹弓旅途中的摄像机来看，中等质量黑洞向右移动，后面是卡冈都亚阴影的主像（见图 7-7 的中间图），它前方是卡冈都亚阴影的次级像。这两个像完全可以被

基于我自己的数值模拟最终成形的图像

图 7-7　以卡冈都亚为背景，利用中等质量黑洞作为引力弹弓时我们可以看到的景象

类比为恒星像被黑洞的引力透镜弯折之后产生的主像和次级像，只不过现在是卡冈都亚的阴影被中等质量黑洞的引力透镜偏折了。

在图 7-7 最底端的图中，当中等质量黑洞继续向右移动时，阴影的次级像缩小了，这时引力弹弓旅程几近结束，而摄像机则随着"巡逻者"号向下驶往米勒星球。

尽管这些图像令人印象深刻，但只有靠近中等质量黑洞和卡冈都亚时才能看到。地球上的天文学家们能够看到的关于巨型黑洞最壮观的景象产生自黑洞的喷流和明亮的热气体盘。我们接下来就要说到这些。

08

DISKS
AND
JETS

**瑰丽奇美的吸积盘
与喷流** Ⓣ

类星体，小天体里的大能量

射电望远镜能够观测到的大多数天体是巨大的气体云，它们比恒星大得多。但在 20 世纪 60 年代早期，人们就通过射电望远镜发现了几个很小的天体。天文学家称这些天体为"类星体"（quasar），意为"类似恒星的射电源"（quasi-stellar radio source）。

1962 年，加州理工学院的天文学家马丁·施密特（Maarten Schmidt）在帕洛玛山（Palomar Mountain）上，利用当时世界上最大的光学望远镜，观测到了编号为 3C 273 的类星体发出的光。这个天体看上去像一颗明亮的恒星，但有暗弱的喷流从中喷出（见图 8-1）。这在当时让他感到很奇怪。

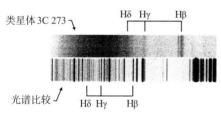

图 8-1　上方：由 NASA 哈勃空间望远镜拍摄的类星体 3C 273 的照片。恒星（左上角）原本很小，我们甚至无法测量其尺寸。在图中，它看起来这么大是因为被过度曝光了，这样我们才能看见暗弱的喷流（右下角）。下方：马丁·施密特得到的类星体 3C 273 的光谱与地球实验室里拍摄到的氢原子的光谱比较。类星体的 3 条谱线和氢原子的 Hβ、Hγ 以及 Hδ 线一致，只是波长增加了 16%（光谱的图像记录在负片上：黑色的线实际上非常亮）

类星体 3C 273

Hδ　Hγ　　　Hβ

光谱比较

Hδ　Hγ　　Hβ

　　当施密特将类星体 3C 273 的光分为不同颜色时（就像有时光线穿过棱镜后分为不同颜色的情况），他看到了图 8-1 下方展示的那一系列谱线。第一眼望过去，这些谱线和他以前见过的完全不一样。但是到 1963 年 2 月，在经过了几个月的冥思苦想后，他意识到这些谱线之所以看起来陌生，仅仅是因为它们的波长比正常情况大了 16%。这被称作 "多普勒频移"（Doppler shift），是类星体以约 16% 的光速离开地球所导致的。是什么造成了类星体极快的运动？施密特所能想到的唯一可能性就是宇宙的膨胀。

　　随着宇宙的日益膨胀，离地球较远的天体以非常快的退行速度离我们而去，而离我们较近的天体的退行速度则比较慢。类星体 3C 273 的退行速度极大，能达到光速的 1/6，这意味着类星体 3C 273 离地球有 20 亿光年之遥，几乎是当时所能观测到的最远天体。通过它的亮度和距离，施密特推算出类星体 3C 273 光芒中蕴含的能量比太阳强 4 万亿倍，比最亮的星系还要亮 100 倍!

另外，这一惊人能量的波动时标可以缩短至一个月，这意味着光线耗时一月就能穿越这个天体，也说明大部分光由一个非常小的天体发出。这个天体的尺寸比地球到离自身最近的恒星——半人马座比邻星的距离要小得多。另一些类星体的能量与此类似，但能量的波动时标只有几个小时。这说明它们不会比太阳系大太多。比最亮的星系能量强 100 倍的能量来自一个与太阳系同等大小的区域，这真是太惊人了!

能量发动机——黑洞与吸积盘

这么小的区域怎么能释放出如此大的能量? 如果我们想想自然界的基本力，那么就会发现只有 3 种可能性：化学能、核能或者引力能。

化学能是分子合成新的分子时释放出的能量。汽油的燃烧就是一个例子，这一原理是：空气中的氧分子和汽油分子结合形成了水和二氧化碳，同时产生了大量的热，但这种能量比类星体需要的小得多得多。

核能来自原子核合并生成新原子核的过程，比如原子弹、氢弹以及恒星核心的核燃烧。这种能量虽然比化学能强大得多（想象一下原子弹和汽油起火的差别），但是天体物理学家们找不到任何可能的方式让核能驱动类星体。可见，核能还是不够强。

剩下的唯一可能性就是引力能了，这和"永恒"号在卡冈都亚周围航行时，我们考察过的能量形式相同。"永恒"号利用中等质量黑洞的引力能进行了引力弹弓弹射（见第 6 章）。类似地，类星体的能量也必定来自黑洞。

在很多年里，天体物理学家们努力想弄清楚黑洞是怎么"工作"的。1969 年，答案被英国格林尼治皇家天文台的唐纳德·林登 - 贝尔（Donald Lynden-Bell）揭晓。

林登－贝尔假设，一个类星体是一个被热气体盘（也叫吸积盘）环绕着的巨大黑洞。而热气体同时也被磁场所缠绕（见图 8-2）。

在宇宙中，热气体总是被磁场缠绕（见第 1 章）。这些磁场被锁定在气体中。气体和磁场步伐一致地移动。

当缠绕在吸积盘上时，磁场就变成了将引力能向光与热转换的催化剂。磁场提供了极强的摩擦力①。摩擦力减缓了气体的圆周运动速度，降低了气体用来抵抗引力的离心力，使得气体向内运动，流向黑洞。当气体向内运动时，黑洞的引力会加快它的轨道速度，增幅超过之前被摩擦力所降低的。换句话说，引力能转化成了动能（也就是运动的能量）。磁场提供的摩擦力则进一步将一半的新增动能转化为光和热。这个过程周而复始，不断循环。

① 摩擦力起源于一个极其复杂的过程。流动的气体将磁场有序化，在一定程度上使之加强，从而让气体的动能转化为磁能。之后，与在临近空间区域指向相反的磁场发生磁重联，通过这个过程将磁能转化为热能。整个过程反映了摩擦力的本质：将运动转化为热。

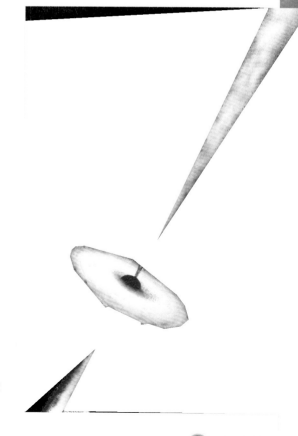

马特·齐梅特根据我的草图创作，取自我所著的《黑洞与时间弯曲》一书

图 8-2 艺术家制作的黑洞和吸积盘的概念图，喷流从黑洞的两极向外喷出

黑洞的引力提供了能量，而磁场的摩擦力和吸积盘的气体提取了能量。

林登－贝尔由此下结论说，天文学家们观测到的类星体的明亮光芒来自吸积盘上被加热的气体。并且，磁场把气体中的一些电子加速到了极高的能量。这些电子沿着磁力线做回旋运动，发出可以被人观测到的类星体的射电辐射。

林登－贝尔结合牛顿力学、爱因斯坦相对论物理定律和量子定律计算出了这些细节，成功地解释了除喷流之外类星体的所有天文学观测结果。他的一篇技术性论文描述了他的推理和计算（Lynden-Bell 1979），这篇论文被认为是所有时代最伟大的天体物理论文之一。

喷流：从回旋空间中提取能量

在此后的数年中，天文学家们发现了更多从类星体中向外喷出的喷流，并详细研究了它们。人们很快发现，喷流是磁化了的热气体流，它们从类星体，也就是黑洞和其吸积盘中喷出（见图 8-2）。这种喷射带有极强的能量：喷流中的气体向外运动，速度几乎达到光速。当喷流向外运动并与其他远离类星体的物质碰撞时，气体就会在可见光波段、射电波段、X 射线波段甚至伽马射线波段辐射能量。喷流有时甚至与类星体一样亮，比最亮的星系还要亮 100 倍。

天文学家们付出了将近 10 年的努力，试图解释喷流从何处获得能量，是什么使它们运动得这么快，而形态却这么狭窄、笔直。有好几种解答出现，其中最有趣的一个是建立在英国牛津大学物理学家罗杰·彭罗斯（Roger Penrose）的理论基础上，在 1977 年由剑桥大学的罗杰·布兰福德（Roger Blandford）和他的学生罗曼·泽奈耶克（Roman Znajek）提出，见图 8-3。

吸积盘中的气体逐渐地回旋着落入黑洞。布兰福德和泽奈耶克推断，当气体穿越黑洞的视界时，每一小点儿气体都会把它拥有的一点儿磁场储存在视界上，之后周围的吸积盘会令磁场一直保持在那里。自旋的黑洞会拖曳着周围空间进行回旋运动（见图4-4和图4-5），而回旋的空间会令磁场产生回旋（见图8-3）。就像水力发电站的发电机那样，回旋的磁场可以产生极强的电场。电场和回旋磁场协同工作，将等离子体（热的并且电离的气体）以接近光的速度向上下方汲出，催生两个强大的喷流。黑洞自旋通过陀螺仪机制可以稳定地维持住喷流的喷射方向而不使之改变。

在类星体3C 273中，我们只能看见一个明亮的喷流。但在其他某些类星体中，两个喷流都是可见的。

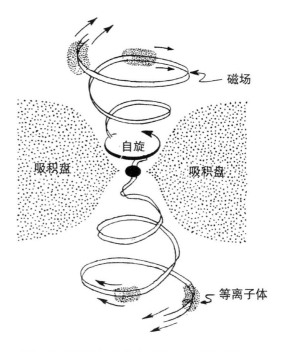

马特·齐梅特根据我的草图创作，取自我所著的《黑洞与时间弯曲》一书

图8-3 产生喷流的布兰福德－泽奈耶克机制

以爱因斯坦的相对论物理定律为主要基础，布兰福德和泽奈耶克计算出了全部细节。至此，他们可以解释天文学家们对喷流的大多数观测结果了。

在另一种对问题的解答中（见图8-4），回旋的磁场固定在吸积盘上而不是黑洞上。磁场被吸积盘的运动轨道拖曳着形成回旋。在其他方面，这种答案和之前一样，如发电机机制的形成、等离子体被抛出的情形。这种解答在黑洞没有自旋的情况下仍然有效。但是我们相当确定大多数黑洞是快速自旋的，所以我猜测布

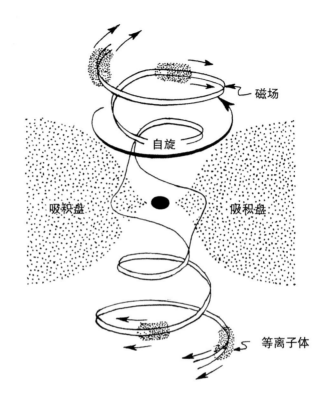

磁场

自旋

吸积盘

吸积盘

等离子体

马特·齐梅特根据我的草图创作，取自我所著的《黑洞与时间弯曲》一书

图 8-4 与图 8-3 类似，但磁场是固定在吸积盘上的

兰福德－泽奈耶克机制①（见图 8-3）可能是在类星体中最常见的机制，但这可能是个人偏见。我在 20 世纪 80 年代花费了很多时间探索这一机制的理论，甚至与其他人合写过一部关于该理论的学术著作。

吸积盘从何处来？潮汐力撕裂恒星

1969 年，林登－贝尔推测类星体存在于星系的中心。他说："我们无法看到类星体的宿主星系，是因为星系发出的光比类星体的弱得多。"类星体掩盖了星系。几十年过去了，仰赖技术的进步，天文学家们确实发现了很多类星体周围星系发出的光，验证了林登－贝尔的猜测。

① 布兰福德－泽奈耶克机制（Blandford-Zna-jek Mechanism）是从旋转黑洞中提取能量的一种机制。这是类星体能量来源的最佳解释之一，它需要围绕着旋转黑洞的吸积盘和强大的磁场。——译者注

在最近几十年里，我们还了解了吸积盘气体的来源。恒星偶尔会来到离类星体的黑洞非常近的地方。此时，黑洞的潮汐力（见第 3 章）会**撕裂恒星**。被撕裂的恒星的气体很多被黑洞捕获，形成了吸积盘，但也有一些逃逸。

在最近几年里，多亏计算机技术的进步，天体物理学家们模拟了这一过程。图 8-5 来自詹姆斯·吉约雄（James Guillochon）、恩里科·拉米雷斯－鲁伊斯（Enrico Ramirez-Ruiz）、丹尼尔·卡塞恩（Daniel Kasen，加州大学圣克鲁兹分校）和斯蒂芬·罗索沃格（Stephan Rosswog，不莱梅大学）最近进行的数值模拟。在模拟时间零点时（没有展示在图中），恒星几乎是正对着向黑洞飞来，而黑洞的潮汐力开始在面向黑洞的方向拉伸恒星，并在侧面挤压它（见图 5-1）。12 个小时后，在图 8-5 所示的位置上，恒星产生了强烈的变形。在接下来的几个小时，沿着蓝色的引力弹弓轨道，恒星划过黑洞附近，其变形进一步加剧。24 个小时后，恒星飞离，但是其自引力已经无法阻止自身的解体。

詹姆斯·吉约雄和苏维·格扎日（Suvi Gezari，约翰霍普金斯大学）运行的另一个数值模拟显示，恒星接下来的命运就将如图 8-6 所示。顶部的两幅图片显示的是图 8-5 所示过程开始之前和结束之后短暂时刻的情形。相比其他图片，我将这两张图放大了 10 倍，以便看清楚黑洞和正在被瓦解的恒星。

正如整组图片所展示的，在接下来的几年中，恒星的很大一部分物质被捕获进了绕转黑洞的轨道，形成了一个吸积盘。而剩下的物质则沿着一条喷射状的长束逃离了黑洞的引力束缚。

卡冈都亚的吸积盘与丢失的喷流

一个典型的吸积盘及其喷流都会产生辐射：X 射线、伽马射线、射电辐射和可见光。这些辐射非常强，会将附近的所有人烤死。为了避免这一伤害，诺兰和保罗赋予了卡冈都亚一个极度没有活力的吸积盘。

"没有活力"在这里不是相对于人类而言，而是相对于典型类星体的吸积盘而言。相对于典型类星体吸积盘的上亿度的高温来说，卡冈都亚吸积盘的温度只有几千度，与太阳的表面温度接近，所以它的辐射集中于光学波段，只发射一点儿甚至不发射 X 射线和伽马射线。气体很冷，以至于原子的热运动速度会变得很慢，无法令吸积盘膨胀。所以，卡冈都亚的吸积盘很薄，基本上被约束在赤道面上，只有稍微的膨起。

在那些长时间没有被"喂食"的黑洞（最近几百万年来都没有撕裂过恒星）周围，这样的盘可能很常见。最初被约束在吸积盘上的等离子体中的绝大部分磁场可能会

图 8-5 一颗红巨星在一个类似于卡冈都亚大小的黑洞的潮汐力作用下瓦解

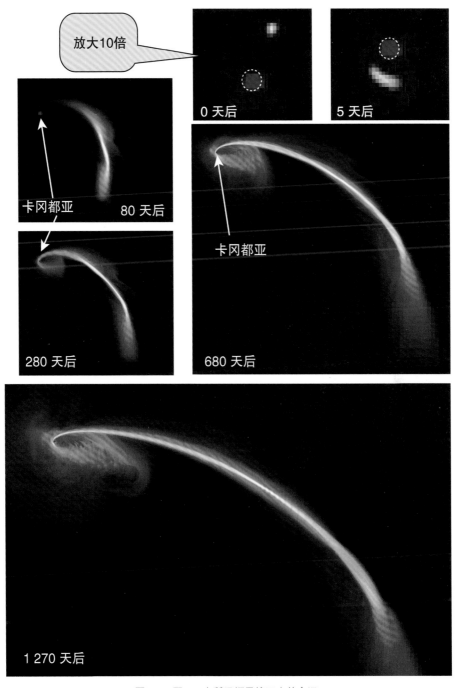

图 8-6　图 8-5 中所示恒星接下来的命运

流失，而之前由磁场供能的喷流也会消失。这就是卡冈都亚的吸积盘：很薄，没有喷流，对人类来说相对安全。注意，只是相对安全。

卡冈都亚的吸积盘和你在网络上或者一些天体物理论文上看到的薄盘的图片有很大不同，因为那些图片忽略了一个重要特征：黑洞对吸积盘的引力透镜效应。但《星际穿越》没有无视这个特征，因为诺兰要坚持视觉特效的准确性。

尤金妮娅被要求在奥利弗的引力透镜计算机程序中加入一个吸积盘。这套程序我在第7章描述过。第一步，尤金妮娅只想看看引力透镜程序能做些什么，于是她在卡冈都亚精确的赤道面上插入了一个真正无限薄的吸积盘。她为本书提供了这个吸积盘的图片。这是一个更适用于教学的版本，吸积盘由等间距的色块构成（见图 8-7 左上方的小图）。

来自尤金妮娅领导的双重否定公司视觉特效团队

图 8-7　卡冈都亚赤道面上的无限薄盘在经受卡冈都亚扭曲时空的引力透镜作用后的图像。在这里，卡冈都亚旋转得非常快。左上小图：没有黑洞时吸积盘的样子

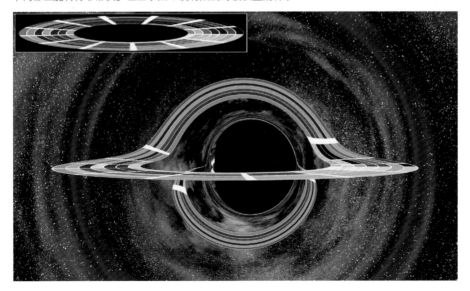

如果没有引力透镜效应，吸积盘的样子就会是图 8-7 左上方小图中的那样。引力透镜带来了巨大的改变（见图 8-7 主图）。你可能期待着吸积盘的一部分隐藏

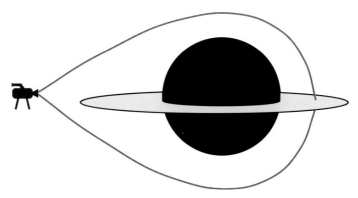

图 8-8 光线（红色）带给了摄像机卡冈都亚背后吸积盘的像：一个像在黑洞阴影的上方，一个在下方

在黑洞背后。但事实并不是这样，引力透镜效应产生了两个像：一个在卡冈都亚黑洞之上，一个在其之下。从图 8-8 可以看到，卡冈都亚背后的吸积盘的上表面发出的光，先向上传播然后绕过黑洞进入摄像机，生成了图 8-7 中包围在黑洞阴影上方的吸积盘的像。类似的机制也生成了包围在卡冈都亚阴影下方吸积盘的图像。

在这些主像的内侧，我们可以看到吸积盘狭窄的次级像，它们弯曲在阴影的上方和下方，靠近阴影边缘。如果我们把图片做得比现在大很多，那么你便可以看到三级像和更高级的像，它们与阴影的距离会一个比一个近。

你能搞清楚经受引力透镜后的吸积盘为什么是你看到的样子吗？为什么阴影下方弯曲的主像会和阴影上方弯曲的狭窄次级像相接？为什么染色的色块在向上弯曲和向下弯曲的图像中被很大程度地拉伸，而在两侧的图像中却被挤压？……卡冈都亚的空间回旋（相对于我们来说，空间从左侧向右侧转动）扭曲了吸积盘的图像。它将左侧吸积盘的图像推离阴影，而将右侧吸积盘的图像拉近阴影，所以吸积盘看起来有点儿不匀称（你能解释原因吗）。

为了进行更深入的理解，尤金妮娅和她的团队用一个更真实的薄的吸积盘取代了图 8-7 中的调色板盘（color-swatch disk）。结果展示在图 8-9 中，它看起来

来自尤金妮娅领导的双重否定视觉特效团队

图 8-9 卡冈都亚周围无限薄的调色板盘被换成了更加真实的无限薄的吸积盘

漂亮多了，但是也引发了问题——诺兰不希望他的观众困惑于吸积盘的不匀称、黑洞的不匀称、阴影的平坦左边缘以及阴影边缘复杂的恒星场图像（见第 7 章中的讨论）。所以，他和保罗将卡冈都亚的自旋速率降到了最大自旋速率的 60%，以便让这一切奇怪的现象看起来温和一些。尤金妮娅已经忽略了吸积盘左侧向我们运动、右侧远离我们运动而产生的多普勒频移效果。这会使吸积盘看起来更加不匀称：左侧蓝而明亮，右侧红而暗淡。这会把大量观众完全搞糊涂！

双重否定公司的视觉特效团队赋予了吸积盘质地和表面起伏的变化。这种起伏是我们期待会产生在一个真实但没有活力的吸积盘上的：吸积盘微微鼓起的幅度在每个地方都不一样。他们还使得吸积盘靠近卡冈都亚的部分变得更热（更明亮），使离卡冈都亚远的地方变得更冷（更暗淡）。他们使吸积盘在远离卡冈都亚

电影《星际穿越》剧照，由华纳兄弟娱乐公司授权使用

图 8-10 卡冈都亚和吸积盘。吸积盘左上方是米勒星球。吸积盘是如此明亮，以至于星云和恒星几乎都不可见了

的地方变得更厚，因为卡冈都亚的潮汐力是吸积盘被压扁在赤道面上的原因，在远离黑洞的地方，潮汐力会减弱。他们加入了背景星系，包含了多层原图（尘埃、星云、恒星）。他们还加入了镜头上的亮斑——眩光、光晕，还有光的条纹，由吸积盘的明亮光芒经由散射后进入摄像机的镜头所致。这最终创造出了电影中那些令人信服而又令人赞叹的图像（见图 8-10 和图 8-11）。

尤金妮娅和她的团队当然也考虑了吸积盘上的气体是在轨道上绕着卡冈都亚转动的，因为这样它们才能避免落入黑洞。在电影中，当与引力透镜效果结合后，气体的轨道运动产生了令人印象深刻的

电影《星际穿越》剧照，由华纳兄弟娱乐公司授权使用

图 8-11 近观卡冈都亚吸积盘的一段。这是"永恒"号从上面经过时船员们看到的景象。黑色区域是卡冈都亚，被吸积盘所包围。前景有些白色的杂散光

流动效果。图 8-11 中气体的流线（streamline）就展现了这种效果。

第一次看到这些图片的时候，我觉得非常开心！史上第一次，在一部好莱坞电影中，一个黑洞和它的吸积盘被真实地呈现了出来。这是当我们有一天掌握了星际航行技术后将真正看到的情景。而我，作为一位物理学家，第一次看到了一个真实的吸积盘被引力透镜扭曲后的样子——黑洞背后的吸积盘在黑洞的上方和下方弯曲成像，而不是藏在黑洞背后。

尽管卡冈都亚的吸积盘看起来异常漂亮，但是它没有活力，也没有喷流，那么卡冈都亚的环境真是很友好的吗？阿梅莉亚·布兰德认为的确如此。

09

ACCIDENT IS
THE FIRST
BUILDING
BLOCK OF
EVOLUTION

**事故是进化途中的
第一步** Ⓣ

　　在电影中，在库珀一行人发现米勒星球是不毛之地后，阿梅莉亚·布兰德争辩接下来要探索的星球应该是距离卡冈都亚更为遥远的埃德蒙兹星球，而非距离更近的曼恩星球。"事故是进化途中的第一步，"她告诉库珀，"但如果你绕着黑洞转，就遇不上那么多事故，因为它把小行星、彗星和其他本来你要碰到的事故都给吸走了。我们需要走得更靠外些。"

　　这是整部电影中少有的一个由角色犯下的科学错误。克里斯托弗·诺兰早知道布兰德的论证是错误的，但他选择保留乔纳剧本草稿中的这一段话。毕竟，科学家的判断力也绝非完美。

　　尽管卡冈都亚总是试图把小行星和彗星吸进来——其实行星、恒星和小型黑洞也是这样，但实际上成功的却很少。这是为什么呢？

除了那些轨道几乎笔直地指向黑洞的天体之外，绝大部分距离卡冈都亚很远的天体都有很大的角动量[1]。无论天体沿着轨道靠近黑洞到什么样的程度，这么大的角动量产生的离心力总能够轻易地摆脱卡冈都亚的引力。

图 9-1 是一个典型的轨道形式。天体在卡冈都亚强大的引力拉拽下向内运行，但在它到达视界面之前，离心力会变得更强，强到足以把它再甩出去。这一过程几乎无止尽地反复发生着。

能够阻断这一过程的唯一可能是与其他大质量的天体（一个小型黑洞、恒星或者行星）产生交会。这个天体会在其他天体的扰动下沿着弹弓弹射的轨迹（见第 6 章）被抛入一个新轨道，而这个围绕卡冈都亚的新轨道会拥有新的角动量。与原来的轨道类似，新轨道的角动量通常也很大，所以离心力还是能够保护天体不被吸入卡冈都亚。在极为罕见的情况下，天体在新轨道上会几乎径直地冲向卡冈都亚——它的角动量太小，不足以产生足够的离心力，所以只有这样的天体才会被拉入卡冈都亚的视界之内。

[1] 角动量（angular mo-mentum）：等于天体的角向速度乘以它到卡冈都亚的距离。这个物理量非常重要，因为无论轨道多么复杂，沿着轨道，它都是一个常数。

天体物理学家们运行了一个数值模拟，来计算类似于卡冈都亚这样的巨型黑洞周围数百万颗恒星的实时轨道。引力弹弓效应会逐渐地改变所有轨道，进而改变恒星的数密度（在特定的体积内恒星的数量）。结果，卡冈都亚附近的恒星数密度并没有下降，反而增加了。而且，小行星

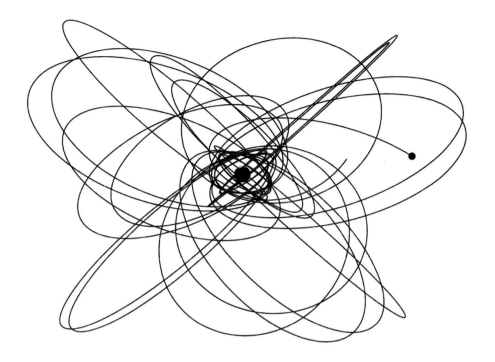

引自史蒂夫·德雷斯克的模拟

图 9-1　绕行类似于卡冈都亚这样快速自旋黑洞的天体的典型轨道

和彗星的数密度也是增加的。恒星与小行星和彗星发生随机碰撞也变得更加频繁，而非更少。卡冈都亚附近的环境对于个体生命形式（包括人类）来说，变得越来越危险，而个体进化提升得也越来越快（只要能有足够多的个体存活下来）。

在审视了卡冈都亚和它危险的环境之后，让我们转换一下讨论方向，回到地球和太阳系，回到地上的灾难和经由星际旅行来逃脱这些灾难的极端挑战上来。

DISASTER
ON
EARTH

第三部分
地球大灾难

10
BLIGHT

毁灭人类文明的
枯萎病 ⚠S

乔纳森·诺兰在 2007 年作为编剧加入《星际穿越》的创作工作，他把故事设定在人类文明日薄西山的时代，而最后一根稻草就是"枯萎病"。在乔纳森的兄弟克里斯托弗·诺兰接手导演后，他也支持这个想法。

但是琳达·奥布斯特、乔纳森和我都有点儿担心库珀身处的世界只是乔纳森的想象，怀疑以下这些问题在科学上是否可行：为何人类文明如此衰退，但是在很多方面看起来还是极为正常？枯萎病席卷全球可食用作物在科学上是不是真的成立，是不是真的会发生？

我对枯萎病了解不多，所以转而求助专家的建议。2008 年 7 月 8 日，我在加州理工学院的员工俱乐部"雅典娜神庙"组织了一次晚餐。乔纳森、琳达、我以及另外 4 位专业互补的生物学家一起享受了一顿美酒佳肴。他们分别是：植物学家艾略特·迈耶罗维茨（Elliot Meyerowitz）、植物降解微生物专家贾里德·利德贝特（Jared Leadbetter）以及梅尔·西蒙（Mel Simon）——研究植物的构造细胞及植物如何被微生物、病菌影响的专家，另外还有戴维·巴尔的摩（David Baltimore），他是诺贝尔奖获得者，对整个生物领域都有深广的见解。（加州理工学院是一个很棒的地方。在最近的 3 年中，它每年都会被伦敦《泰晤士报》誉为世界顶级名校。它非常小，只有 300 位教授、1 000 名本科生和 1 200 名研究生，小到我认识加州理工学院全部学科的专家。所以，我很容易就找到了"枯萎病晚餐"上我们所需要的人。）

晚餐开始后，我在圆桌的中心安置了一个麦克风，记录下了这一长达两个半小时的畅谈过程。本章正是基于这些记录，当然我重新整理了大家的对话，而他们也核对并允许了我的转述。

我们很容易就达成了共识：库珀生活的世界在科学上是可能的，但也不是非常可能。它能够出现，但是概率非常小。这也是我把本章标为猜想⚠的原因。

库珀的世界——只比活命好一点儿

在品尝了美酒和开胃菜以后，乔纳森开始描述他眼中库珀的世界：在几次大灾难的联合侵袭下，北美洲的人口只剩下原来人口的 1/10，甚至更少，其他几大洲的情况也差不多。人类已经退回到了农耕文明，时常在温饱线上挣扎。但世界也还算不上是地狱，生活依然可以忍受，在某些方面还能找到一些乐趣，比如棒球。图 10-1 描述的是库珀生活中的景象。然而，我们不再雄心勃勃，我们不再追求伟大，我们追求仅比活命好一点点的生活。

大部分人以为灾难已经结束。人类开始建立一个新世界，情况也开始好转。但现实是，枯萎病非常致命，并且在农作物之间快速蔓延。人类这个物种将会在库珀的孙辈一代灭亡。

电影《星际穿越》剧照，由华纳兄弟娱乐公司授权使用

图 10-1 库珀生活的世界。上图：在库珀的视野中，一场棒球比赛正在沙尘暴中举行。下图：沙尘暴过后库珀的家和卡车

何种灾变才是罪魁祸首

库珀的世界中到底发生了何种灾难？我们的生物学专家们提供了一些可行但不是非常可能的答案。以下是其中几种。

利德贝特：现在（2008年）大多数人并不自己种粮食。我们依赖的是全球系统去完成粮食的种植和分配，也包括水的分配。你可以想象，一些生物或者地质上的灾变击垮了这个系统。举一个小范围的例子，如果内华达山脉持续几年不降雪，那洛杉矶将不会再有饮用水，1 000 万人将被迫迁徙，加利福尼亚州的农业输出将会直线下降。你可以轻易想象更大范围内的灾变。在库珀所处的世界里，人口大量减少并回到农业社会，生产和分配的问题才得到缓解。

西蒙：另一个可能的灾变是，当我们回顾人类历史时，人类和病菌之间的战争从未停止（细菌和微生物攻击人体、农作物或动物）。我们人类已经建立起了一套复杂的免疫系统去对抗它们的直接攻击。但是，病菌和微生物也在不停地进化，我们总是比它们落后半步。到了某个节点上，细菌和微生物有可能进化得过快以至于我们的免疫系统无法跟上，那将是一场灾难。

巴尔的摩：举例来说，艾滋病（AIDS）病毒可能很快会演化成比以前传染性强得多的形式，它可以不通过性，而是通过咳嗽和呼吸传播。

西蒙：在全球变暖的影响下，地球的冰帽融化，这可能会释放上一个冰河时期以前就潜伏下来的致命病菌。

利德贝特：还有另外一种情形。人们害怕全球变暖，而升温是由于大气层中的二氧化碳增加所致。为了拯救我们自己，人们很可能会利用海洋去大量繁殖海藻，进而通过光合作用来消耗大气中存在的大量的二氧化碳。把大量的铁扔进海里就能起到这样的作用，但是这可能会造成意料之外的灾变，因为你可能会制造出新的有毒海藻（化学毒物，而不是致命的生物）来毒化海洋，大量鱼类和植物会因此而死。人类文明严重地依赖于海洋，这对于人类来说将是一场大灾难。那不可能吗？才不是呢！把铁扔入局部大海产生藻类的实验已经有先例可循了。藻类多到在太空中也看得见，像一块绿斑一样（见图 10-2）。之前，科学家对其中一些生长繁盛的藻类的研究还不是很深入。我们很幸运，尽管这些新类型的海藻没有毒，但它们可以有！

摘自乔瓦尼/戈达德地球科学数据和信息服务中心/NASA

图 10-2 在倾泻了100 吨硫化铁到英属哥伦比亚（British Columbia，加拿大的一个省）海岸附近的大洋之后的叶绿素浓度分布图（海藻）。铁诱使海藻生长，导致虚线椭圆之内海藻的叶绿素浓度变得很高

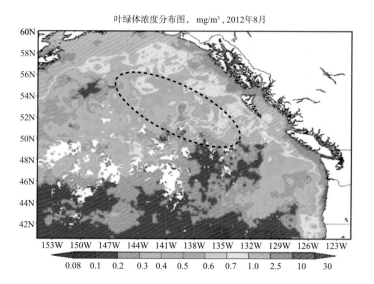

叶绿体浓度分布图，mg/m³，2012年8月

迈耶罗维茨：紫外线透过大气层的臭氧空洞可能使繁盛的海藻发生突变，也就是产生新的病原体。这些病原体可能会先"扫荡"大洋里的生物，然后跳到陆地上"扫荡"庄稼。

巴尔的摩：在这样的灾难面前，我们仅有的希望就是依赖先进的科学和技术。如果不在政策上资助科学和技术或者用一种反智的意识形态去阻挠其发展，诸如对进化论的否认（这正是灾难的源头），那么我们可能会发现自己根本没有相

应的解决方案。

在这之后还有枯萎病——这些设想的最终结果。

泛型枯萎病，所有生物的终极杀手

枯萎病是对多数由病原体导致的植物疾病的泛称。

巴尔的摩：如果你想找到一种能消灭人类的东西，那么杀掉植物的枯萎病可能是最有效的方法。我们需要食用植物。没错，我们也能靠动物和鱼类的肉维生，但它们同样也需要食用植物。

迈耶罗维茨：可能枯萎病只要杀掉禾本植物就足够了，甚至不用杀掉其他植物。禾本植物是我们农业的主体：水稻、玉米、大麦、高粱和小麦。而且我们食用的大部分动物也吃它们。

迈耶罗维茨：我们已经生活在这样的一个世界①——50%的食物被病原体摧毁了。在非洲，这个比例更高。真菌、细菌、病毒……它们都能够成为病原体。曾经在美国东海岸随处可见的栗子树现在已经不复存在，它们都被枯萎病杀死了。18世纪时，人们最喜欢的香蕉品种也已经被枯萎病灭绝，而替代品种卡文迪许蕉（Cavendish banana）现在也正在遭受枯萎病的威胁。

基普：我原来以为枯萎病是一种特型，只攻击一个很小的植物种群，而且不会传染给其他种群。

① 此处的世界特指北美洲。——译者注

利德贝特：也存在泛型的枯萎病。在作为攻击更多种类的泛型和攻击特定种类的特型之间似乎有一种平衡。**特型枯萎病通常是高度致命的，它能干掉某个特定植物种群中的 99%。**至于泛型，能攻击的植物就多得多了，但其致命性对其中的每一种植物都低很多。我们发现这是自然界中反复出现的一种模式。

琳达：是否有一种枯萎病既是泛型，又同时具有更高的致命性呢？

迈耶罗维茨：类似这样的事情以前也发生过。在地球历史的早期，蓝藻开始制造氧气之后，整个地球的大气组分发生了根本性变化，它们实际上几乎杀死了地球上所有的其他生物。

利德贝特：但是氧气只是致命的副产品，蓝藻生成的是一种毒素，而非泛型病原体。

巴尔的摩：我们可能还没有见过，但是我能想象一种极端致命的特型病原体转变成了一种致命的泛型。它能够扩展自己的攻击范围——通过某种携带它的昆虫，从一个物种传播到另一个物种。比如日本的一种甲壳虫就能吃 200 多种不同种类的植物，它们携带的病原体能感染很多物种，然后这些病原体会变得越来越适合攻击这些植物，变得更加致命。

迈耶罗维茨：我能构想出一种对所有植物都具有致命性的泛型——一个攻击叶绿体的病原体。叶绿体普遍存在于所有植物中，它们对于光合作用（植物通过光照来结合空气中的二氧化碳和从根部吸收的水分，形成生长所需的碳水化合物的过程）来说非常重要。没有叶绿体，植物就会死亡。现在我们假设某种新型的病原体演化了，比如就在海洋里，它变得可以攻击叶绿体了。那么，它将能够消灭海洋中所有的藻类和植物，然后跳到陆地上，所到之处寸草不生，化为沙漠，这是可能的。我想不出阻止它的办法。但它也许不是非常可行，实际上它不太可能会发生，但还是能够用来作为构建库珀所处世界的一个基础。

如果你关注日常的科学新闻，或者仅仅留意周围的世界，那么就会看到我的生物学同事在这一章中所介绍的各种情形的例子，很庆幸地是，我们看到的是一些温和的例子，而不是那种灾难性的。新近的一个例子就是致命性病菌从植物传染到蜜蜂的惊人跳跃。尽管病原体没有那么致命，但这比电影《星际穿越》中所描述的从秋葵到玉米的跳跃要大得多。

这些思考让我们意识到：这些噩梦般的设想完全能令生物学家们寝食难安。电影《星际穿越》的焦点正是一种致命的泛型枯萎病肆虐全球。而布兰德教授还有另外一个担心，那就是：人类很快就要把可供呼吸的氧气用光了！

11

GASPING
FOR
OXYGEN

氧气危机 ⟁Ⓢ

在电影《星际穿越》比较靠前的部分，布兰德教授对库珀说："地球大气中的80%都是氮气。虽然我们不以氮气维生，可是枯萎病需要它。结果，它们越繁盛，空气中的氧气就越少。最后一批人在饿死之前就会被憋死。你女儿这一代将是地球上生存的最后一代人。"

教授的预言有科学依据吗？

这是一个生物学和地球物理学（geophysics）交会的问题，所以我咨询了"枯萎病"专题晚宴上的生物学家，特别是艾略特·迈耶罗维茨，同时也请教了两位地球物理学家——加州理工学院的教授杰拉尔德·瓦瑟贝格（Gerald Wasserburg）和尤克·扬（Yuk Yung）。瓦瑟贝格是有关地球、月亮和太阳的起源与历史方面的专家，而尤克·扬则是大气物理与化学以及其他行星的大气科学方面的学者。从他们提供给我的信息与文献中，我了解到了下面这些内容。

可呼吸氧气的生产与破坏

我们吸入的氧气是两个氧原子通过电子束缚在一起所形成的一种分子。氧元素在地球上还以很多其他形式存在，举例来说：二氧化碳、水和地壳中的矿藏等。但直到有机物把它们转化为氧分子之前，人体都无法使用这些氧元素。

呼吸、燃烧和腐败过程都会消耗大气层中的氧气。氧气被我们吸入后，在人体内与碳元素相结合，形成二氧化碳，同时释放我们身体所需的能量。当木材燃烧时，火焰使大气中的氧气与木材中的碳元素快速结合到一起，生成二氧化碳，而这一过程产生的热量会维持燃烧的进行。当死亡的植物在森林地表腐烂时，它们的碳原子会缓慢地与大气中的氧原子结合形成二氧化碳，并释放热量。

大气中的氧气主要通过光合作用产生：植物中的叶绿体利用太阳的光能把二氧化碳分解为碳元素和氧气。氧气被释放到地球大气中，而植物会把碳原子与水中的氢原子和氧原子结合成碳水化合物，为生长提供能量。

海洋翻动，所有人都将死于二氧化碳中毒

像艾略特·迈耶罗维茨在上一章末推测的那样，假设自然界中进化出了一种能摧毁叶绿体的病原体，此时，光合作用尽管不会马上终结，但是会随着植物的死亡而逐渐终结。新的氧气不会再被制造出来，但因为呼吸、燃烧和腐败过程（结果证明主要是腐败过程）还在继续，所以氧气会一直被消耗下去。对于剩下的人类来说比较幸运的是，地球表面已经没有足够的植物腐败，否则会耗尽所有氧气。

大部分腐败过程将会在 30 年内完成，届时被消耗完的氧气大约只有 1%。所以，地球上依然还会剩下足够的氧气可供库珀的子孙呼吸——如果到时他们还能

找到什么可以吃的东西的话。糟糕的是，这 1% 的氧气被转化成了二氧化碳，那就意味着二氧化碳的含量在大气中将占到 0.2%（显然，大气中最多的还是氮气）。这些二氧化碳足以让高度敏感的人呼吸不畅，同时（经由温室效应）或许还会使地球温度上升 10 摄氏度（这会让每个人都感到不舒服）。

若要让所有人呼吸不畅且睡意沉沉，需要比原来多 10 倍的氧气转化成二氧化碳；若要让所有人二氧化碳中毒的话，在此数量上还要再额外增加 5 倍，也就是氧气消耗共计增加 50 倍。到目前为止，我还没有找到一个能让其发生的可行机制。

所以，布兰德教授错了吗？（即使是理论物理学家也会犯错，应该说理论物理学家尤为如此。我很了解，因为我就是其中一员。）很可能是这样，他错了，但也不绝对。教授也可能是对的，但除非地球物理学家对大洋底部的理解与真实情况有着严重偏差。

在大洋底部和陆地上都有尚未腐败的有机物质。地球物理学家们认为，存在于大洋底部的有机物质的量大约是陆地上的 1/20。如果他们是错的——大洋底部比陆地上还要多 50 倍的话，同时如果还有某种机制能把它们挖出来，那么之后的腐败过程所产生的二氧化碳就可能让所有人缺氧，并死于二氧化碳中毒。

实际上，每隔几千年，某种不稳定性就会翻动海洋一次——表层的海水会沉入底部，而底层的海水则会被带上水面。可以想象一下，在库珀所处时代的那次翻转是如此剧烈，以至于上涌的底层海水将海床上的有机物质都一起带了上来。这些物质骤然暴露于空气中，开始腐败，将氧气转化成二氧化碳。这一数量足以致命。

虽然可以这样设想，但是其中有两点不太可能发生：一个是大洋底部的有机物质不太可能比地球物理学家们估计的数量大出 1 000 倍，另一个是不太可能发生足够大的海洋翻转①。

话虽如此，但电影《星际穿越》中的地球真的正在走向灭亡，人类必须找到一个新家。除地球之外，太阳系的其他地方都非常糟糕，所以库珀他们才开启了太阳系外的搜寻之旅。

① 一些定量的细节和地球物理学估计中巨大不确定性的解释，请参见本书末尾的"附录 2 技术札记"。

12

INTER-
STELLAR
TRAVEL

**星际旅行，寻求
地外生命支持**

布兰德教授在与库珀初次见面时就告诉他，拉撒路任务（Lazarus Missions）已经将人类送上了寻找新家的旅途。

库珀回答说："太阳系内没有行星能够提供生命支持，而到最近的恒星也要上千年。这甚至都不值得一试。你把他们送到哪儿去了，教授？"①

当你意识到最近的恒星距离有多遥远时，就马上能明白，要是没有一个虫洞，这种挑战是多么的"不值一试"（见图 12-1）。

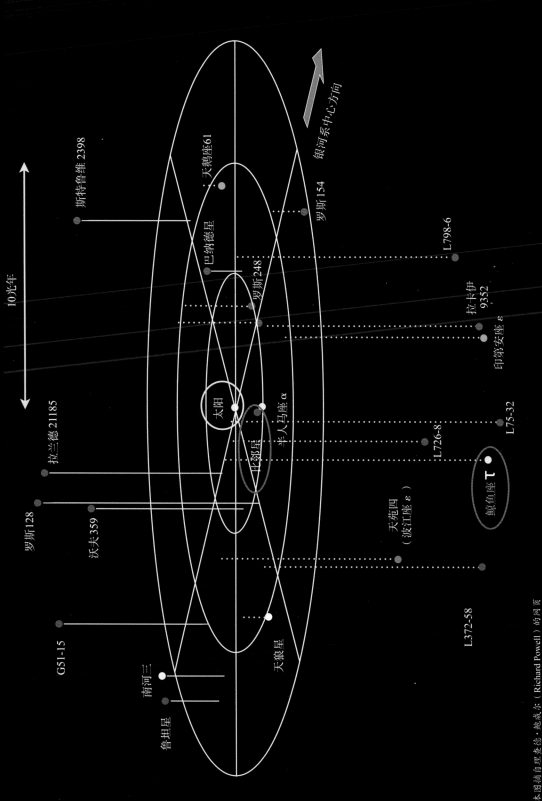

本图摘自理查德·鲍威尔（Richard Powell）的网页

图 12-1 地球附近 12 光年内的所有恒星。黄圈内标注的是太阳，紫圈内是比邻星，红圈内是鲸鱼座 τ

最近的恒星离我们有多远？ ⓣ

我们一般认为拥有可居住行星的最近的恒星（不算太阳的话）是鲸鱼座 τ（Tau Ceti，天仓五），它距离地球 11.9 光年，所以即使你以光速旅行也要花掉 11.9 年才能到达。即便有其他距离更近的适宜人类居住的行星，也不会比它近多少。

为了体会一下鲸鱼座 τ 距离地球有多远，我们拿熟悉的东西做个比较。让我们按照比例大幅度地压缩距离。想象这段距离相当于从纽约到澳大利亚的帕斯——差不多绕了半个地球。

除太阳之外，距离地球最近的恒星是半人马座的比邻星，距离为 4.24 光年，并且还没有证据表明在它周围存在着适宜生存的行星。如果到鲸鱼座 τ 的距离相当于从纽约到帕斯，那么到比邻星的距离就相当于从纽约到柏林，没有比鲸鱼座 τ 近多少！作为比较，人类曾经向星际空间发射过航行最远的无人飞船"旅行者 1 号"，现在距离地球大约 18 个光时，为了航行到那里它已经花了 37 年时间（截至 2014 年）。如果到鲸鱼座 τ 的距离相当于从纽约到帕斯，那么从地球到"旅行者 1 号"之间的距离大约只有 3 000 米：这个距离是从纽约帝国大厦到纽约格林威治村南端的距离，比从纽约到帕斯的距离近得多。

对应地，从地球到土星的距离甚至更短：只有 200 米，即纽约两个东西街区的宽度，相当于从帝国大厦到公园大道的距离。从地球到火星就只相当于 20 米；而从地球到月亮（人类到达过的最远距离）的距离仅仅对应着 7 厘米的长度。

比较一下我们曾经到达过的月亮——7 厘米外的地方，与跨越半个地球之间的差别。这就是人类想要移民太阳系外宜居行星时，所要求的技术上的跨越。

21 世纪技术条件下的旅行时间 ⓣ

"旅行者 1 号"正在以 17 千米每秒的速度飞出太阳系，它已经利用木星和土星的引力弹弓效应加快了速度。在电影《星际穿越》中，"永恒"号从地球飞到土星花了两年时间，平均速度大约为 20 千米每秒。我认为，利用火箭技术加上太阳系内的引力弹弓效应，21 世纪的最大航行速度可能达到 300 千米每秒左右。

以 300 千米每秒的速度计算，我们到达比邻星的时间需要 5 000 年，到达鲸鱼座 τ 的时间需要 13 000 年。前景并不乐观！

若想在 21 世纪大大提速这一旅行，你需要类似虫洞这样的东西（见第 13 章）。

未来的技术　　EG

对技术很在行的科学家和工程师们投入了很大精力去构思一些未来的技术，这些技术使得接近光速的旅行变得可能。通过网络你能找到很多相关思路。我认为实现其中任何一个都将花去人类诸多个世纪的时间。但是它们让我确信，高度发达的文明是能够以 1/10 光速或更高速度在星际间穿行的。

下面是 3 个我感兴趣的例子，都是非常超前的近光速推进技术。

热核聚变推进系统的实现时间表——22 世纪晚期？　　EG

热核聚变（thermonuclear fusion）是 3 个想法中最为传统的一个。发展地球上受控核聚变发电站的研发工作肇始于 20 世纪 50 年代，而其最终完成应该不会早于 21 世纪 50 年代。这是整整一个世纪的研发工作啊！这真实地反映了问题的困难程度。

那么，21 世纪 50 年代的核聚变发电站对太空飞船速度的推进来说意味着什么呢？最为实用的设计应该会达到 100 千米每秒，到 21 世纪末可能会达到 300 千米每秒。而若想实现接近光速的旅行，人类就需要找到驾驭核聚变的全新方法。

简单计算一下就能看出核聚变的潜力：当两个氘（重氢）原子发生聚变形成一个氦原子的时候，其静止质量的 0.006 4（接近 1%）会转变成能量。假设这些能量全部转换成氦原子的动能（运动的能量），那这个氦原子将能以大约 1/10 的光速向前运动。[①]这意味着如果我们能把所有氘燃料的聚变能转换成太空船的有序运动，那么我们将可能把太空船的速度提高到光速的 1/10 左右，如果我们足够聪明的话，这个速度还能再快一点儿。弗里曼·戴森（Freeman Dyson），一位我非常尊敬的天才物理学家，在 1968 年描述并分析了一个推进系统的雏形，在一个足够高级的文明手中，这一系统应该可以达成目的。

在戴森最乐观的估计下，若在直径 20 千米的半球激波吸收器的后面引燃热核炸弹（"氢弹"，见图 12-2），炸弹产生的激波会推动飞船向前加速到光速的 1/30。更加仔细的设计可能会表现得更好。1968 年，戴森估计这种推进系统的实现不会早于 22 世纪晚期——从现在算起还要 150 年。我觉得还是过于乐观了。

① 动能为（1/2）Mv^2，其中 M 是氦原子的质量，v 是它的速度。它等于能量的释放，0.006 4 Mc^2。这里 c 是光速（我使用了爱因斯坦的著名公式：从质量转换成能量时，输出的能量等于质量乘以光速的平方）。联立这两个方程可得：v^2 = 2×0.006 4c^2，v 大约为 $c/10$。

引自戴森 1986 年的文章

图 12-2 弗里曼·戴森的炸弹激发推进系统

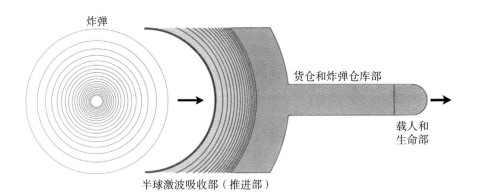

炸弹

货仓和炸弹仓库部

载人和生命部

半球激波吸收部（推进部）

激光束与光帆技术的实现时间表—— 22世纪？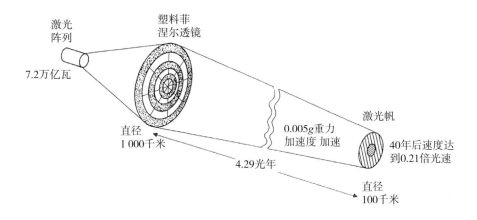

1962年，另一位让我尊重有加的物理学家罗伯特·福沃德（Robert Forward）在一本流行杂志上写了一篇短文，主要介绍的是利用远程聚焦激光束驱动太空帆来推进飞船加速（Forward 1962）。1984年，他又写了一篇技术性文章，进一步完善了这一概念，使之更加精准（见图12-3）。

在太空中或者月球上建立一个太阳能激光阵列，能产生功率高达7.2万亿瓦的一束激光（大约相当于2014年全美用电量的两倍）。这束激光会通过一个1000千米的菲涅尔透镜聚焦到一片远程太空帆上，而太空帆的直径为100千米，重1000吨，被附着在一架质量小得多的太空船上。（这束激光的指向精度大约是百万分之一角秒）。激光的光压会推动太空帆和太空船向前加速，用这一方法到达比邻星需要80年，而在到达一半路程的时候，飞船的

图 12-3　罗伯特·福沃德的激光束与光帆推进系统

激光阵列
7.2万亿瓦

塑料菲涅尔透镜

直径 1 000千米

4.29光年

0.005g重力加速度 加速

激光帆
40年后速度达到0.21倍光速

直径 100千米

速度会高达光速的 1/5。另外，通过修改此方案还能够在旅行的后半程使太空船减速，以至于在到达目的地时，其速度会低到足以与行星会合。(你能想出减速是如何实现的吗?)

像戴森一样，福沃德也猜想他的方案能在 22 世纪实现，但以我对技术挑战的了解，这一时间还是过于乐观了。

双黑洞的引力弹弓 ⑤

第三个例子是我自己的。我改编了戴森 1963 年提出的想法。它是一个疯狂的改编版——非常疯狂!

假设你想用自己生命中的几年时光以接近光速飞跃宇宙 (不仅是恒星际的旅行，而且是星系际的旅行)，那么你可以利用两个互相绕转的黑洞，即双黑洞。它们必须处于极其椭圆的轨道上，而且必须足够大，否则它们的潮汐力会毁掉你的飞船。

通过使用化学或者核燃料，你可以驾驶飞船接近双黑洞系统中的一个，进入所谓的变焦 – 旋转轨道 (zoom-whirl orbit, 见图 12-4)。

你的飞船应首先向黑洞（变焦）降落，绕黑洞旋转几圈，之后等待黑洞运行到几乎正对着它的"同伴"时,(变焦) 飞离黑洞，与伴黑洞交会，滑入伴黑洞的旋转轨道。如果这两个黑洞还是彼此相向而行的话，那么经过短暂的旋转后，飞船还可以 (变焦) 升轨回到第一个黑洞去。如果两个黑洞已经不再相向而行，那么飞船就要在旋转轨道上待久一些；你必须把自己驻留在第二个黑洞的轨道上，直到两个黑洞下一次碰头时，再回到第一个黑洞。用这种办法——总是等双黑洞彼此接近的时候去跃迁，你的飞船就能加速得越来越快。只要双黑洞的轨道足够椭圆，你想多接近光速就能多接近。

　　这个方案的非凡之处是，你只需极少的火箭燃料去控制在每个黑洞边上该待的时间。关键在于，飞船应进入黑洞的临界轨道，以及在那里对回旋进行控制。我会在第26章讨论临界轨道，现在我们只需知道它是一个高度不稳定的轨道就足够了。这很像在光滑的火山口边缘上骑摩托车。如果你能精巧地拿捏住平衡，那么你想待多久都可以。当你想离开的时候，只要略微转动前轮，就能从边缘上猛冲下去。同理，当你想离开临界轨道的时候，只需轻轻地点燃火箭助推器，离心力就会占据主导地位，把你的飞船送向另一个黑洞。

　　一旦你达到了想要的接近光速的速度，就可以发动火箭离开临界轨道，飞向宇宙深处的目标星系（见图12-4和图12-5）。

图 12-4　变焦 – 回旋轨道能把飞船的速度提升到接近光速

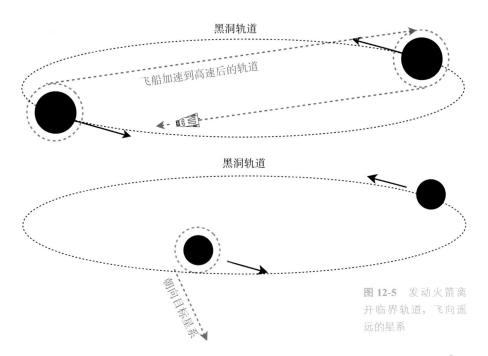

图 12-5　发动火箭离开临界轨道，飞向遥远的星系

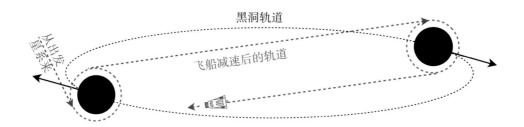

黑洞轨道

飞船减速后的轨道

从出发星系来

图 12-6 双黑洞系统内的减速弹弓效应

这趟旅行路途遥远，差不多有 100 亿光年的距离。但当你移动的速度接近光速的时候，你的时间流逝比起地球将大为减缓。如果你足够接近光速，就能按照自己的设想在几年甚至更短的时间里到达目的地——按照你测量的时间。可能的话，你还可以在目的地附近找一个用来减速的高度椭圆轨道双黑洞系统，详见图 12-6。

你也可以用同样的方法回家，但你的归来可能不会非常愉快。因为地球已经过去了十几亿年，而你的年龄只长了几岁。想象一下，你会面对什么样的景象？

这种类型的引力弹弓效应能够提供一种方法，以跨越星系际尺度的距离，然后把文明散播出去，主要的障碍（也许是难以逾越的）是如何找到或者制造所需要的双黑洞系统。如果你处于一种足够发达的文明之中，那么发射端的系统可能还不是问题，但减速系统就另当别论了。

如果没有减速双黑洞，或者有，但是你错过了它们，你会遭遇什么？这是一个非常棘手的问题，因为宇宙正在膨胀。想想吧！

　　这 3 种遥远未来的推进系统看起来真的令人兴奋，但它们也真的同样遥远。使用 21 世纪的技术手段，我们只会被上千年的时光卡死在恒星系统之间。在全球范围内的灾变面前，进行快速星际旅行的仅有希望（极端微弱的希望）就是像电影《星际穿越》中那样的虫洞，或者时空弯曲的其他极端形式。

THE
WORMHOLE

第四部分
虫洞，超太空跳跃的桥梁

13

WORMHOLES

虫洞，危险与希望的并存体

苹果，虫洞之名的灵感源　Ⓣ

天体物理学中的虫洞一词是由我的导师约翰·惠勒提出的，灵感来自苹果中的虫洞（见图 13-1）。

对于一只在苹果上爬行的蚂蚁来说，苹果的表面是它的整个宇宙。如果苹果中有一个虫洞，那么这只蚂蚁从苹果的顶部到达底部会有两条途径：沿着苹果的表面（也就是蚂蚁的宇宙），或者穿过虫洞。虫洞这条路显然更近，它是蚂蚁从自己宇宙中的一点到达另一点的捷径。

虫洞穿过了苹果那鲜美的果肉，而这果肉的部分不属于蚂蚁的宇宙。对于生活在二维宇宙中的蚂蚁来说，苹果内部是三维的超体或高维超空间。虫洞的壁可

图 13-1 一只蚂蚁正在探索有虫洞的苹果

以被视为蚂蚁二维宇宙的一部分，因为虫洞的壁和蚂蚁的宇宙拥有同样的维度（二维），并且在虫洞的入口处与这个宇宙（也就是苹果的表皮）是相连的。在另一种观点中，虫洞的壁并不是蚂蚁宇宙的一部分，而只是蚂蚁穿越超体，从宇宙的一点到达另一点的捷径。

福拉姆虫洞，最早的虫洞 ⓣ

1916 年，也就是爱因斯坦刚刚把广义相对论的物理定律公式化之后的那一年，维也纳的路德维希·福拉姆（Ludwig Flamm）发现，爱因斯坦广义相对论方程的一个解可以描述虫洞（尽管路德维希那时还不把虫洞称为"虫洞"）。现在我们知道爱因斯坦方程的很多种解都可以描述不同形状和性质的虫洞。但是，路德维希·福拉姆的虫洞解描述的是其中唯一一个严格球对称并且其中不含任何引力物质的虫洞。如果我们截取福拉姆虫洞（Flamm's Wormhole）的中央切片，那么它和我们的宇宙（膜）都将是二维的而不是三维的。如果从三维超体中观察我们的宇宙和

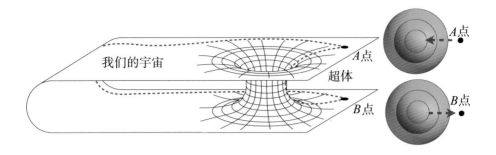

图 13-2　福拉姆虫洞

虫洞，那么我们会看到类似图 13-2 左侧部分的景象。

由于图片中的宇宙比我们的宇宙少一个维度，所以我们就得想象自己也是二维生物，并且只能在图中所示的曲面上或者二维的虫洞壁上行动。那么这时，由 A 点到 B 点将有两条路径，较短的路径是沿着虫洞的壁运动，并且穿越虫洞由 A 点到达 B 点（图中蓝色虚线）；而较长的路径是沿着弯曲的二维曲面，也就是现在假想的宇宙，绕个大圈最终由 A 点到 B 点（红色虚线）。

当然，我们的宇宙实际上是三维的，图 13-2 左半部分中表现虫洞入口曲率变化的同心圆，在现实宇宙中其实是一系列嵌套在一起的同心球壳（如图 13-2 右半部分所示）。如果你沿着蓝色虚线从 A 点进入虫洞，那么你会发现球壳将变得越来越小。然后，尽管这些球壳是内层嵌套的，但它们的尺寸会停止变化。再之后，在你离开虫洞走向 B 点时，球壳又会变得越来越大。

在福拉姆发表他的研究结论之后的 19 年里，物理学家们几乎没有注意到他关于虫洞的研究，尽管这一关于爱因斯坦方程的解是如此令人震惊。而后在 1935 年，爱因斯坦本人和同领域的物理学家内森·罗森（Nathan Rosen）在不知道福拉姆研究结论的情况下重新得到了福拉姆 19 年前得到的解，研究了福拉姆虫洞的性质，并且探讨了此类虫洞在真实宇宙中存在的意义。其他物理学家当时也没有意识到福拉姆的研究结论，开始把福拉姆虫洞称为"爱因斯坦 – 罗森桥"（Einstein-Rosen bridge）。

虫洞的塌缩 Ⓣ

通常，人们很难仅仅根据爱因斯坦方程的数学形式就理解它的所有理论预言，其中福拉姆虫洞就是一个非常有代表性的例子。在 1916—1962 年近半个世纪的时间里，物理学家们一直认为虫洞应该是静态的、永恒不变的，但是后来约翰·惠勒和他的学生罗伯特·富勒（Robert Fuller）发现，事实并非如此。他们在数学上进行了更为深入的研究，最后发现，虫洞会诞生、膨胀、连通和死亡，就如图 13-3 所显示的那样。

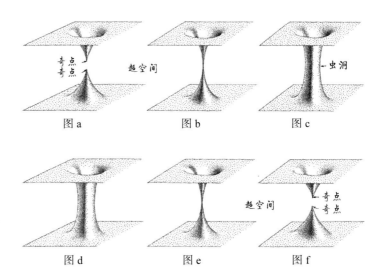

由马特·奇梅特基于我的草图绘制，此图来自我所著的《黑洞与时间弯曲》一书

图 13-3 福拉姆虫洞（爱因斯坦 – 罗森桥）的动力学示意图

图 13-3 的图 a 表示的是，最初，我们的宇宙有两个相互独立的奇点。随着时间的流逝，两个奇点终于在宇宙的高维超空间里面相互连通，创造出了虫洞（见图 b）。然后，虫洞的周长不断膨胀生长（见图 c 和图 d），然后虫洞又开始收缩断开（见图 e），最后留下两个独立的奇点（见图 f）。诞生、膨胀、收缩和断开的整个过程是在极短的时间内完成的，任何东西都无法在这么短的时间里从虫洞的一端穿越到另一端，即便光也不行。任何尝试在如此短的时间内完成穿越虫洞之旅的人或物，都将在虫洞断开时被毁灭。

这是无法逃脱的命运。如果宇宙曾经不知何故地产生了一个不包含任何引力物质的球形虫洞，那么它将遵循上面描述的步骤走完一生。爱因斯坦的相对论物理定律就是这么预言的。

但是惠勒并没有因为这个结论而灰心；相反，他却很高兴。他认为，奇点（空间和时间无限弯曲的地方）是现有物理定律的"危机"，而危机正是极好的导师。如果我们明智地去寻根究底，那么便可以在极大程度上领悟物理定律。有关这一部分，我会在第 25 章继续讨论。

《超时空接触》，一个可穿行虫洞的疯狂构想　Ⓣ

时间快进大约 1/4 世纪，也就是 1985 年 5 月。

卡尔·萨根给我打电话，让我评论一下他新写成的小说《超时空接触》中关于相对论的描述是否科学准确。我很高兴地答应了，因为我们是很好的朋友，并且我想这本书一定很有意思。另外，我还欠他个人情，因为是他介绍我认识了琳达·奥布斯特。

卡尔把他新书的初稿发给了我，我读了之后非常喜欢。但是在我看来，书中有一个问题。在这部小说里，卡尔把女主角埃莉诺·阿罗维（Eleanor Arroway）博士从太阳系到了织女星——是通过一个黑洞传送过去的。但是据我所知，人类是不可能通过黑洞从太阳系到达织女星或者宇宙的其他任何地方的，因为在进入黑洞的视界后，埃莉诺·阿罗维博士将被奇点杀死。如果想快速到达织女星，那么我们的女主角需要的是一个虫洞，而不是黑洞。而且，这个虫洞不会断裂，是一个可以穿行的虫洞。

所以我问自己，到底怎么做才能让福拉姆虫洞不断开呢？怎样才能保证福拉姆虫洞保持在打开且连通的状态，以让我们穿行过去呢？通过一个假想的实验，我找到了答案。

假设你有一个像福拉姆虫洞那样的球形虫洞，但是与前者不同的是，它不会断开。然后，你可以沿着虫洞的径向发射一束光。因为这束光的所有光线都是沿着虫洞的径向前进的，所以这束光线在虫洞中的形状应该如图 13-4 所演示的那样。在进入虫洞的时候，光束会汇聚起来（光束的横截面变小），而当光束从另一端离开虫洞的时候，光束又会发散开来（光束的横截面变大）。虫洞对光线的作用是发散的，类似于一个凹透镜。

由马特·奇梅特基于我的草稿绘制，此图来自我所著的《黑洞与时间弯曲》一书

图 13-4 一束沿径向穿越可穿行球状虫洞光束的示意图。左半部分：高维超空间的假象观测，由三维空间投影成二维形式。右半部分：三维宇宙中的真实观测情形

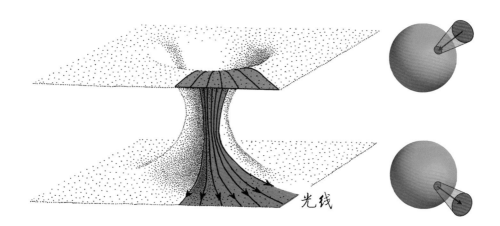

光线

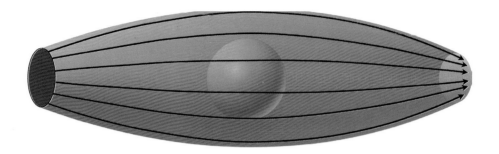

图 13-5　太阳或者黑洞对经过其周围的光线的向内弯曲示意图

① 在相对论物理定律里，能量的概念比较奇怪——一个人所测量到的能量取决于他的运动速度和方向。

② 后来我才知道，其实根据爱因斯坦的广义相对论，任何虫洞，无论球对称与否，如果想要保持可穿行的性质，其内部必须填充奇异物质。这个结论是加州大学戴维斯分校的丹尼斯·甘农（Dennis Gannon）教授在 1975 年证明的一个理论的推论。由于我的一些疏忽，当时我并不知道甘农教授的这一理论。

我们知道，引力体（例如太阳或者黑洞）会将光线向内弯曲（见图 13-5），而不能将光线向外弯曲。若想将光线向外弯曲，那么作为透镜的引力体需要具有负质量才行（当然负能量也是可行的，因为爱因斯坦的质能守恒方程告诉我们，质量和能量是等效的）。基于上面这些基本的事实，我得到了以下结论：

任何可穿行的球对称虫洞一定是由某种具备负能量的物质支撑着的。这些物质的能量至少要和光束（或者其他以近光速运动的物体）穿行虫洞时所承受的负能量相当。①我把这种具有负能量的物质称为"奇异物质"（exotic matter）。②

令人惊异的是，现有的理论表明，奇异物质是可以存在的，当然这要归功于量子物理里面那些奇怪的法则。物理学家们甚至在实验室里制造出了极少量的奇异物质——实验是在距离极近的两个导体板之间实现的。这个效应被称作卡西米尔效应（Casimir effect）。但是那时（1985 年）的我还不是非常清楚虫洞是否可以抓住足够多的奇异物质以保持自身的连通，所以我还做了其他两件事。

第一，我写信给卡尔，建议他把书中"通过黑洞把埃莉诺·阿罗维博士送到织女星"中"通过黑洞"的部分改成"通过虫洞"。信中我还附上了一份描述虫洞的相关计算。这份计算显示，可穿行虫洞内必须填入"奇异物质"。卡尔接纳了我的建议（并且把我有关虫洞的方程加在了他小说的致谢里面）。从此，虫洞正式出现在现代科幻领域，比如小说、电影和电视剧等。

第二，我与我的两名学生马克·莫里斯（Mark Morris）和乌尔维·尤尔特塞韦尔（Ulvi Yurtsever）一起发表了两篇关于"可穿行虫洞"的科技文章。在这两篇文章中，我们向物理界同行们提出了一个问题：通过结合量子定律和广义相对论物理定律，一个高度发达的文明是否可以在虫洞中放入足够多的奇异物质来使之保持连通？这促使大量的物理学家们进行了大量的研究工作，但是直到今天为止——大约30年过去了，这个问题依然没有答案。绝大部分研究结果给出了否定的答案，"可穿行虫洞"也许不可能存在。我们离最终的答案还有很长的路要走。相关细节请阅读我的物理学同事艾伦·埃弗里特（Allen Everett）和托马斯·罗曼（Thomas Roman）合著的 *Time Travel and Warp Drives* 一书。

可穿行虫洞应该是什么样子　　EG

对于类似人类这样生活在宇宙中的生物而言，一个可穿行的虫洞看起来会是什么样子呢？我不能给出确切的答案。如果一个虫洞能够维持开放状态，如何实现的细节依旧是一个谜，所以虫洞形状的具体细节也是未知的。相比之下，罗伊·克尔已经给出了关于黑洞的精确描述，这样我才能够在第7章给出比较确定的预言。

在加州沙漠的虫洞入口　　　　　　　　　　在都柏林的虫洞入口

所以关于虫洞的性质，我只能给出一些基于现有理论的猜想，我对这些猜想还是相当有信心的，因此把这一小节标注成 **EG**。

想象现在地球上有一个虫洞，这个虫洞穿越超体连接了爱尔兰都柏林的格拉夫顿大街与南加州的沙漠。两者在虫洞间的距离也许只有数米那么远（见图13-6）。

我们把虫洞的两端称为"口"。假设你正坐在都柏林街边的咖啡馆里（虫洞的 A 口处），这时我站在南加州沙漠里（B 口处）。这两个入口应该看起来像两个水晶球。当我从 B 口看过去时，我会看到一个扭曲的都柏林格拉夫顿大街。这个扭曲的像是从都柏林的 A 口处进入虫洞的光所呈现出来的，这个现象特别像光线通过光纤后所成的像。同理，当你从都柏林的 A 口看过去时，你会看到南加州沙漠中约书亚树（仙人掌树）被虫洞扭曲的像。

左图由凯瑟琳·麦克布赖德（Catherine MacBride）拍摄，右图由马克·英特兰特（Mark Interrante）拍摄

图 13-6　通过虫洞的两个入口分别看到的像

虫洞是否可以像天体一样在宇宙中自然存在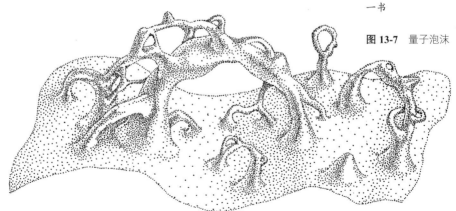

在电影《星际穿越》中，库珀说："虫洞不是一个可以自然发生的物理现象。"我完全同意他的观点！即便物理定律允许可穿行虫洞的存在，但在真实的宇宙中也是非常不可能的。我必须承认，这里所描述的可穿行虫洞的存在性与相关性更多的是猜想，连基于现有科学理论的推测都算不上。也许算是有一点儿科学根据的猜想，但是猜想终归是猜想，所以我把这一小节标记成 ⑤。

为什么我对虫洞的自然产生如此悲观呢？因为我们没有看到宇宙中的任何天体在它们"变老"的时候变成虫洞。相反地，天文学家们看到了许多大质量恒星在耗尽核燃料时塌缩成了黑洞。

另一方面，人们有理由期望虫洞以"量子泡沫"① 的形式自然地存在于亚微观尺度上（如图 13-7 所示），这个

① 量子泡沫（quantum foam）：也称时空泡沫，在量子泡沫的普朗克长度（10^{-35} 米）里，时空不再是平滑的，许多不同的形状会像泡沫一样随机浮出，又随机消失，这样在微小世界的能量起伏，就是所谓的"量子涨落"。在量子涨落中形成的小通道，就是所谓的虫洞，而这些量子虫洞则又可以连接到周遭众多的起伏泡沫，那些量子泡沫就是幼宇宙。——译者注

由马特·奇梅特基于我的草稿绘制，此图来自我所著的《黑洞与时间弯曲》一书

图 13-7 量子泡沫

量子泡沫是一个假想的虫洞网络，泡沫会持续不断地在出现和消失之间波动，而这种波动的方式被我们目前还不是非常清楚的量子引力理论所控制（见第 25 章）。在任何一个给定的时间内，泡沫是随机的，这就意味着这个泡沫会在一定的概率下呈现出一种形式，同时也会在一定的概率下呈现出另一种形式，而且这些概率是连续变化的。另外，这个量子泡沫非常非常小，泡沫中虫洞的典型长度是所谓的普朗克长度，即 0.000 000 000 000 000 000 000 000 000 001 厘米；也就是原子核直径的万亿亿分之一。实在是太小了！

回到 20 世纪 50 年代，约翰·惠勒就已经给出了关于量子泡沫的有力论证，但是现有的证据表明，在量子引力的理论框架下，很多机制会降低量子泡沫的波动幅度，甚至抑制量子泡沫的产生。

如果量子泡沫确实存在，那么我希望有一个自然过程能够让虫洞从普朗克长度长到人体的尺度，或者更大。这或者就发生在宇宙的极早期，在宇宙极快速"暴涨"膨胀的时候。但是物理学家们并没有看到任何证据可以表明这种自然增大能够或已经发生。

另一种产生自然虫洞的机制就是宇宙的大爆炸创世，但这个可能性极小。我们可以设想可穿行虫洞在宇宙大爆炸时期本来已经产生，但是这个设想是非常不可能的。之所以说设想，是因为我们对宇宙大爆炸并不了解。之所以说不大可能，是因为在我们所知道的大爆炸中没有一样能够形成可穿行虫洞的线索。

超级发达文明，可穿行虫洞的唯一希望？　Ⓢ

我认为，一个超级发达的文明是创造出稳定的可穿行虫洞的唯一希望，但是这要面对太多的困难，所以我依然持悲观态度。

在一个没有可穿行虫洞的空间中制造可穿行虫洞的可行途径是：把它从量子

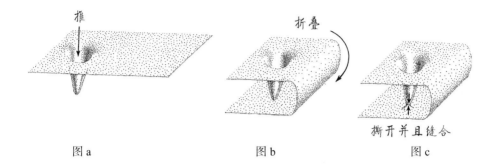

推　　　　　折叠

撕开并且缝合

图 a　　　　　图 b　　　　　图 c

泡沫（如果量子泡沫存在的话）中提取出来，放大到人类尺寸，甚至更大，然后向虫洞中添加奇异物质以保持这个虫洞的连通。这些步骤，甚至对于超级发达的文明来说，都是一项艰难的任务。当然，这也许仅仅是因为我们不理解如何运用量子引力理论来控制量子泡沫，并提取当中的虫洞，也不知道早期的放大过程（详见第 25 章）。当然，我们目前对奇异物质的性质也不是很了解。

由马特·奇梅特基于我的草稿绘制，此图来自我所著的《黑洞与时间弯曲》一书

图 13-8　如何制造一个虫洞

　　乍看上去，制造一个虫洞好像很简单（见图 13-8）。只要把我们的宇宙膜（我们的宇宙）向着超体的方向推出去，创造出一个小锥体（见图 a），然后把我们的宇宙绕着超体折叠起来（见图 b），接着在锥体正下方折叠起来的平直空间上开一个小洞，再在锥体的尖端开一个小洞，最后只要再把这两个小洞缝起来（见图 c），一个虫洞就诞生了。哈，就是这样！

　　在电影《星际穿越》中，罗米利（Romilly）用一张纸和一支笔演示了我刚才陈述的创造虫洞的方法（见图 13-9）。从旁观者的角度来看，这个过程非常简单，就是玩玩纸和笔，但是如果这张纸就是我们的宇宙膜，创造者

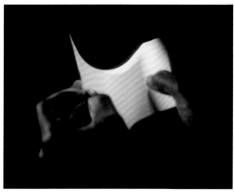

电影《星际穿越》剧照，由华纳兄弟娱乐公司授权使用

图 13-9 在电影《星际穿越》中，罗米利在解释什么是虫洞。左图：他弯曲一张纸来演示弯曲的空间。右图：他用一支铅笔在纸上穿孔来演示虫洞的制造过程，即在两个空间打孔，然后再把它们连接起来

是生活在我们宇宙膜上的文明，所有操作只能在我们的宇宙膜内完成，那么这个过程将无比艰难。实际上，除了第一步——在空间中向高维度的方向推出一个锥体（我们只需要一个非常致密的天体，例如中子星），我根本不知道其他步骤如何实现。如果想接着在我们的宇宙中打孔的话，唯一的途径就是借助量子引力理论。爱因斯坦的广义相对论是禁止我们在宇宙中打孔的，所以如果想在宇宙中打孔，唯一的方法就是寻找广义相对论失效但量子引力统治的区域。对于我们来说，这一认知几乎为零（见图 2-2）。

一个极度未知的领域 Ⓢ

就我个人而言，我对可穿行虫洞存在的物理合法性是持怀疑态度的，当然这也许完全源于偏见——我可能是错的。就算可穿行虫洞存在，我依然对它们可以在宇宙中自然产生的观点持怀疑态度。我认为制造可穿行虫洞最有可能的途径是人造——由某个极度发达的文明制造，但是我

们对一个高度发达的文明如何制造出一个可穿行虫洞却一无所知。而且，它的难度显然足以吓退至少我们这张宇宙膜（我们这个宇宙）中最先进的文明。

然而，在电影《星际穿越》中，我们做了如下假设：虫洞是由生活在超空间中的四维文明创造的，他们不仅创造了虫洞，还维持着虫洞的连通，并把它放在了木星附近。这个文明拥有四个空间维度，与超体一样。

这一章描绘的是一个极度未知的领域。尽管如此，我依然会在第 21 章讨论一下高维生物。在接下来的几章里，我会与大家聊一聊电影《星际穿越》中的虫洞。

14

VISUALIZING INTER- STELLAR'S WORMHOLE

《星际穿越》中虫洞的可视化 Ⓢ

在电影《星际穿越》中，虫洞被认为是由极度发达的文明制造出来的，这个文明很有可能生活在超体中。在这个大前提下，奥利弗·詹姆斯和我开始着手从最底层构建一个可视化的虫洞——在这里，我们假装自己就是这个高度发达文明的工程师。

首先，我们假设物理定律是允许虫洞在宇宙中存在的；其次，假设虫洞的制造者们有足够的奇异物质来维持虫洞的连通；最后，假设这些虫洞的创造者们具有弯曲时间和空间的能力，并且无论是在虫洞内部还是在虫洞附近，都能实现我们对时空弯曲的任何要求。

这些都是非常极端的假设，所以我把这一章标记为猜想Ⓢ。

虫洞的引力和时间弯曲

克里斯托弗·诺兰希望虫洞具有一个适度的的吸引力：一方面，这一引力要足够强，从而可以维持"永恒"号围绕虫洞飞行；另一方面，这一引力又要足够弱，以保证"永恒"号被一般的火箭推进器减速后，能稳定、慢速地进入虫洞。这就意味着，虫洞的引力要比地球弱很多。

爱因斯坦的时间弯曲理论告诉我们，在虫洞内部，时间变慢的程度正比于虫洞引力的强度。因为我们要制造的虫洞的引力场弱于地球引力场，所以虫洞中时间的变慢程度一定比地球上小，但是这个差别十分细微，地球上的时间只比虫洞附近的时间慢了十亿分之一（经过 10 亿秒，也就是 30 年，地球时间会比虫洞附近的时间变慢 1 秒钟）。因为这个差异如此之小，所以奥利弗和我在设计虫洞的时候决定将其忽略。

3 大"把手"，虫洞形态各异的根源

虫洞形状的最终决定权属于克里斯托弗·诺兰和保罗·富兰克林，而我的任务是为奥利弗和他双重否定公司视觉特效团队的同事们提供"把手"（专业术语为"参数"），这样他们就可以通过控制这些"把手"（调整这些参数）来控制虫洞的形状。他们根据不同的参数作出了一系列不同样式的虫洞，然后让克里斯托弗·诺兰和保罗·富兰克林选择了一个最引人注目的。我一共给出了 3 个参数来控制虫洞的形状（见图 14-1）。

第一个参数是虫洞的半径，是创造这个虫洞的高级文明的工程师从超体里测量得到的（类似于卡冈都亚的半径）。如果我们把这个半径乘以 2π（6.28318…），就可以得到虫洞的周长，这个也是库珀在驾驶"永恒"号穿过或者盘旋在虫洞附近时所测量到的虫洞的周长。克里斯在我开始构建虫洞的工作之前就定下了虫洞

的半径。他要求，即使利用 NASA 所拥有的最大的望远镜也几乎无法在地球上观测到虫洞对恒星的引力透镜效应。这点限制了虫洞的半径，它大约为 1 000 米。

第二个参数是虫洞的长度，库珀和超体中的某位工程师会得到完全相同的测量结果。

第三个参数决定了来自虫洞背后的光被虫洞的引力透镜效应影响的强度。虫洞的引力透镜现象的细节是由虫洞入口处附近空间的形状决定的。为此，我选择了一个类似于无自旋黑洞视界以外空间的形状。这种选择只有一个可调参数，即产生强引力透镜的区域宽度。我把这个参数称为透镜宽度，如图 14-1 所示。①

① 大部分引力透镜现象发生在虫洞入口处的空间被强烈扭曲的区域。在这些区域里，弯曲空间上某点的斜率会大于 45 度，所以我定义透镜宽度为超体里的径向距离，即从虫洞的喉部到虫洞入口处的空间斜率等于 45 度的位置的距离。

图 14-1　在超体中看到的虫洞，以及我用来调整虫洞形状的 3 个参数（左侧的小图是主图的远景图，是假想观测者在超体中从比较远的地方观测到的虫洞，所以我们可以看到虫洞的外部结构）

"把手"如何影响虫洞的外观

就像对黑洞卡冈都亚所做的那样（见第 7 章），我根据爱因斯坦的广义相对论推导出了经过虫洞周围或者穿过虫洞的光线的轨迹方程，并且制定了求解方程的步骤，以此来计算虫洞的引力透镜效应，以及在环绕虫洞和穿越虫洞时摄像机所观测到的景象。在确认方程和求解步骤能够得到我所期望的结果后，我把它们发给了奥利弗，然后奥利弗根据我的结果编写了一套程序，再根据电影的标准在计算机上生成了高品质的 IMAX 级别的图像。尤金妮娅·冯·腾泽尔曼则添加了恒星场和宇宙中其他天体作为虫洞引力透镜系统的源图像，然后和奥利弗、保罗研究了这 3 个"把手"的变化会对引力透镜像产生的影响。此外，我也独立做了一些探索。

尤金妮娅热心地提供了本书的图 14-2 和图 14-4，这些图展示了我们透过虫洞看土星时的图像。（她的图片的分辨率要比我自己那套粗糙程序的结果远远高得多。）

虫洞长短，穿越景象各异的决定者

我们首先研究了在中等透镜宽度（或者比较小的透镜宽度）下，虫洞长度对虫洞引力透镜像的影响，见图 14-2。

当虫洞比较短的时候（见图 14-2 的上图），镜头透过虫洞看到的是一个扭曲的土星的像，我们称之为主像，这个像位于虫洞中那个像水晶球一样的入口处的右侧。此外，还有一个非常细的圆弧状的次像，位于水晶球的左侧边缘。（位于水晶球右下方的非常细的圆弧状结构并不是土星的像，而是外围宇宙的扭曲像。）

由于虫洞被拉长（见图 14-2 的中图），主像开始缩小并向水晶球内部移动，此时次像也会向水晶球内部移动，并且在水晶球的右侧边缘产生第三个非常细的圆弧状的像。

如果我们进一步将虫洞拉长（见图 14-2 的下图），主像将进一步缩小，所有像都将向中心移动，其中第四个像和第五个像将分别在水晶球的左侧和右侧依次出现，以此类推。

在图 14-3 中，我在虫洞上画了几条描述光线路径的线，这些线可以帮助我们

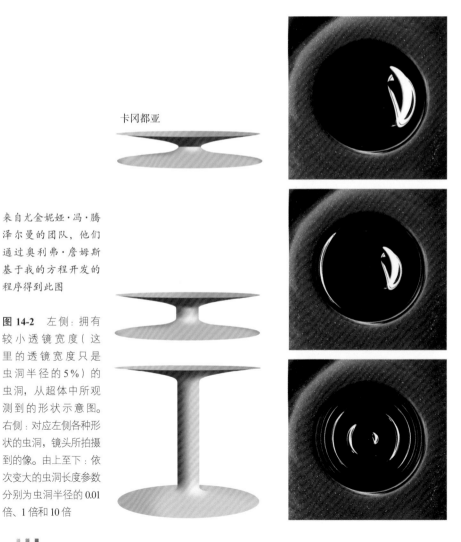

卡冈都亚

来自尤金妮娅·冯·腾泽尔曼的团队，他们通过奥利弗·詹姆斯基于我的方程开发的程序得到此图

图 14-2 左侧：拥有较小透镜宽度（这里的透镜宽度只是虫洞半径的 5%）的虫洞，从超体中所观测到的形状示意图。右侧：对应左侧各种形状的虫洞，镜头所拍摄到的像。由上至下：依次变大的虫洞长度参数分别为虫洞半径的 0.01 倍、1 倍和 10 倍

图 14-3 光线从土星出发，穿过虫洞到达镜头的不同途径的示意图

理解虫洞引力透镜系统的上述行为（这一虫洞的示意图依然来自超体的假想观测）。

黑色光线 1 表示的是形成主像的光束所经过的路径，这一路径是从木星穿过虫洞到达镜头的最短距离。红色光线 2 代表组成次级像的光束所经过的路径，这些光线从黑色路径的反方向（逆时针）绕着虫洞壁到达镜头，红色光线是从土星出发沿逆时针方向到达镜头的最短距离。绿色光线 3 代表形成第三个像的光束，这些光线所走过的路径是沿顺时针方向绕行虫洞壁一圈后从土星到达镜头的最短距离。棕色光线 4 代表形成第四个像的光束，这是光线沿逆时针方向绕行虫洞壁一周后到达镜头的最短距离。

那么读者们，你们能回答第五个像甚至第六个像是如何产生的吗？为什么当虫洞被拉长的时候像会变小？为什么新产生的像会从酷似水晶球的虫洞入口处的边缘出现，又再向中心移动？

虫洞的透镜宽度，引力透镜效应大不同

在已经理解了虫洞的长度如何影响摄像机捕捉到的图像之后，接下来我们将虫洞长度固定在一个相当短的尺度上——与虫洞半径一样长，然后只改变虫洞的透镜宽度。我们让虫洞的透镜宽度从接近于零变化到虫洞直径的一半，然后分别计算不同情况下镜头所捕捉到的图像。图 14-4 呈现了上述变化中的两个极端情况。

当虫洞的透镜宽度很小时，虫洞的形状会如图 14-4 左上方子图的样子，外部宇宙（水平面）到虫洞喉部（垂直柱体）的过渡很迅速。就像镜头所观测到的一样（见图 14-4 右上方子图），即使在虫洞边缘，虫洞对背景恒星场和图中左上方

来自尤金妮娅·冯·腾泽尔曼的团队，他们依据奥利弗·詹姆斯基于我的方程开发的程序得到此图

图 14-4 不同透镜宽度下的虫洞对恒星场和土星的引力透镜效应对比图：上图中虫洞的透镜宽度是虫洞半径的 0.014 倍，下图中虫洞的透镜宽度是虫洞半径的 0.43 倍

暗云的扭曲效果也不是很明显。它就像一个具有很弱引力场的不透光物体挡在背景恒星场的前面一样，比如一颗行星或者一艘宇宙飞船。

图 14-4 左下方子图显示的是一个透镜宽度大约等于一半虫洞半径的虫洞的示意图，在这种情况下，外部宇宙（渐进水平面）到虫洞喉部（垂直柱体）的过渡比较平缓。

也就是说，当虫洞的透镜宽度比较大时，虫洞对背景恒星场和暗云的透镜扭曲效果非常明显（见图 14-4 的右下部），并且能够产生多重像，这和无自旋黑洞对背景天体的扭曲效果几乎一样（见图 7-3 和图 7-4）。随着虫洞透镜宽度的增大，木星的次级像和三级像也随之增大。图 14-4 下半部分图中的虫洞看起来要比上半部分的虫洞大些（在镜头里），较大透镜宽度的虫洞与较小透镜宽度的虫洞相比具有更大的张角。这并不是因为镜头离虫洞口更近。其实，在这两种情况下，镜头和虫洞口的距离是一样的，结果不同完全是由于虫洞的引力透镜效应所致。

《星际穿越》中动人心魄的虫洞

克里斯在看到我们给他展示的具有不同虫洞长度、不同透镜宽度的一些数值模拟的结果后，毫不犹豫地选择了中等透镜宽度、长度极短的虫洞。因为对于中等长度和比较长的虫洞来说，它们会在虫洞的入口处产生多重像，这种现象很容易使普通观众感到迷惑，所以他把《星际穿越》中的虫洞设计得非常短：只有虫洞半径的 1%。虫洞的透镜宽度也被他设定成中等大小：大约是虫洞半径的 5%，这样虫洞周围的透镜效果会变得可见起来，并且看起来很酷，但是这个透镜效果要比卡冈都亚的弱很多。

最终，克里斯选择了图 14-2 中最上方子图展示的虫洞模型。双重否定公司的视觉特效团队在虫洞的另一端还加上了一个美丽的星系，这个星系里有着漂亮的

星云、尘埃带和恒星场（见图 14-5），看上去如此动人心魄。于我而言，这一场景是电影中最壮丽的场景之一。

穿越虫洞之旅

　　2014 年 4 月 10 号，我接到了一个紧急电话。克里斯在可视化"永恒"号的

图 14-5 《星际穿越》预告片中所展示的虫洞。"永恒"号在虫洞的前方，靠近中心处。在虫洞的外围，我用粉色的线画出了爱因斯坦环，类似于图 7-4 中针对无自旋黑洞的爱因斯坦环。这里被引力透镜作用后的恒星的主像和次级像的运动轨迹与图 7-4 中黑洞的情况也非常类似。如果观看《星际穿越》的预告片，你是否可以分辨出这些像，并且跟踪它们的运动轨迹呢？

虫洞穿越之旅时遇到了一些困难，他说他需要我的建议。我开车去到了他的辛克匹电影公司的工作室，在那里，电影的后期制作正在进行，然后克里斯给我展示了他所遇到的问题。

通过我给他们的方程，保罗的团队已经制作出了虫洞穿越的演示视频，并且不同视频还对应着不同的虫洞类型，即不同的虫洞长度和透镜宽度。但是对于电影中采用的中等透镜宽度的短虫洞来说，穿越过程很短，而且没有什么新奇的视觉效果。如果是一个较长的虫洞，穿越过程就像飞船穿过一条长长的隧道一样，隧道的墙壁在飞船周围一晃而过，与我们以前在电影中看过的场景太相似了。克里斯随后又演示了很多添加了各种装饰的虫洞之旅的变体，我不得不承认，没有一个能够达到他的要求：他要求穿越过程有让人过目难忘的新鲜感。经过彻夜不眠的冥思苦想，我依然没有想出任何石破天惊的妙招。

第二天，克里斯飞往伦敦，与保罗的视觉特效团队会谈，以寻求这个问题的解决方案。最后他们只能被迫放弃我的虫洞方程，然后去"寻找一个以更加抽象的方式演绎虫洞的内部之旅"（这是保罗的原话），这个新的阐述方式虽然仍包含了已有虫洞数值模拟结果的主要特征，但是为了艺术上的新鲜感又做了重大的改动。

后来，在电影《星际穿越》的早期试映中，当我看到飞船穿越虫洞的画面时，觉得很满意。尽管不是完全的准确，但是它抓住了精髓，也重现了真实地穿越虫洞时可以看到的大部分景象，而且画面也十分新鲜，且令人印象深刻。

你们觉得呢？

15

DISCOVERING THE WORMHOLE: GRAVITATIONAL WAVES

引力波如何发现虫洞 Ⓣ

电影《星际穿越》里的虫洞是如何被人类发现的？作为一位物理学家，我会在这一章和大家聊聊我偏好的一个方法。关于这个方法的故事，相当于《星际穿越》剧本的一个延伸，当然这个故事是我自己的，而不是克里斯托弗·诺兰的。

LIGO 发现引力波暴

在我的想象中：在电影故事发生的几十年前，那时的布兰德教授只有 20 多岁，是一个叫作 LIGO 的引力波探测实验室（见图 15-1）的副主任，LIGO 的全称是：The Laser Interferometer Gravitational Wave Observatory，即激光干涉引力波天文台。LIGO 当时的主要任务是寻找来自遥远宇宙的空间波动。这些空间波动被称为 "引力波"，在黑洞相互碰撞、黑洞的潮汐力摧毁中子星和宇宙诞生极早期等物理阶段

图 15-1 上图：位于华盛顿州汉福德的引力波探测阵列 LIGO 的航拍照片。下图：LIGO 的控制室，工作人员正在控制这些仪器，并监视信号

产生，当然还有其他物理机制能产生引力波，这里就不一一赘述了。

在 2019 年的一天，[①]LIGO 探测到了有史以来最强烈的一次引力波爆发（见图 15-2）。信号的振幅在反复涨落几次后突然停止。整个引力波暴只持续了几秒钟。

通过对比观测到的波形（图 15-2 中的波浪线的形状）和超级计算机给出的数值模拟结果，布兰德教授和他的团队推断出了这次引力波爆发的源头——由中子星和黑洞组成的双星系统。

---

① 此处的"2019 年"是电影《星际穿越》中虚构的年份。在现实世界中，LIGO 于 2015 年首次探测到引力波的存在。——编者注

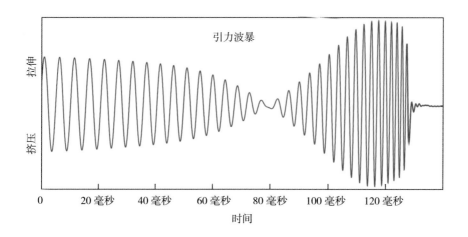

引力波暴

拉伸

挤压

时间

| 0 | 20毫秒 | 40毫秒 | 60毫秒 | 80毫秒 | 100毫秒 | 120毫秒 |

当一颗中子星围绕黑洞公转时

当一颗中子星围绕黑洞公转时，它会发射出引力波。在这个双星系统里，中子星的质量是太阳的 1.5 倍，黑洞的质量是太阳的 4.5 倍，并且黑洞是高速自转的。黑洞的自转拖曳着周围的空间一起旋转，这样产生的空间回旋会与中子星的公转轨道相耦合，从而驱动中子星进行缓慢的进动①——就像一个有倾角并旋转的陀螺。这个进动的过程会影响引力波的振幅，让人们观测到波幅的涨落（如图 15-2 所示）。

引力波会穿过广袤的宇宙向外传播，同时带走双星系统的一部分能量（见图 15-3）。随着双星系统能量的不断减少，中子星的公转轨道半径慢慢变小。当中子星和黑洞的距离缩小到 30 千米的时候，黑洞的潮汐力开始摧毁中子星：其中，97% 的中子星遗骸会被黑洞吞噬，而另外的 3% 遗骸会被抛出黑洞，形成一条热气体尾巴，最后又被黑洞吸回来，并形成吸积盘。

基普根据陈雁北（Yanbei Chen）和弗朗索瓦·福卡尔（Francois Foucart）等人于 2011 年得到的数值模拟结果绘制

图 15-2 LIGO 探测到的引力波暴最后 120 毫秒的信号

① 进动（precession），是自转物体的自转轴又绕着另一轴旋转的现象，又可称作旋进。——译者注

在我的手绘图的基础上由 LIGO 实验室的艺术家绘制

图 15-3 引力波向外扩散的示意图，其中引力波是由转动的中子星和黑洞组成的双星系统产生的。此图为超体中的假想观测图

　　图 15-4 展示了中子星被黑洞彻底毁灭前的最后几毫秒的数值模拟结果。在中子星被完全毁灭的 10 毫秒前，黑洞绕着红色的自转轴高速自转，中子星绕着图中的垂直轴转动。毁灭前的 4 毫秒，黑洞的潮汐拉伸线开始拉扯中子星使之解体。毁灭前的 2 毫秒，随黑洞一起旋转的回旋空间将中子星的碎片抛入黑洞的赤道平面。最后，中子星的碎片开始形成黑洞的吸积盘。

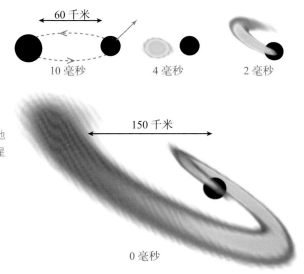

图 15-4 弗朗索瓦·福卡尔和他的同事们用数值模拟出了中子星被毁灭前几毫秒的状态

引力波源，虫洞的另一端

通过回顾过去两年 LIGO 的所有观测数据，布兰德教授和他的团队发现了来自双星系统的中子星的一股极其微弱的引力波信号。这颗中子星表面有一座微小的山脉，大约一厘米高、几千米宽（这样的山脉被认为是很可能存在的）。当这座小山跟着中子星的自转一起运动时，就会产生微弱但是稳定的引力波，日复一日。

通过对这个稳定的引力波信号进行认真的研究，布兰德教授确定了引力波源的方位。这个方位实在是太不可思议了，竟然一直指向一个环绕着土星的卫星轨道！因为地球和土星分别沿着不同的公转轨道运行，所以引力波源一定离土星非常近！

一颗中子星围绕土星做公转？不可能！一个黑洞和一颗中子星组成双星系统，然后一起围绕土星公转？这个更不可能！如果真的是这样，土星早就被潮汐力撕裂了，黑洞和中子星的引力也早就破坏了太阳系中所有行星（包括地球）的运转轨道。随着轨道被破坏，地球将会被带到接近太阳的轨道，然后又被送到距离太阳很远的地方。而我们先会被高温烤焦，再会被低温冻僵，最后死掉。但是事实摆在眼前，引力波源确实就在离土星很近的地方。

布兰德教授能找到的唯一解释就是：引力波来自一个靠近土星的虫洞，而引力波源，也就是中子星－黑洞双星系统一定是在虫洞的另一端（见图 15-5）。引力波从双星系统向外不断传播：一小部分引力波被虫洞捕获，通过虫洞，然后向外四面传播穿过太阳系，这一小部分引力波中的一部分传播到地球上，并最终被 LIGO 引力波探测器探测到。

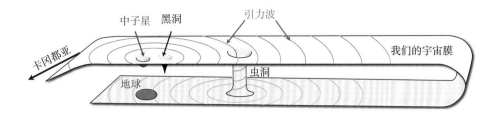

图 15-5 引力波通过虫洞传播到地球上

诺兰缘何弃用引力波？

这个故事最早的版本来自我和琳达·奥布斯特为《星际穿越》所写剧本的初稿。但是，引力波在我们初稿的其他部分中也没有扮演很重要的角色，而在乔纳森·诺兰和克里斯重新修改的剧本里也是一带而过。而且他们认为，即使不提及引力波，电影中也已经引入了足够多的、严肃的科学理念。所以后来当克里斯打算精简电影《星际穿越》中的科学元素时，引力波就成了他最自然的删减对象。所以，他抛弃了它。

就我个人而言，克里斯的决定还是让我挺难受的，因为 LIGO 项目是在 1983 年由我、麻省理工学院（MIT）的雷纳·威斯（Rainer Weiss）和加州理工学院的罗纳德·德雷弗（Ronald Drever）联合建立的。而且，我制定了 LIGO 的科学计划和目标，并且用了 20 多年的努力才把它变成现实。现在的 LIGO 日臻成熟，人们期待它可以在这个 10 年之内得到引力波的第一例观测。①

但是，克里斯抛弃引力波的理由确实令人信服，所以我并没有对他的决定表达任何的不满和反对。

① 2015 年 9 月，LIGO 首次探测到引力波信号，由质量分别相当于 29 个太阳和 36 个太阳的两个黑洞合并时发出。——编者注

引力波以及探测引力波的仪器

在回到电影《星际穿越》的讨论之前，我先放任自己一下，对引力波的事情多说几句。

图 15-6 是由一位艺术家创作的关于黑洞拉伸线的概念图，展现了来自互相逆时针旋转然后碰撞的双黑洞系统的拉伸线。这里让我们回忆一下第 3 章所讲的内容：你还记得拉伸线能够产生潮汐力吗？从两个黑洞端向外延伸出去的拉伸线会对所有与其相交的物体产生拉扯作用，当然也包括图中所画的那位艺术家朋友。而且，从黑洞碰撞区域延伸出来的拉伸线会对所有与其相交的物体产生挤压作用。因为双黑洞系统中的成员会相互快速绕转，所以周围的拉伸线会被拉扯着与黑洞一起运动，向外且向后（逆时针）地扩散出去，就像旋转的洒水器喷出的水那样。

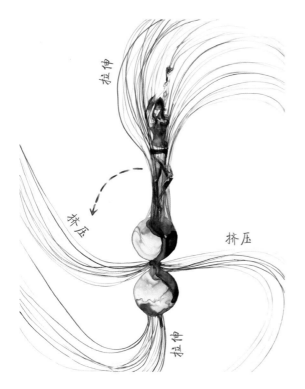

当两个黑洞最终合并成单个并且质量更大的黑洞后，就会产生一个变形的黑洞，它会沿着逆时针方向自转，同时其自身的拉伸线会被拉着随其一起一圈又一圈地转动。拉伸线会像旋转的洒水器洒出的水一样向外扩散，最终，黑洞的拉伸线会

由利亚·哈洛伦绘制

图 15-6 互相逆时针高速旋转的双黑洞系统产生的拉伸线

星际

THE SCIENCE OF
INTERSTELLAR

穿越

电影《星际穿越》唯一科学指南

媲美《时间简史》

诺贝尔物理学奖得主、天体物理学巨擘

基普·索恩 巨献

绿色印刷产品

大豆油墨 安全环保
全彩四色 精美印刷

酷炫视效 高清图片
带你穿越时空、遨游宇宙

变成像图 15-7 所显示的复杂形式。在图 15-7 中，红线代表拉扯效应，蓝线代表挤压效应。

当拉伸线向外传播穿过一个离黑洞很远并且处于静止状态的人的身体时，他的身体会感受到一会儿被拉扯、一会儿被挤压的震荡效果。在这个时候，拉伸线其实已经变成了引力波。在图片平面上任意一处有深蓝色拉伸线（强挤压效果）存在的地方，深红色拉伸线（强拉伸效果）将是垂直于图片的方向向外的，同样，深红色潮汐线所经过的地方，深蓝色潮汐线也是垂直于图片的方向向外的。随着这种波动向外传播，黑洞的形变会逐渐变弱，波强也会随之降低。

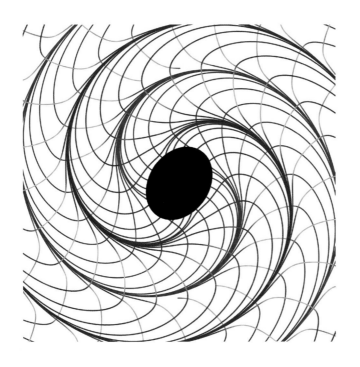

由罗布·欧文（Rob Owen）绘制

图 15-7 变形旋转黑洞的拉伸线示意图

当引力波到达地球的时候，它们的形式会如图 15-8 上方图中所显示的样子。引力波沿着一个水平方向拉伸，沿着另外一个垂直的方向压缩。当引力波信号继续穿过图 15-8 下方所示的探测器时，拉伸和挤压两种效应将会循环震荡（从红色的由右向左变到蓝色的由右向左，再变回红色的由右向左，如此反复）。

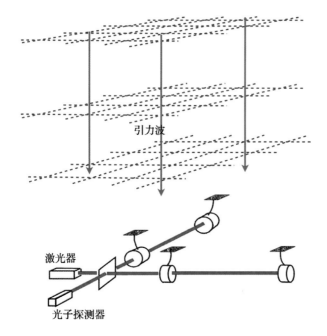

引力波

激光器

光子探测器

图 15-8　LIGO 探测器上引力波的成像示意图

这个探测器由四面大镜子组成（每面镜子重 40 千克，直径为 34 厘米），分别用支架支撑在两条相互垂直的探测臂之上。引力波的拉伸线在拉扯一条探测臂的同时挤压另一条探测臂，然后再挤压刚才拉伸的那条探测臂，如此循环往复。我们用激光干涉技术监测各面镜子之间振荡式的距离变化，这就是 LIGO 之名"激光干涉引力波观测站"的由来。

现在，LIGO 是一个大型国际合作项目，大约有来自 17 个国家的 900 位科学家为其工作，总部设在加州理工学院，由大卫·赖茨（David Reitze，主任）、阿尔伯特·拉札里尼（Albert Lazzarini，副主任）以及加布里埃拉·冈萨雷斯（Gabriella

Gonzalez，合作发言人）共同领导。考虑到这个项目对于我们在理解宇宙方面的巨大的潜在回报，LIGO 主要通过美国国家自然科学基金由纳税人的税款资助。

LIGO 已经分别在华盛顿州的汉福德和路易斯安那州的利文斯顿建成了两个引力波探测装置，将来还会在印度设置第三个。意大利、法国和荷兰的科学家们在比萨（Pisa）附近也建立了类似的干涉仪装置，而日本的物理学家们正在山中的隧道里建立一个引力波探测装置。这些探测器会协同合作，最终成为一个在世界范围内探测引力波的巨型网络，从而帮助人类通过研究引力波去探索宇宙。

到 2000 年的时候，我已经为 LIGO 培养了很多科学家。之后，我开始研究其他方向，但是，我依然非常密切地关注着 LIGO 的动态，看着 LIGO 与其相关的国际合作日臻成熟，期盼着第一例引力波观测的到来。

"宇宙弯曲的一面"

电影《星际穿越》讲述了一场人类经历黑洞、虫洞、奇点、引力异常和高维空间的冒险旅程。所有这些物理现象都源自空间与时间的弯曲或与弯曲密切相关。这也是为什么我愿意称它们为"宇宙弯曲的一面"的原因。

到目前为止，人类对时空弯曲还不甚了解，几乎没有相关的实验和观测数据。这就是为什么引力波尤其重要的原因：引力波源自空间的弯曲，所以它们是探索宇宙弯曲的理想工具。

假如你只看到过风平浪静的海面，那你是无法了解狂风暴雨时波涛汹涌乃至巨浪滔天的大海的。

这类似于我们今天对时空弯曲的理解和认识。我们几乎不知道任何有关"风暴"之中的弯曲空间和弯曲时间的性质（这里的风暴是指剧烈的时空变化，比如空间位形和时间流逝速率的剧烈震荡）。对我来说，这些都是令人向往的前沿课题。约翰·惠勒是一位具有非凡创造力的科学家,他把这一过程称为"几何动力学"(geometrodynamics):时空几何的剧烈动力学行为。

20 世纪 60 年代早期,那时我还是惠勒的学生,他建议我和其他学生去做有关几何动力学的研究。我们尝试了,但是非常不幸地失败了。我们当时不知道如何才能把爱因斯坦方程解得足够完美,从而了解这些方程的理论预言,而且我们也无法在天文学上观测宇宙的几何动力学。

我曾经花费了很多时间来改变这个状态。我还和其他人一起创建了 LIGO 来探测遥远宇宙中的几何动力学。2000 年,我把我在 LIGO 的职位转交给别人,然后与其他在加州理工学院的同事们共同建立了一个科学小组,我们的科学目的是用超级计算机计算爱因斯坦方程的数值解,然后用这些数值解来模拟几何动力学,并研究与它相关的性质。这个项目被称为 SXS(Simulating eXtreme Spacetimes,模拟极端时空)。这也是一个合作项目,其中包括我的小组、康奈尔大学索尔·图科斯基(Saul Teukolsky)的研究小组和其他一些小组。

研究几何动力学的最佳地点是两个黑洞发生碰撞的地方。因为当两个黑洞发生碰撞时,黑洞会将时空带入剧烈的旋转之中。我们的 SXS 数值模拟现在已经比较成熟,并且已经开始逐步揭开了广义相对论的预言(见图 15-9)。LIGO 和它的合作伙伴们将会在接下来的几年里探测到黑洞碰撞所产生的引力波,这些观测可以检验我们数值模拟的理论预言。

这真是一个探索几何动力学的美好时代!

原初引力波,宇宙诞生一瞥

1975 年,我的一位俄罗斯好友列昂尼德·格里修克(Leonid Grishchuk)给出了一个令人吃惊的预言:宇宙大爆炸会产生大量引力波。他认为,这些引力波

图片建立在 SXS 小组的数值模拟结果之上，截图自由哈拉尔德·菲佛（Harald Pfeifer）制作的演示视频

图 15-9 双黑洞碰撞的数值模拟。上图：从我们的宇宙中观测到的双黑洞轨道和引力场。中图：黑洞碰撞时的时空弯曲（超空间的假想观测），箭头表示空间跟随黑洞运动的速度向量，颜色代表时间的弯曲程度。下图：数值模拟中辐射出的引力波的波形。数值模拟中的两个黑洞是完全相同的无自旋黑洞

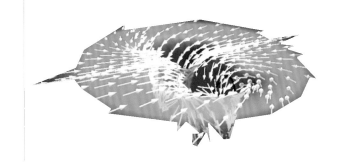

的产生机制是以前不为人所知的：来自大爆炸的引力量子涨落①会被宇宙初始的膨胀显著地放大；在经过放大之后，它们就形成了原初引力波（primordial gravitational waves）。如果这些引力波能够被发现，那么它们可以帮助我们一瞥宇宙诞生时的情形。

在之后的几年里，随着对宇宙大爆炸认识的逐渐成熟，我们很明显地发现，在波长和我们整个可见宇宙相当的尺度上——大约是 10 亿光年，原初引力波的波强将达到峰值。而在 LIGO 的可探测波长处，即几百千米到几千千米的尺度上，原初引力波的强度会弱到无法观测。

20 世纪 90 年代早期，宇宙学家们意识到，这些 10 亿

① 量子涨落（quantum fluctuation）：在空间中任意一点处，能量的暂时变化。从海森堡的不确定性原理可以推导出这一结论。量子涨落对于宇宙结构的起源非常重要，是宇宙中最早的星系结构的种子。——译者注

光年波长的引力波应该会在充满宇宙的电磁波背景——所谓的宇宙微波背景辐射（cosmic microwave background, CMB）——上留下独特的印记。这样，一个圣杯式的研究工作便浮现了出来：寻找存在于宇宙微波背景辐射上的原初引力波的印记，通过研究这些印记，推断产生这些印记的原初引力波的性质，从而探索宇宙的诞生。

2014 年 3 月，就在我写作此书的同时，宇宙微波背景辐射上的原初引力波印记被杰米·巴克（Jamie Bock）组建的小组[1]发现（见图 15-10）。而在加州理工学院时，他的办公室就在我办公室门前走廊的另一端。

然而，在 2014 年的冬天，一系列的努力却得到了一个令人失望的结果。杰米的团队和欧洲航天局普朗克卫星（在绕地球飞行）的联合观测表明，至少有一半的观测信号事实上是由于星际尘埃所导致的，而是不是完全由尘埃所致目前还不清楚。很可能的是，一小部分的信号的确是来自原初引力波，从而用于探索宇宙的诞生，但最终的答案还依赖于未来几年更多却异常难获取的观测数据。

如果这个信号真的是由大爆炸所产生的原初引力波造成的，那么这也许是宇宙学中 50 年一遇的重大发现。这个信号为我们带来了宇宙诞生极早期（大爆炸后一兆兆兆分之一秒）的信息。它将证明理论物理学家关于宇宙极早期快速膨胀的预言，用宇宙学家的行话说是"暴涨"。这将把宇宙学引入一个新纪元。

在这一部分里，我对引力波的热情驱使我讲述了很多

[1] 发现引力波信号小组的官方领导人包括杰米、他以前的博士后约翰·科瓦奇（John Kovac，现在在哈佛大学）、郭昭麟（Chao-Lin Kuo，现在在美国斯坦福大学）以及克莱姆·普莱克（Clem Pryke，现在在明尼苏达大学）。

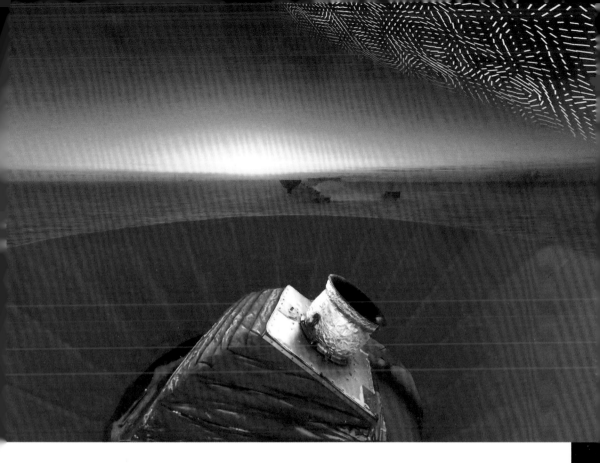

图 15-10 发现原初引力波信号的 Bicep 2（Background Imaging of Cosmic Extragalactic Polarization 2）望远镜[1]，由杰米·巴克的团队所建造。Bicep2 望远镜位于南极，图中是南极黎明时的场景，由于极昼夜现象，在一年之内只有两次观测机会。望远镜下方的保护罩是为了保护望远镜不被来自周围冰层的辐射影响。图中右上角的插图显示了测量到的引力波在宇宙微波背景辐射上的印记：极化分布图，宇宙微波背景辐射的电场指向图中的短线方向

关于引力波的故事，展示了如何利用引力波来探索《星际穿越》里面的虫洞。我们还研究了虫洞的性质，尤其是《星际穿越》里面的虫洞的性质。接下来，我会带领大家参观一下电影中虫洞另一端的世界，去拜访一下米勒星球、曼恩星球以及库珀所乘坐的"永恒"号宇宙飞船。

[1] Bicep2（Bicep1）望远镜：宇宙泛星系偏振背景成像望远镜 2 代（1 代），目的是进行一系列宇宙微波背景实验观测，测量微波背景辐射的偏振，特别是 B 模偏振。——译者注

EXPLORING GARGANTUA'S ENVIRONS

第五部分
探索黑洞卡冈都亚的周边

16

MILLER'S PLANET

米勒星球，未被吞噬的幸存者 Ⓣ

在电影《星际穿越》中，库珀和他的船员们拜访的第一个星球是米勒星球。这个星球上令人印象最深刻的有 3 件事情：极慢的时间流逝、巨浪以及强大的潮汐力。这 3 者是相关的，它们的起因是米勒星球离卡冈都亚太近。

米勒星球的运行轨道

在我对电影《星际穿越》的科学解释中，米勒星球的轨道处在图 16-1 中蓝线的位置，离黑洞的视界非常近（见第 5 章和第 6 章）。

黑洞周围的空间被弯曲得像圆柱体的表面。图 16-1 显示，在黑洞附近，圆柱体的横截面是圆形的，而且这些圆的周长是相等的，并且不会因我们靠近或者远离黑洞而

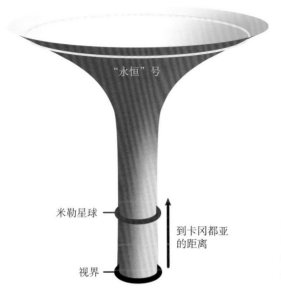

米勒星球

到卡冈都亚
的距离

视界

"永恒"号

图 16-1 从超体中看到的卡冈都亚周围的空间弯曲以及米勒星球的轨道和等待船员归来的"永恒"号停泊的轨道（图中忽略了一个空间维度）

改变。事实上，当我们放回忽略的那个维度后，这个横截面就变成了三维的球体，但是黑洞附近这个球体的表面积也不因我们靠近或远离而变化。

那么蓝圈所在的位置和其他位置到底有什么不同？是什么使得这个位置如此特别？

回答这个问题的关键是黑洞附近的时间弯曲，但是图 16-1 中并没有展示出来。在接近卡冈都亚时，时间会变慢，而且随着离黑洞的距离越来越近，情况会变得更加极端。因此，根据爱因斯坦理论中对时间弯曲的解释（见第 3 章），视界附近的引力会异常强大。图 16-2 中的红线描述了引力势与观测者到黑洞之间距离的关系，我们可以看到，在距离比较小的时候，引力会急剧升高。与表示行星感受离心力的蓝线相比，随着半径的变化，其斜率是渐变的。结果，这两条线产生了两个交点。通过离心力和引力的平衡，行星可以围绕黑洞稳定地公转。

在内平衡点上，行星的运行轨道是不稳定的：如果对行星施加一个微小的外推作用力（比如彗星飞过时的引力作用），那么离心力就会大于引力，把行星拉离

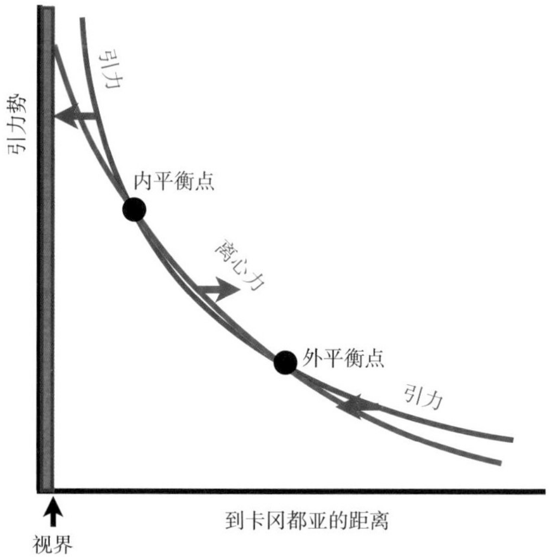

图 16-2　米勒星球上的引力和离心力

① 离心力取决于行星轨道的角动量，是轨道速度的一种度量，并且沿着轨道守恒（见第 9 章）。在图 16-2 中，在绘制引力和距离（到卡冈都亚）关系的时候，我把角动量当作一个常数。如果米勒星球轨道的角动量比行星的固有角动量略小，那么离心力在任何位置上都将比引力小，图 16-2 中的两条线也永远不会相交，也就没有平衡点，行星就会毫无悬念地落入卡冈都亚。这就是图 16-1 和图 16-2 所显示的米勒星球的位置是最靠近卡冈都亚的稳定轨道的原因，这正是我想要的，因为这里的时间已经是最慢的了。更多细节请参见本书结尾的"附录 2 技术札记"。

黑洞。如果微小的扰动作用是向内的，那么引力便会大于离心力，行星会被引力拉入黑洞卡冈都亚。这就意味着，米勒星球不可能在内平衡点上待很久。

图 16-2 所示的外平衡点的情况正好相反，行星可以在这附近形成稳定的公转轨道。如果米勒星球在外平衡点上受到轻微的外推作用，那么引力将会大于离心力而把行星拉回，如果米勒星球在外平衡点上受到轻微的内拉作用，那么离心力会大于引力而把行星再次推回稳定轨道。所以，在我对电影《星际穿越》的解读里，这才是米勒星球的运行轨道。①

时间变慢与潮汐力形变

在环绕黑洞卡冈都亚行星系统的所有稳定圆轨道中，米勒星球的轨道是离黑洞最近的且最稳定的。这意味着，米勒行星轨道上的时间流逝速率是最慢的。米勒星球上的1个小时相当于地球上的7年，即这里的时间流逝速率比地球上慢60 000倍。这也正是诺兰在电影中想要的。

但是，由于离卡冈都亚太近，按我对电影的解释，米勒星球会受到很强的潮汐力，这个强大的潮汐力几乎要摧毁这颗行星（见第5章）。当然只是"几乎"，并没有真正摧毁。但是行星却被潮汐力拉伸，产生了明显的形变（如图16-3所示）——在指向和背离卡冈都亚的两个方向上产生了大幅度的隆起。

如果米勒星球相对卡冈都亚有额外的自转（即它不是总保持一面指向卡冈都亚）的话，那么从米勒星的角度来看，潮汐力是不断转动的。首先，米勒星球会在东西方向上被挤压，在南北方向上被拉伸。1/4个公转周期后，之前被挤压的东西方向会变为被拉伸的方向，而之前被拉伸的南北方向则会变成被挤压的方向。这些拉伸和挤压效应比行星地幔（planet's mantle，坚硬的外层）的强度大得多。所以，地幔会因潮汐力的作用而碎裂，接下来摩擦力会使之变热、融化，最后整个行星将变得炙热无比。

但是在电影中，米勒星球的样子却完全不同，所以结论很清楚：在我的科学解释中，米勒星球必须总是保持同一个面指向黑洞（如图16-4所示），或者几乎是那样（我会在后面解释原因）。

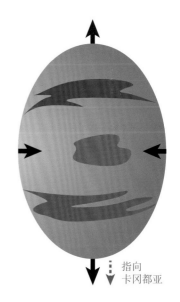

图 16-3 米勒星球的潮汐力形变指向卡冈都亚

空间回旋，米勒星球速度的制衡要素

根据爱因斯坦的理论我们知道，从远处看（例如从曼恩星球上观察米勒星球），米勒星球在周长约为 10 亿千米的轨道上绕着卡冈都亚转动，公转周期大约为 1.7 个小时。也就是说，米勒星球的公转速度几乎达到光速的一半，考虑到时间变慢，"巡逻者"号上的船员所观测到的公转周期会小 60 000 倍，即 0.1 秒，也就是每秒绕卡冈都亚转 10 圈，这实在是太快了！这不是比光速还快了很多吗？答案是否定的，这是因为卡冈都亚快速自转所产生的回旋空间的存在。相对于行星所在的旋转空间，按照当地的时间计算，行星的速度并没有超过光速，这才是关键所在，也只有在这里，光速上限才有意义。

在我的科学解读中，米勒星球永远保持着一面朝向卡冈都亚（见图 16-4），所以它的自转和公转速率应该是一样的，都是 10 圈每秒，那么如此快的自转是如何做到的？

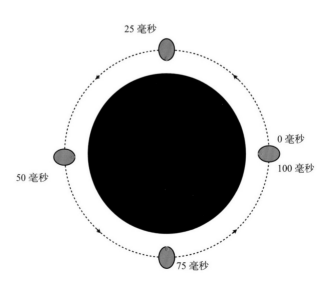

图 16-4　米勒星球的自转和相对于卡冈都亚公转之间的关系。行星地表的红点和潮汐力形变长轴始终指向卡冈都亚

自转的离心力不会肢解行星主体吗？答案还是否定的，原因依然是空间回旋的存在，如果米勒星球的自转速率和它附近空间回旋的速率完全一致的话，那么它是不会感受到任何离心力的。米勒星球的情形几乎正是如此。所以源自本体自转的离心力其实比较微弱。但是，如果米勒星球不随回旋空间一起旋转，即相对于遥远的恒星是不转动的，那么它反而会相对回旋空间以每秒 10 圈的速率旋转，并最终被这个离心力所解体。虽然听起来很奇怪，但这就是广义相对论。

米勒星球上的巨浪

在电影中，当"巡逻者"号停留在米勒星球上时，冲向他们的两个高达 1.2 千米的巨浪到底是怎么产生的（见图 16-5）？

对此我进行了一段时间的调研，并依据物理定律做了一番计算，最终找到了两个可能的解释。这两个解释的前提都是米勒星球的自转不能被卡冈都亚完全锁定，它的潮汐力形变主轴要有一个微小的来回变化：从图 16-6 左部描述的指向变

电影《星际穿越》剧照，由华纳兄弟娱乐公司授权使用

图 16-5 巨浪袭向"巡逻者"号飞船

到右部的指向，然后再变回左部那样，如此反复。这种锁定是自然的，当你研究卡冈都亚的潮汐力时就会明白。

在图 16-6 中，我用拉伸线描述了米勒星球周围的潮汐力（见第 3 章）。不管潮汐力形变的主轴向哪个方向倾斜（如图 16-6 的左部和右部），卡冈都亚潮汐力场中具有挤压效应的拉伸线（蓝色）都会把它重新推回它的偏好方向，也就是使凸起部分拉近距离卡冈都亚最近和最远的方向（见图 16-3）①。类似地，卡冈都亚潮汐力场中具有拉伸效应的拉伸线（红色）会把底部的凸起部分拉向靠近卡冈都亚的方向，把上面的凸起部分推向远离卡冈都亚的方向。当然，这同样会把行星推向它的偏好方向。

① 潮汐力形变主轴会沿着卡冈都亚的径向。——译者注

图 16-6　米勒星球在卡冈都亚潮汐力场下的摆动（红线代表具有拉伸效应的拉伸线，蓝线代表具有挤压效应的拉伸线）

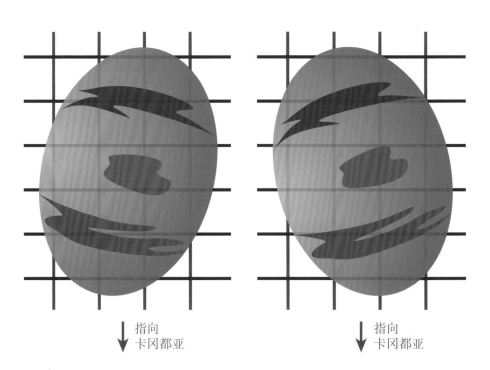

↓ 指向
卡冈都亚

↓ 指向
卡冈都亚

上述机制的结果就是米勒星球会不停地来回摆动，如果偏离角度比较小，那么地幔并不会被潮汐力撕裂。当我计算出一次从左到右再到左的摆动所花的时间后，发现它是一个令人高兴的结果——大约一个小时。这正巧和两次巨浪之间的时间间隔相吻合，而诺兰在选择这个时间的时候，对我的科学阐述一无所知。

我对巨浪的第一个科学解释是，在卡冈都亚潮汐力影响下出现摆动的行星搅动海洋的结果。

图 16-7　上图：钱塘江的涌潮。下图：在日本宫古市的大海啸

在地球上也有类似的搅动，我们称之为"涌潮"（tidal bores），一般发生在平坦的大河入海口处。当海洋开始涨潮时，河流上会形成一堵水墙，当然一般都是比较小的水墙，但是极少的时候也会形成非常大的。图 16-7 上半部分显示的就是这样一个例子：2010 年 8 月，发生在中国杭州钱塘江上的一次涌潮。尽管看起来挺壮观，但是和米勒星球上那 1.2 千米高的巨浪比起来，还是很小。这是因为造成钱塘江大潮的月球潮汐力，与卡冈都亚那强大的潮汐力比起来实在是太小太小了。

我对巨浪的第二个解释是海啸。因为米勒星球会微扰摆动，所以卡冈都亚的潮汐力也许不会摧毁它的地壳，但是确实会以各种各样的方式改变地壳的形状，大约一个小时一次。这种形变很容易诱发超级地震（我们姑且称之为"米勒星震"）。米勒星震很容易在这一行星的海洋上引发海啸，而且这些海啸要比我们在地球上看到的任何海啸都大得多得多，比如 2011 年 3 月 11 日袭击日本宫古市的那次（见图 16-7 的下半部分）。

米勒星球的"一生"

推想米勒星球的历史和未来是一件很有趣的事情，你可以尽可能地使用你所知道的，甚至从网络或任何地方搜罗来的物理知识（其实并不是很容易）。以下是几件值得你思考的事情。

米勒星球的"年龄"有多大？我们做一个极端的假设：它诞生在现在的轨道上，那时它所在的星系还非常年轻（大约 120 亿年以前），卡冈都亚从那时开始就像现在这样高速自转，那么行星的年龄大约是 120 亿年除以 60 000（米勒星球所在轨道的时间流逝速率），大约是 200 000 年。与地球上的大部分地质过程相比，它的时间还是非常短暂的。米勒星球如此年轻就具有这样的地质面貌，可能吗？它能在如此短的时间里产生海洋和富氧的大气层吗？如果不能，米勒星球是否有可能在其他地方形成，然后迁移到距离卡冈都亚这么近的轨道上？

米勒星球还会持续震荡多久才能通过行星内部的摩擦力把所有震动能转化为热能？米勒星球已经震荡了多久？如果时间远少于 200 000 年，那么也许它的震荡是由外力触发的？是什么触发了米勒星球的震荡呢？

当米勒星球的内部摩擦力把震荡的能量转化成热能时，行星的内部会有多热？这些热能是否足以触发巨大的火山喷发和岩浆流？

木星的一个卫星伊奥是一个绝好的例子。伊奥是轨道离木星表面最近的大卫星，但是它完全没有震荡。它沿着椭圆轨道时近时远。这样，伊奥感受到的木星潮汐力场也是时强时弱，这种情形和米勒星球从卡冈都亚所感受到的潮汐力震荡非常相似。这足以把伊奥加热到可以制造出巨大的火山爆发和岩浆流的程度（见图 16-8）。

从米勒星球遥望卡冈都亚

在电影《星际穿越》中，当"巡逻者"号载着库珀和他的同事们飞向米勒星球时，我们看到卡冈都亚在天上，直径大约有 10 度（是我们在地球上看到的满月尺寸的

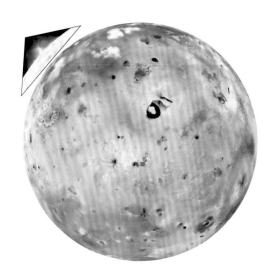

图 16-8 "伽利略"号宇宙飞船所拍摄的伊奥的照片，从图中我们可以看到大量的火山和岩浆流。左上角的插图为高达 50 千米的火山喷发

20 倍），它的周围被明亮的吸积盘所环绕（如图 16-9 所示）。虽然这个镜头让人眼前一亮，但是卡冈都亚的尺寸比起从米勒星球上实际的观测结果来说，已经被大大地缩小了。

如果米勒星球上想经历极端变慢的时间，正如我对电影的解读所说，它需要离卡冈都亚非常近，也就是说米勒星球必须深入到图 16-1 中所描述的极端弯曲的柱状空间部分。所以，真实情况似乎是这样的：

当从米勒星球顺着圆柱面向下看时，你会看到卡冈都亚，而如果你看向圆柱面的上方，则会看到外面的宇宙。所以，卡冈都亚差不多应该会包住半个天空（180 度），而另一半是宇宙。实际上，这正是爱因斯坦的相对论物理定律所预言的。

另一个比较清楚的事实是：

因为米勒星球是所有稳定存在的东西中最靠近卡冈都亚而同时还没有掉进去的行星，所以卡冈都亚的吸积盘必须完全在米勒星球的公转轨道之外。当船员们乘坐飞船接近行星的时候，他们向上应该会看到一个巨大的吸积盘，而向下则会看到一个巨大的黑洞阴影。这也是爱因斯坦的相对论物理定律所预言的。

如果克里斯遵从广义相对论的这些预言，那么他的电影也许会被搞得乱七八糟。如果让观众们过早地看到黑洞和吸积盘如此梦幻般的场景，那么当高潮到来的时候，也就是库珀掉进卡冈都亚的时候，视觉次序上就会显得有点儿虎头蛇尾。所以，克里斯决定把巨大的黑洞和吸积盘的镜头留在电影最后。为了艺术表达的需要，克里斯在米勒星球的附近，把吸积盘和卡冈都亚合并在一起，并把它缩小到只有在地球上看到的满月尺寸的 20 倍。

尽管我是一位科学家，并且渴望在科幻小说中也有准确的科学，但是我一点儿也不会责怪克里斯。假如让我来做决定，也会这么做，而观众们也会因此感谢我。

图 16-9 卡冈都亚和它的吸积盘，其中一部分被米勒星球遮挡住了。而在前景中，"巡逻者"号正准备降落

电影《星际穿越》剧照，由华纳兄弟娱乐公司授权使用

17

GARGANTUA'S VIBRATIONS

黑洞卡冈都亚振动
之谜 Ⓣ

在库珀和阿梅莉亚·布兰德勘探米勒星球时，罗米利留在后方的"永恒"号上对卡冈都亚进行观测，他希望通过精确细致的观测能对引力异常了解更多。尤为重要的是（我的假设），同时也是他最期待的，来自卡冈都亚奇点的量子信息可以从其视界泄露出来（见第25章），这些信息能带给我们关于如何驾驭引力异常的知识（见第23章）。或者，用罗米利的精炼说法就是：带来"求解引力方程"的信息。

当阿梅莉亚·布兰德从米勒星球返回"永恒"号的时候，罗米利告诉她："我已经尽我所能地研究黑洞了，但是我没办法给你父亲发送任何消息，现在我们只能接收，无法发送。"那么罗米利到底观测到了什么呢？他没有细说，但我假设他主要关注的是卡冈都亚的振动，所以这一章可以作为电影故事的一个延展。

未被罗米利展示的重要数据

1971 年，我在加州理工学院的学生比尔·普雷斯（Bill Press）发现黑洞可以在某个特别的共振频率下振动，这与小提琴琴弦的振动方式十分相似。

当我们用正确的方式拉动琴弦的时候，小提琴会发出一个干净的纯音，即单一音频的声音。如果拉动琴弦的方式略有不同，那么琴弦则会发出纯音和这个纯音的高次谐波（higher harmonics）。换句话说（假设琴弦被牢牢地固定住，手指不发生移动），这根琴弦振动所产生的声波频率是一个离散的序列，这个离散的频率序列被称为琴弦的共鸣频率。比如，用手指摩擦红酒杯口发出的声音和一口钟被锤子击打后发出的声音，也是一样的方式。普雷斯发现：黑洞被一些掉入其视界的物质扰动后，也会产生类似的现象。

一年之后，我的另一个学生索尔·图科斯基，通过求解爱因斯坦的广义相对论方程得到了自旋黑洞共鸣振动的数学方程。通过求解图科斯基方程，物理学家们可以得到黑洞的共振频率。但是对于像卡冈都亚这样超高速自转的黑洞来说，求解图科斯基方程就变成了一件非常困难的事情。由于这项工作实在太困难了，以至于直到 40 年后才有人通过合作的方式成功地完成。这次合作项目的领导成员又是来自加州理工学院的两个学生：杨桓（Huan Yang）和亚伦·齐默尔曼（Aaron Zimmerman）。

2013 年 9 月，电影《星际穿越》的道具主管里奇·克雷默（Ritchie Kremer）向我要这些数据，因为电影中罗米利可能会向阿梅莉亚·布兰德展示他的观测结果。我转而向世界上最懂这一课题的专家们寻求帮助，他们就是杨桓和亚伦·齐默尔曼。他们迅速地生成了卡冈都亚共振频率的数据表格，其中还包括振动衰减的速率，因为黑洞振动时能够将一部分能量转化成引力波辐射出去。这份表格是基于他们对图科斯基方程的计算。然后，他们还在对应的理论预言值处加上了虚拟的观测数据。我在表格的下方加上了黑洞视界的图片（不如说是黑洞阴影

① 在图表中，共振频率数值的单位并不是人们熟悉的单位。想要转换成人们熟知的频率单位，我们必须乘以光速的三次方再除以 $2\pi GM$，这里 $\pi = 3.14159\cdots$，G 是牛顿的引力常数，M 是卡冈都亚的质量。这个转换因子值近似表示每小时一次振动，所以图表中的第一个理论预言频率是每小时 0.67 个振动。振动衰减速率的转换因子值是一样的。

的边界），图片来自黑洞的数值模拟，是由双重否定公司的视觉特效团队提供的。把所有这一切放在一起就成了罗米利的"观测数据"。

当克里斯托弗·诺兰拍摄罗米利和阿梅莉亚·布兰德讨论他的观测数据这一场景时，罗米利并没有向她展示这些数据。它就在桌子上，最终也没有被拿起来。但是，这份数据在我对《星际穿越》的科学阐述中是十分重要的。

共振频率，驾驭引力异常的关键

图 17-1 是这份观测数据的第一页，每一行数据都对应着卡冈都亚的一个共振频率。

在第一列中，由三个数字组成的一组代码用来描述卡冈都亚振动时的形状，在我对电影的推想中，罗米利参演了另外一部电影，黑洞的照片就来自那部电影，而且黑洞的照片也证实了黑洞的振动形状和理论预言一致。图表的第二列是振动频率，第三列是相应共振频率的衰减速率，这是由图科斯基方程给出的预言值①。第四列和第五列分别描述了罗米利的观测值和理论预言值之间的差别。

在我的推想中，罗米利发现了几个异常情况。在这几个情况下，观测值和理论预言值完全不符。他把这些异常用红色字体打印了出来。在第一页上（见图 17-1），尽管

卡冈都亚
拟正则模的频率-所有数据的平均值

模式	理论		观测 / 理论 - 1	
(l,m,n) （卡冈都亚振 动时的形状）	Re(ω) M （振动频率）	Im(ω) M （共振频率的 衰减速率）	Re(ω) M （观测值）	Im(ω) M （理论预言值）
(2,1,0)	0.666 479 9	0.055 413 04	0.000 054±23	0.000 38±44
(2,1,1)	0.666 590 7	0.166 239 1	0.000 008±8	0.000 25±26
(2,1,2)	0.666 701 6	0.277 065 2	0.000 040±17	0.000 39±39
(2,1,3)	0.666 812 4	0.387 891 3	0.000 016±24	0.000 51±8
(2,1,4)	0.666 923 2	0.498 717 4	0.000 003±25	0.000 05±8
(2,0,0)	0.523 506 7	0.080 997 5	0.000 057±10	0.000 17±19
(2,0,1)	0.523 668 7	0.242 992 5	0.000 029±9	0.000 65±13
(2,0,2)	0.523 830 7	0.404 987 5	0.000 005±31	0.000 42±15
(2,0,3)	0.523 992 7	0.566 982 5	0.000 023±12	0.000 39±50
(2,0,4)	0.524 154 7	0.728 977 5	0.000 041±61	0.000 03±46
(3,2,0)	1.074 937 9	0.031 924 27	0.000 014±91	0.000 09±71
(3,2,1)	1.075 001 8	0.095 772 82	0.000 019±32	0.000 21±24
(3,2,2)	1.075 065 6	0.159 621 4	0.000 004±25	0.000 06±21
(3,2,3)	1.075 129 5	0.223 469 9	0.000 024±14	0.001 1±19
(3,2,4)	1.075 193 3	0.287 318 5	0.000 032±38	0.000 07±28
(3,1,0)	0.862 396 9	0.065 740 82	0.000 004±74	0.000 51±27
(3,1,1)	0.862 528 4	0.197 222 5	0.000 39±1	0.000 16±9
(3,1,2)	0.862 659 9	0.328 704 1	0.000 019±35	0.000 57±41
(3,1,3)	0.862 791 4	0.460 185 7	0.000 030±35	0.000 02±21

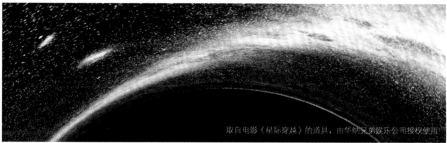

取自电影《星际穿越》的道具，由华纳兄弟娱乐公司授权使用

图 17-1 　杨桓和亚伦·齐默尔曼为电影拍摄所准备的数据的第一页，这是为了电影中罗米利可以展示给阿梅莉亚·布兰德看

只有一例异常，但极度不符合：观测值与理论预言值的差异竟然高出测量误差范围 39 倍。

在我的推测中，罗米利认为这些异常数据也许会帮助人类"求解引力方程"（了解如何驾驭引力异常）。他希望自己能够把所获得的信息传送给在地球上的布兰德教授，但让他无比沮丧的是，他们的对外通信中断了。

罗米利甚至希望自己能够看到卡冈都亚的内部，这样他就能提取存在于黑洞奇点处关键的量子数据（见第 25 章）。但他做不到。

罗米利也不知道这些引力异常到底是不是真的包含了来自奇点的量子数据。或许，由于黑洞在高速自旋，一些量子信息从视界面泄露了出来并引发了这些引力异常。如果罗米利能够把数据发送给布兰德教授，那么教授就有可能搞明白到底发生了什么。我会从第 23 章到第 25 章详细讨论引力异常，以及为什么来自卡冈都亚内部的量子数据是驾驭引力异常的关键。但是，这些都是后话。接下来让我们继续探索卡冈都亚的周边情况，聊一聊曼恩星球。

第二选择，曼恩星球 Ⓣ

当发现米勒星球不适宜人类居住后，库珀和他的船员们转向了曼恩星球。

曼恩星球，一个缺少太阳的世界

我从电影《星际穿越》的两个方面推断出了曼恩星球的轨道。

首先，道尔说过到曼恩星球的行程需要几个月时间。由此，我推测当"永恒"号到达曼恩星球时,离奇点,也就是黑洞卡冈都亚已经很远了。然后，当"永恒"号在曼恩星球轨道上的爆炸发生后，船员们很快就发现他们在被吸向黑洞的视界。由此我推测：当他们离开曼恩星球时，后者离卡冈都亚一定很近。

为了能同时满足这两点，曼恩星球的轨道肯定被拉得很长。此外，为了避免行星在接近黑洞卡冈都亚时被黑洞的吸积盘吞没，所以它可能的轨道必须远高于或远低于黑洞的赤道面，即吸积盘所在的平面（见图 18-1）。

这表明轨道可能是像图 18-1 所画的那样。尽管行星的轨道可能一直延伸到了离卡冈都亚很远的地方——大约 600 倍的黑洞视界半径或更远[①]，但像我们太阳系里哈雷彗星的轨道一样（见图 6-5），行星掠过黑洞附近然后又飞离很远，再返回黑洞附近，之后再飞走。行星在每次或每两次掠过黑洞附近时，黑洞附近的空间回旋会使行星轨道发生进动，从而让这一次和下一次飞出轨道相比有很大的角度差，就像图里显示的那样。

无论在它飞回或飞离的轨迹上，曼恩星球不可能有恒星相伴，因为在黑洞附近，巨大的潮汐力将会使行星和恒星分开，把它们转向完全不同的轨道上去。因此，像米勒星球一样，曼恩星球一定是由黑洞暗淡的吸积盘来照亮和加热的。

① 在影片《星际穿越》中，当"永恒"号在曼恩星球的轨道上运动时，我们看到卡冈都亚覆盖了 0.9 度的天空——几乎是从地球看月亮的两倍。由此，我计算出曼恩星球是在大约 600 倍的黑洞半径处。在这个距离上，行星飞到卡冈都亚附近至少需要 40 天——比船员们待在曼恩星球附近的时间长多了，但是向外飞向行星的那段行程是合理的，见第 6 章。

图 18-1 曼恩星球可能的轨道。计算基于大卫·萨洛夫（David Saroff）制作的一款网页应用程序

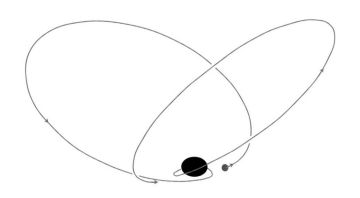

通向曼恩星球的旅程

"永恒"号飞往曼恩星球的旅程，开始于卡冈都亚附近，结束于离黑洞很远的地方。在我对电影的科学解释中，这个行程需要两次引力弹弓效应发挥作用（见第 6 章）——开始一次，结束一次。

开始时，挑战分两重：在卡冈都亚附近的停泊轨道上，"永恒"号是以 1/3 的光速（$c/3$）沿着黑洞的圆周轨道运动，但这却是个错误的方向，因为它必须偏转成远离黑洞的径向运动。"永恒"号的速度不够快，而卡冈都亚的吸引力太过强大。即使"永恒"号转为径向运动并保持着 1/3 的光速，但是黑洞的强大引力仍会让飞船飞出距离曼恩星球很小的一段就停下。为了抵消黑洞的引力，并达到和曼恩星球一样的运动速度——大约 $c/20$，那么第一次弹弓过程需要使"永恒"号加速到接近光速的一半。为此，库珀必须找到一个中等质量黑洞，并且有合适的位置和合适的速度。

找到一个合适的中等质量黑洞并不容易，就算找到，从正确的位置和时刻进入它的轨道也不容易。在数个月的旅程里，库珀等人的大部分时间都花在了接近中等质量黑洞的轨道上，等待黑洞的出现或许就需要很长时间。一旦这个弹弓过程完成，去往曼恩星球的航程将从一开始的 $c/2$ 逐渐减慢到 $c/20$，这个过程又需要大约 40 天。

在第二次弹弓过程发生时，"永恒"号已经接近曼恩星球，它掠过了一个合适的中等质量黑洞，然后飞向行星，期待一次"温柔"的会合：一次不需要消耗很多火箭燃料的会合。

冰云，到达曼恩星球

在电影《星际穿越》中，"永恒"号停泊在曼恩星球的轨道上，然后库珀和他的队员驾驶"巡逻者"号降落到行星上。正如大家预计的那样，行星被冰层覆盖，因为在大部分时间里，行星都远离黑洞吸积盘的"温暖"。当"巡逻者"号接近曼恩星球时，我们看到它穿梭于云层之间，但之后蹭到了其中一片（见图18-2），这时我们才发现云实际上也是由某种冰组成的。

从和保罗·富兰克林的谈话中，我得到启发，想象这些云其实是大块的固体二氧化碳——干冰。然后，当行星飞向吸积盘时，开始被加热，如图18-2那样。当温度升高后，干冰开始升华、蒸发，所以这些云可能是干冰和蒸汽的混合物，也许大部分都是蒸汽。在低海拔处，"巡逻者"号着陆的地方，温度会高一些，所以他们着陆的地方都是冰冻的水。

电影《星际穿越》剧照，由华纳兄弟娱乐公司授权使用

图 18-2　在曼恩星球上空，"巡逻者"号飞船擦着一片"冰云"的边缘

电影《星际穿越》剧照，由华纳兄弟娱乐公司授权使用

图18-3 上图：罗米利〔由大卫·吉雅西（David Gyasi）扮演〕、布兰德（由安妮·海瑟薇扮演）在和曼恩博士探讨地质数据的结果。下图：这一页数据由艾丽卡·斯旺森为电影准备，号称是曼恩博士对从曼恩星球表面搜集的岩石进行的化学分析的结果。多块岩石表明有机体可以在此星球上生长

样本	细胞色素	氧化还原酶类	碳氢化合物	甲醛
EBL-VR01	0.03	0.379	8.7	1.64
EBL-VR03	0.02	0.103	2.3	1.20
EBL-VR04	0.02	0.170	3.9	1.38
EBL-OS01	0.02	0.128	2.9	1.28
EBL-OS02	0.01	0.038	0.8	0.88
EBL-OS04	0.01	0.020	0.4	0.71
GBO-VR01	0.04	0.426	9.7	1.67
GBO-VR02	0.02	0.155	3.5	1.34
GBO-VR03	0.01	0.015	0.3	0.64
GBO-VR05	0.02	0.115	2.6	1.24
GBO-OS01	0.04	0.613	14.0	1.76
GBO-OS02	0.00	0.009	0.1	0.50
GBO-OS03	0.02	0.115	2.6	1.24
GBO-OS04	0.03	0.237	5.4	1.49
EFO-VR02	0.01	0.053	1.2	0.98
EFO-VR03	0.02	0.186	4.2	1.41
EFO-VR05	0.02	0.103	2.3	1.20
EFO-VR08	0.05	0.938	21.5	1.79
EFO-VR11	0.07	1.648	37.9	1.64
EFO-OS01	0.00	0.003	0.0	0.25
EFO-OS02	0.03	0.219	5.0	1.46
EFO-OS03	0.01	0.045	1.0	0.93
EFO-KS01	0.02	0.128	2.9	1.28

有趣

太有希望了！

是谁打造了曼恩博士的地质数据

在电影中，曼恩博士一直在他所处的行星上寻找有机样本，而且他还声称找到了可能的证据——可能，但不确定。他把自己的数据结果给了布兰德和罗米利。

数据包括曼恩博士搜集的岩石样本位置信息和地质环境的现场记录信息，还有相应的岩石样本化学分析结果。这些化学分析就是曼恩博士阐述该星球上有机体存在的证据。

图 18-3 展示了一页数据结果。这些数据实际上是加州理工学院一位很有天赋的地质学博士艾丽卡·斯旺森（Erika Swanson）为影片准备的。艾丽卡也做过现场勘探和化学分析的工作，与曼恩博士很像。

电影中后来的结果是：曼恩博士伪造了数据。当然，这有一些讽刺意味，因为这些数据本身就是艾丽卡为电影编造的。显然，她从未实地勘探过曼恩星球。不过，也许会有这一天……

在这本书里，我没有讲关于曼恩博士的悲剧。它是一个人类的悲剧，没有科学的成分。悲剧的高潮是让飞船严重损坏的爆炸。这次爆炸、损坏，还有"永恒"号的设计都涉及科学和工程学的知识，所以让我们来说说它们。

"永恒"号的
夹缝求生 Ⓣ

潮汐力与"永恒"号的设计

"永恒"号拥有 12 个连接成圆环的舱体以及 1 个位于圆环中心的控制舱（见图 19-1）。两艘"登陆"号和两艘"巡逻者"号停靠在"永恒"号的中央控制舱上。

在我对电影的科学解释中，"永恒"号被设计为能够在强大的潮汐力中幸存下来。这一点对于"永恒"号穿越虫洞之旅至关重要。"永恒"号圆环的直径是 64 米，这几乎是虫洞周长的 1%。对于钢铁和其他固体材料组件来说，当它们受到的扭曲力超过几个百分点时，就会破裂或粉碎，所以危险是显而易见的。而对于"永恒"号在卡冈都亚那里的虫洞会遭遇什么，我们还一无所知。因此，它的承受能力被设计为远大于虫洞的潮汐力。

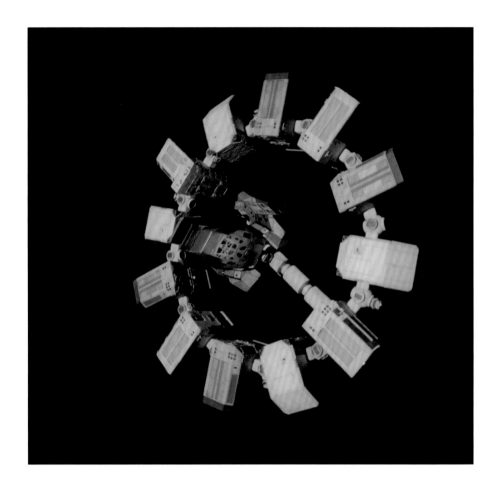

电影《星际穿越》剧照，由华纳兄弟娱乐公司授权使用

图 19-1 "永恒"号。在其中央控制舱上停靠着两艘"巡逻者"号和两艘"登陆"号。"巡逻者"号朝向"永恒"号环状平面的外部；"登陆"号则平行于环状平面

细纤维能被弯曲成复杂的形状，并且纤维材料任何一个部分的扭曲都远远小于 1%。关键在于纤维的细度。你可以想象"永恒"号的强度依赖于大量的沿圆环延伸的细纤维。就像一股缆绳能够撑起一座悬索桥，并且当强风吹过的时候能够按照需要弯曲一样。但是，那样会让圆环太容易变形。圆环需要能够较好地抵抗变形，这样在受到潮汐力影响的时候，它才

不会因形变太严重而造成舱体相互碰撞。

在我的解释中,"永恒"号的设计者们努力工作,使"永恒"号能够抵抗形变。同时,在遇到远强于预期的潮汐力时,"永恒"号虽产生形变却不会破碎。

曼恩星球上方轨道处的真实爆炸

当曼恩博士无意识地引发了一次大爆炸的时候,上述设计理念的确得到了回报。爆炸破坏了"永恒"号的圆环,破坏了环上的两个舱体,并使另外两个舱体受损(见图 19-2)。

爆炸导致圆环以极快的速度旋转。它上面的舱体受到的离心力达到 70 gees(即 70 倍地球引力;gee 为引力单位,1 gee 等于 1 倍地球引力)。它的破损端摇摆着相互远离,但是并没有破碎。在我的科学解释中,这是聪明的工

电影《星际穿越》剧照,由华纳兄弟娱乐公司授权使用

图 19-2 左图:"永恒"号的爆炸。"登陆"号在其上方,曼恩星球在其下方。(10 道径向光束是由摄像机镜头中光的散射导致的镜头眩光,并非来自爆炸。)右图:爆炸之后破损的"永恒"号

程师们保守设计的一个极好例证。

　　顺便提一下，电影里的爆炸给我留下了深刻的印象。因为没有空气用来传播声波——太空中的爆炸不会发出声音，所以"永恒"号的爆炸是无声的。在这类爆炸中，因为供给燃烧的氧气会快速扩散到太空中，所以火焰一定会迅速熄灭。确实，在电影中，爆炸的火焰很快就熄灭了。保罗·富兰克林告诉我他的团队为了实现这一点付出了很多努力，因为爆炸是发生在电影片场的真实一幕，而不是电脑制造出的视觉特效。这是克里斯托弗·诺兰对科学精确性所做承诺的又一个例子。

　　我们对于黑洞卡冈都亚周边环境的讨论将我们从行星物理（潮汐力形变、海啸、涌潮等），带到了卡冈都亚的振动以及对有机生命存活迹象的搜寻，又带到了工程问题（"永恒"号的坚固设计和它破坏性的爆炸）。虽然我非常喜欢这些话题，并且研究过它们中的绝大部分或在之基础上写过教材，但它们并不是我现在最热衷的部分。我现在的热情在极端物理上，即那些处于人类认知边缘以及超越我们认知范围的物理上。这正是我将要谈到的。

EXTREME
PHYSICS

第六部分
极端物理

20

THE FOURTH
AND FIFTH
DIMENSIONS

第四维度和第五维度

作为第四维度的时间 Ⓣ

在我们的宇宙中，空间有三个维度：上下、东西和南北。但是，当你约一位朋友去吃午餐的时候，不仅要告诉她在哪里吃饭，还得约定一个时间。从这个意义上来说，时间就是第四维度。

然而，时间是一种不同于空间的维度。我们可以随意向东或向西，只要作出选择然后行动就可以了。但是，在到达我们的午餐地点之后，在那个时刻、那个地点，我们无法穿越时间回到过去。无论我们如何努力，也只能顺着时间向前。

相对论物理定律保证了这一点，而且要求必须如此。[1]

无论如何，时间是第四维度，是我们宇宙的第四个维度。我们生活的领域就是这样的四维时空：三维空间外加一维时间。

当物理学家们通过实验和数学方法探索这个时空领域时，我们发现时间和空间是通过好几种方式统一在一起的。从最简单的层面讲，当我们望向太空时，由于光在到达我们之前需要传播很长时间，所以我们自然而然地是在经历过去的时间。我们看到了一个距离我们 10 亿光年远的类星体，这是因为进入我们望远镜的光是从 10 亿光年之前发出的。

从更深的层面说，当你相对于我做高速运动时，我们对于事件发生的同时性就无法达成一致。两个爆炸，一个在太阳上，一个在地球上，你可能认为是同时发生的，而我却认为地球上的爆炸比太阳上的早 5 分钟。在这种意义上，你所认为的纯空间（爆炸之间的距离）的问题，在我看来却是空间与时间混合的复杂问题。

虽然空间和时间的混合似乎与直觉相悖，但这却是我们宇宙的基本构造。好在除了第 29 章，我们在这本书里并不需要过于在意这个问题。

超体：真实还是虚构？　ＥＧ

在本书中，当我形象地展示弯曲空间的时候，总是把

[1] 但是相对论的确提供了一种沿着迂回路线回到过去的可能性：先从我们的宇宙膜里飞出，然后通过迂回，在出发时间以前回到原地。我将在第 29 章着重谈这个话题。

我们的宇宙画成一个二维的、弯曲的薄膜，或者我们的宇宙膜。它处于一个三维超体中，就像图 20-1 所展示的那样。当然，我们的宇宙膜事实上有三个空间维度，而超体有四个维度。但是我不太擅长画这种图，所以在我的图中，通常有一个维度是被去掉了。

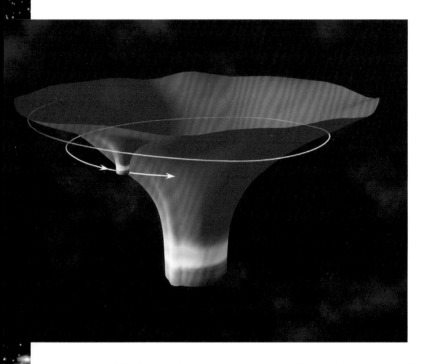

由唐·戴维斯（Don Davis）根据我的草图所绘

图 20-1 一个小黑洞旋转着落入一个大黑洞。此图从超体视角绘制，其中一个空间维度被去掉了

超体是真的存在，还是只是我们想象中的东西？实话说，在 20 世纪 80 年代之前，大多数物理学家，包括我自己，都认为超体是虚构出来的。

它怎么会是虚构的呢？我们不是确信宇宙的空间是弯曲的吗？"海盗"号发回的无线电信号（radio signals）不是很精确地揭示了空间的弯曲吗（见第 3 章）？是的……既然我们的空间的确是弯曲的，那么它难道不是必须弯曲在某个更高维的空间——某个超体内吗？

并非如此。我们的宇宙完全可能是弯曲的，但并不存在于某个更高维的超体中。在不借助超体的情况下，物理学家们就能够从数学上描述我们宇宙的弯曲。同样在不需要超体的条件下，我们也能够用方程表达出决定空间弯曲的爱因斯坦的相对论物理定律。事实上，这是我们在科研中几乎一直采用的方式。

在 20 世纪 80 年代之前，超体对于我们来说都只是一个视觉辅助工具——能够给我们提供关于数学结果的直观印象，能够帮助物理学家们之间以及与非物理学家们之间进行交流。它只是一个视觉辅助工具，并不是真实存在的事物。

那么，如果超体是真的，又意味着什么？我们如何来检验它是否真实存在？只有当超体对我们测量的事物产生影响时，我们才能确定它的存在。在 20 世纪 80 年代之前，我们一直没有发现它能对我们的测量结果产生何种影响。

1984 年，这种认识发生了改变，而且是彻底的改变。伦敦大学的迈克尔·格林（Michael Green）和加州理工学院的约翰·施瓦茨（John Schwarz）在发现量子引力理论的工作上取得了重大突破。[①] 但让人感到奇怪的是，只有假设我们的宇宙是一个嵌在超体中的膜时，他们突破性的结果才能够成立。这个超体有一个时间维度和九个空间维度——比我们的宇宙膜多了六个空间维度。格林和施瓦茨所从事的数学理论叫作"超弦理论"。这个理论指出，超体的额外维度会以较为显著的方式影响我们的宇宙膜。当我们掌握了足够先进的科技时，就能够在物理实验中检测

① 第 3 章简述了量子引力理论的发现之路。

图 20-2　左图:1984 年,迈克尔·格林 (左) 和约翰·施瓦茨 (右) 正在科罗拉多的阿斯彭徒步旅行。此时,正是他们取得突破性进展的时期。右图:因为他们的突破性贡献,迈克尔·格林 (左) 和约翰·施瓦茨 (右) 被授予 2014 年度基础物理学奖 (Fundamental Physics Prize),奖金为 300 万美元。中间左数第一个人是尤里·米尔纳 (Yuri Milner,奖项创始人),第二个人是马克·扎克伯格 (Mark Zuckerberg,Facebook 联合创建人)

到这些方式。这些方式或许会使量子物理和相对论的统一成为可能。

由于格林和施瓦茨的突破,物理学家们开始非常认真地对待超弦理论,并且付出诸多努力去探索和扩展它。也正因如此,我们已经开始认真地考虑以下这个想法:超体真实存在,并且的确能够影响我们的宇宙。

第五维度　EG

尽管超弦理论指出超体比我们的宇宙多了六个空间维度,但实际上,我们还是有理由怀疑:额外维度的数目只有一个 (我在第 22 章对此作出了解释)。

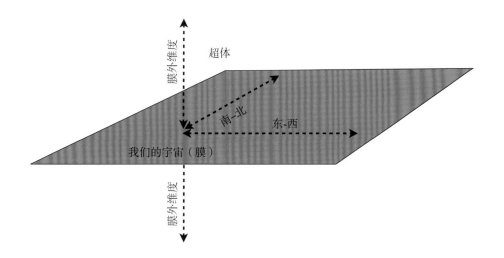

因为这个原因，也同时因为六个额外维度对科幻电影来说有点多，所以《星际穿越》中的超体只有一个额外维度，总共五个维度。其中三个空间维度和我们的宇宙膜一样：东西、南北、上下。它还和我们的宇宙膜共享第四个维度——时间维度。除此之外，它还有第五个空间维度：膜外维度（out-back）。在我们的宇宙膜的上方以及下方，它都垂直于我们宇宙膜的延伸，如图 20-3 所描绘的那样。

膜外维度在电影《星际穿越》中起了相当重要的作用，虽然电影中布兰德教授和其他人都没有用"膜外维度"这个词汇，只是用"第五维度"来指代。膜外维度是接下来的两章以及第 24 章、第 28 章和第 29 章的关键内容。

图 20-3　我们的宇宙是一个具有四维时空的膜，处在一个五维的超体中。在图中，我省略了两个维度：时间和我们宇宙（膜）的上下维度

21

BULK
BEINGS

**预示未来人类的
超体生物**

二维膜与三维超体的碰撞　Ⓣ

　　1844 年，埃德温·艾勃特（Edwin Abbott）写了一部
讽刺小说《平面国》（封面如图 21-1 所示）。尽管这部小说
中针对维多利亚时期文化的讽刺在今天看来有些古怪，并
且书中对女士的态度也十分无礼，但是它描述的场景和电
影《星际穿越》紧密相关，我推荐大家读一下。

　　这本书讲述了一个正方形生物的冒险故事。这个
正方形生活在一个名为"平面国"的二维宇宙中。他
去过一维宇宙"线国"和零维宇宙"点国"，以及对他
来说最神奇的三维宇宙——"空间国"。并且，当他住

在"平面国"的时候，来自"空间国"的一个球形生物拜访了他。

第一次见到诺兰时，我们惊喜地发现：对方都读过并且很喜欢艾勃特的这部小说。

现在，本着艾勃特小说的精神，请想象你是一个二维宇宙的生物，像书中正方形一样生活在类似"平面国"的二维宇宙中。你的世界可能是一个桌面、一张又平直又薄的纸或者一个橡胶薄膜——用近代的物理语言说，它是一个"二维膜"[two-dimensional（2D）brane]。

图 21-1　第一版《平面国》的封面

你受过良好的教育，尽管你推测存在一个三维的超体世界，而且你的二维膜嵌于其中，但是你对此并不确定。有一天，一个来自三维世界的球来拜访你，想象一下你该有多么激动。"超体生物"[1]，你或许会这么称呼他。

最初，你并没有意识到他是一个超体生物，但是经过多方观察和思考，你排除了其他所有解释。你所观察到的是：突然地、毫无征兆地、也没有来源地，一个蓝色的点出现在你的二维膜上（如图 21-2 左上图所示）。它逐渐扩张成了一个蓝色的圆，在达到最大半径（见左中图）后，又逐步缩小成一个点（见左下图），直至完全消失。

你相信物质守恒定律——没有东西能够被凭空创造出来，然而这个东西凭空出现了！你发现唯一的解释只能如

① 超体生物（bulk beings）：生活在超体中的生物，我们通常认为他们是由具有超体性质的物质组成，比如四维空间特性的物质。——译者注

图 21-2 右边所示：一个三维超体生物——一个圆球——穿过了你的世界膜。当它穿过时，你见识到了在你的世界膜里它的二维横截面的变化。截面从球的南极点开始（见右上图），从一个点扩张成最大的截面，即它的赤道平面（见右中图），然后再缩小成点，即球的北极，最后消失（见右下图）。

想象当一个三维的人类（住在三维的超体世界中）在经过你的二维世界膜时，会发生什么？你又会看到什么样的景象？

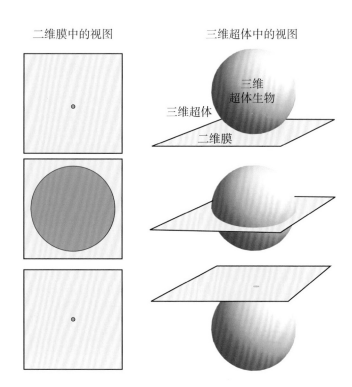

图 21-2　一个三维球体经过二维膜时的示意图

当五维世界的超体生物穿过我们的三维膜时 Ⓣ

假设我们的宇宙（具有三个空间维度和一个时间维度）真的存在于一个五维的超体世界（四个空间维度和一个时间维度）中。同时还假设有"超球体高维生物"（hyperspherical beings）存在于这个五维超体中，这样的生物会有一个中心和一个表面。它的表面包含的所有点，在四维空间中看来，到中心的距离都是一样的，比如 30 厘米。这个超体生物的表面有三个维度，而内部有四个维度。

想象这样一个超球体高维生物，在超体膜外维度的向上和向下方向运动，在穿过我们的三维膜世界时，我们会看到什么？你能想到的那个答案是正确的，我们会看到超球体的圆球截面（见图 21-3）。

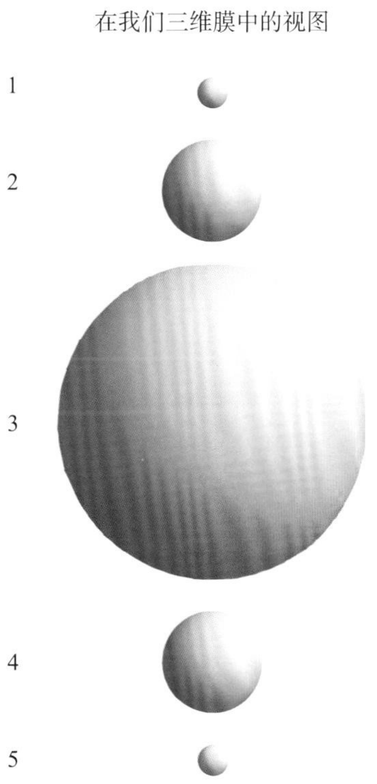

一个点会凭空出现（1）；它逐渐扩张成三维的球面（2）；这个球面会变大到最大直径（3）；然后收缩（4）；又缩小为一个点（5）；最后消失。

那么，当一个住在超体中的四维的人经过我们的三维宇宙膜时，你能猜到是怎样一个情景吗？为了推测这一点，首先你需要想象一下四维的人类——他们的两条腿、一个躯干、两只胳膊和一个头在超体世界中会长成什么样子。他们需要具有超体世界四个空间维度的特征。然后，再想想他们的横截面是什么样子的。

在我们三维膜中的视图

图 21-3　超球体高维生物穿过我们的三维膜时，我们在膜中看到的景象

超体生物的特征和他们的引力（ⒺⒼ & Ⓢ）

如果存在超体生物，他们是由什么构成的？当然不可能像我们一样由原子构成的物质组成。因为原子有三个空间维度，只能存在于三维世界中，在四维世界中不存在。亚原子粒子也是如此。此外，电场、磁场（见第 1 章）以及束缚原子核的力都只存在于三维世界中。

如果我们的宇宙真是高维超体世界中的一张膜，那么物质、场和力是如何表现的？世界上某些最聪明的物理学家们一直在非常努力地理解这一点。他们的研究结果相当确定地指出，**人类所知的所有粒子、所有的力和所有的场都被限制在我们的宇宙膜内。但有一个特例，那就是引力和伴随着引力的时空弯曲。**

超体世界中也许存在着其他类型的物质、场和力，它们具有四个空间维度的特征。但是即使存在，我们对它们的特性也一无所知。不过我们却可以猜测。物理学家们善于猜测。但是因为我们无法获得观测数据或者实验证据，所以也就无法验证我们的猜想。在电影《星际穿越》中，我们能在布兰德教授的黑板上看到他的猜测过程（见第 24 章）。

一个合理的、有根据的推测是，如果超体世界中的力和场以及粒子的确存在，那么我们永远也不会感觉到或者看到它们。当超体生物穿过我们的宇宙膜时，我们将看不到构成这个超体生物的任何东西，因为他的截面是透明的。

但另一方面，我们将可以感受到和看到这个超体生物的引力以及由它引发的时空弯曲。举例来说，如果一个超球体高维生物出现在我的胃里，并且拥有足够强的引力，那么我的胃可能会为了避免被吸到超体生物的球形截面中心上去而肌肉紧绷，开始绞痛。

如果超体生物的横截面出现又消失在色板方格前，那么它导致的空间弯曲会对色板产生透镜效应，使我们看到的图像发生扭曲，就如图 21-4 中上图所显示的一样。

如果这个超体生物在旋转，那么他也许会把空间拖入回旋运动中。我们能够感受并且看到这种运动，就如图 21-4 的下图所示。

《星际穿越》中的超体生物 ⑤

在《星际穿越》这部电影中，尽管超体生物这个名词的出现频率并不高，但所有人都相信他们的存在。通常，超体生物被称作"他们"——一个充满敬意的称谓。在电影开始的时候，阿梅莉亚·布兰德对库珀说："不论他们是谁，但似乎都是在帮助我们。虫洞恰好在我们需要的时候出现了，让我们能穿越到其他星球上去。"

克里斯托弗·诺兰的一个聪明且有趣的想法是想象"他们"其实是我们的后代：在很久之后的未来，人类进化进入了新的空间维度，并且我们可以生活在高维世界中。在电影的后半段，库珀对塔斯说："你还没明白吗？塔斯，他们不是什么超体生物，他们就是我们人类，他们在试图帮助我们，就像我在努力帮助墨菲一样。"塔斯回答道："人类没有建造出这个超立方体。"（电影中库珀所搭乘的超立方体详见第 28 章 ）。"虽然现在还没有，"

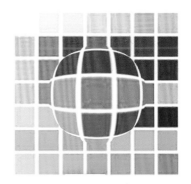

图 21-4　当一个超体生物穿过我们的宇宙膜时，我们看到的色板产生的弯曲和漩涡

库珀回答说：“但是将来会有这一天。不是你，也不是我，但会是人类，我相信是那些已经进化到超越现在已知领域的四维的人类。”

　　库珀、布兰德和“永恒”号其他船员都不曾看到或者体会过人类超体后代的引力，以及他们带来的空间扭曲和漩涡。如果真有这种情况，那么可以留给电影《星际穿越》的续集。但是在电影中，较年老的库珀却搭乘着第 29 章中提到的即将关闭的超立方体，穿过超体，并伸出手，寻求与“永恒”号船员和年轻的自己接触。布兰德感受并看到了库珀的存在，并以为他就是“他们”。

22

CONFINING
GRAVITY

限制引力

五维空间的引力难题   EG

如果超体真的存在，那么它的空间必定是弯曲的。如果它不是弯曲的，那么引力将与距离成立方反比关系而不是平方反比关系。并且，太阳将无法束缚周围的行星，整个太阳系会分崩离析。

好的，接下来我会慢慢地、仔细地讲讲这件事。

回想太阳的引力线（见第 1 章），就像地球和其他球形物体一样，径向地指向它的中心，并将周围的天体沿着引力线的方向拉向太阳（见图 22-1）。太阳的引力强度与引力线的密度（穿过固定区域的引力线的数目）成正比。因为在横截面处（球面），穿过的引力线有两个维度方向，所以引力线的密度会随 r 的增加呈 $1/r^2$ 衰减，

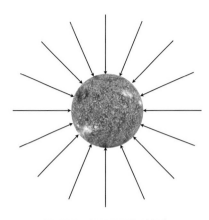

图 22-1 太阳周围的引力线

引力强度也是如此。这就是牛顿的平方反比引力定律。

弦理论（string theory）认为，引力在高维空间中也是用引力线描述的。如果高维空间不是弯曲的，那么太阳的引力线就会沿径向发散于高维空间中（见图 22-2）。因为高维世界中有额外的维度（电影《星际穿越》中只有一个额外维度），所以引力线在横截面上不再有两个维度，而是三个维度。因此，如果高维世界存在并且不是弯曲的，那么当我们远离太阳的时候，引力线的密度以及相应的引力强度会以 $1/r^3$ 衰减，而不是 $1/r^2$。这样一来，地球受到的来自太阳的引力会比现在小 200 倍，土星受到的引力会小 2 000 倍。引力衰减得如此迅速，以至于太阳无法束缚它的行星，这些行星会飞向星际空间。

本图模仿了丽莎·兰道尔（Lisa Randall）《弯曲的旅行》①一书中的图

图 22-2 如果高维空间不是弯曲的，那么引力线会呈辐射状延伸至高维空间。其中，点线构成的圆仅为了标识

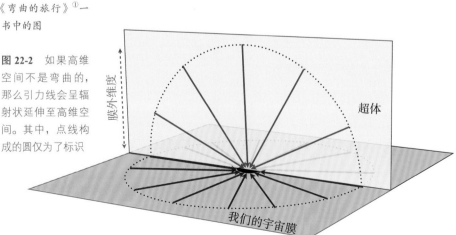

但是，太阳系中的行星依然在绕着太阳旋转，而且它们的运动模式也明确地表明太阳的引力是随着半径增加成平方反比衰减的。所以毫无疑问，如果高维世界的确存在，那它必然是以某种方式弯曲的，只有这样才能阻止引力线延伸至第五维空间，即膜外维度。

膜外维度是卷曲的吗 EG

如果高维空间中的膜外维度是紧密地卷成圆筒状的，那么引力就不会向高维空间延展得太远，这样的话平方反比引力定律依然适用。

图 22-3 描述了在这种卷曲的高维空间中，蓝色圆盘中一个很小的粒子的引力线。这幅图中压缩了两个维度，因此我们只看到我们宇宙膜的一个维度（称之为南北线）以及超体世界的膜外维度。在这个粒子附近、蓝色圆盘之内，引力线在膜外维度和南北线中延伸，所以（加上其他没有画出来的维度）引力强度与距离成立方反比关系。然而，在蓝色圆盘外，卷曲使引力线与我们的宇宙膜平行。这时，引力线不再延伸至膜外维度，牛顿的平方反比引力定律依然成立。

图 22-3　如果膜外维度（黄色）是卷起来的，那么蓝色圆圈外任意一点的引力线（红色）都会与我们的宇宙膜平行

研究量子引力理论的物理学家们认为，除了一两个维度以外，所有多出的维度都会按这一趋势发展：在微小尺度上是卷曲的，这样可以阻止引力衰减得过快。在电影《星际穿越》中，诺兰忽略了这些卷曲的维度，仅仅将注意力放在一个没有卷曲的超体维度上，即他的膜外维度——第五维度。

为什么膜外的第五维度不是卷曲的呢？诺兰的答案非常简单：一个卷曲的超体体积太小，留给电影的想象空间太少，不足以发挥。像在电影中，库珀搭乘超立方体在超体中旅行，在卷曲的高维空间中远没有足够的空间容下他的超立方体。

膜外维度：反德西塔（AdS）弯曲 (EG)

1999 年，普林斯顿大学和麻省理工学院的丽莎·兰道尔与波士顿大学的拉曼·森德拉姆（Raman Sundrum）（见图 22-4）构想了另一个阻止引力线向高维空间延伸的方法。他们提出，高维空间会经受反德西塔[①]弯曲。这种弯曲也许是由"超体场[②]中的量子涨落"引起的。这一点与我们要讲的东西无关，所以在此不会详细描述。[③]你们仅需知道这种机制可以自然而然地引起高维卷曲就可以了。相比之下，反德西塔弯曲本身看上去一点儿也不自然，而且非常奇怪。

假设你是一个微生物，居住在某个超立方体的一个表面上（见第 28 章）。在你的超立方体中，你离开我们的宇

① 反德西塔（Anti-deSitter，AdS）：n 维超双曲空间，可以达到最大对称性的爱因斯坦方程的真空解。——译者注
② 超体场：超体（高维）空间中存在的场，很可能会对我们存在的宇宙产生可测量的影响，比如导致潮汐力场的突然变化等。——译者注
③ 我将在第 25 章讨论量子涨落，在第 24 章讨论超体场。

由膜，垂直地穿出（如图 22-5 所示的那样笔直地穿出）。并且，我们假设你有一个伙伴，它也同样垂直地穿出我们的宇宙膜。在你和你的伙伴离开我们的宇宙膜时，你们之间相距 1 000 米。**尽管你们都垂直于我们的宇宙膜笔直向外运动，但你们之间的距离会因为空间的 AdS 弯曲而急剧缩减。**当你们运动 0.1 毫米（头发粗细）时，你们之间的距离已经缩减为之前的 1/10，即从 1 000 米减到 100 米；接下来的 0.1 毫米会让你们的距离在 100 米的基础上再次缩减成 1/10，变成 10 米；当再次走过 0.1 毫米时，你们之间的距离将变为 1 米，依此类推。

平行于我们的宇宙膜的距离会缩减，这一点很难想象。我不知道怎么把它画清楚，依我看，图 22-5 已经是最好的方式了。但是，这种现象会引发神奇的结果。

解释这个被称为"物理学原理中的级列问题"（hierarchy problem）的谜团是有可能的，但是这个问题超出了

图 **22-4** 拉曼·森德拉姆（1964— ，左）和丽莎·兰道尔（1962— ，右）

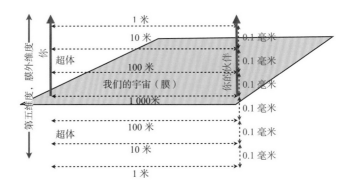

图 22-5 超体中的 AdS 弯曲

本书的范围。[1] 因为在我们的宇宙膜之上和之下，引力线可以延伸的空间非常小（见图 22-6），所以距离的缩减也很小。在靠近我们的宇宙膜的 0.1 毫米的距离内，引力可以自由地在三维的横截面上延展，并遵守立方反比定律。在 0.1 毫米之外，引力线被弯曲，与我们的宇宙膜平行，所以在横截面上只有两个自由维度，此时引力遵守的是平方反比定律。[2]

AdS 三明治：超体中的充足空间 ⚠

可惜的是，当向外运动时，平行于我们的宇宙膜的距离将急速缩减。这使得我们的宇宙膜之上和之下的超体空间变得极小，容不下库珀和他的超立方体，也无法让其他任何人类活动在超体中进行。在 2006 年，我就意识到了这个问题，那个时候《星际穿越》这部电影还只是在酝酿中。我很快为电影的科学解释找到了一个答案，那就是让 AdS 弯曲只是绕着我们宇宙膜的薄薄一层，像三明治一样。在这种情况下，需要两个其他膜（限制膜）沿着我们的宇

[1] 更多细节请阅读丽莎·兰道尔的《弯曲的旅行》一书。

[2] 为什么引力开始遵守平方反比定律的神奇距离是 0.1 毫米而不是 1 000 米或者 1 皮米呢？其实，0.1 毫米是我很随意的一个选择。实验表明，引力在大约 0.1 毫米之上都遵守平方反比定律，所以 0.1 毫米是神奇距离的上限。实际上，它完全可能比这个尺度更小。

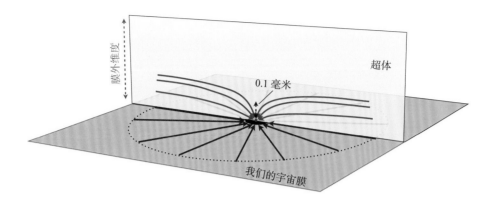

宙膜放置（见图 22-7）。在这些膜组成的 AdS 三明治之间，超体经受着 AdS 弯曲。而在 AdS 三明治外，超体则完全不弯曲。这样，在 AdS 三明治外就有了科幻作家需要的所有空间，为超体中的冒险提供了舞台。

这样的 AdS 三明治应为多厚呢？它的厚度必须足以掰弯从我们的宇宙膜发出的引力线，并使其维持与我们的宇宙膜平行的状态，只有这样，在我们的宇宙膜中，引力才能遵守平方反比定律。但是它不能更厚了，因为厚度增加意味着整个横截面的大幅缩减，这样可能会给超体中的冒险活动带来麻烦。（想象从 AdS 层外看我们的宇宙缩小

本图模仿了丽莎·兰道尔的《弯曲的旅行》书中的一张图

图 22-6 如果超体中有 AdS 弯曲，那么弯曲后的引力线将与我们的宇宙膜平行。这是因为离我们的宇宙膜较远的地方体积极小，没有空间供引力线延伸

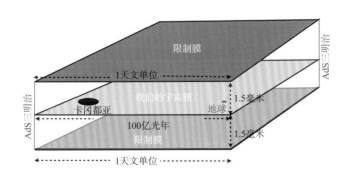

图 22-7 两个限制膜之间的 AdS 三明治。膜之间的 AdS 层用浅灰色表示

到只有大头钉的钉头一样大！）在这些条件限制下，AdS 三明治的厚度大约应为 3 毫米。这样，当你离开我们的宇宙膜去往限制膜时，平行于我们宇宙膜的距离会缩小 10^{15} 倍，即 1 000 万亿倍。

在我对电影《星际穿越》的解释中，卡冈都亚处在可观测宇宙中的遥远地带，距离地球大约 100 亿光年。超立方体中的库珀从卡冈都亚的中心向上，穿过 AdS 层进入超体。在那里，他到地球的距离是 100 亿光年除以 1 000 万亿，大约等于从太阳到地球的距离，即 1 个天文单位（1AU，见图 22-7）。然后，库珀在超体中平行于我们的宇宙膜走 1 个天文单位的距离，就到达地球见到了墨菲，如图 28-4 所示。

危险：三明治是不稳定的 ⚠

2006 年，我用爱因斯坦的相对论物理定律从数学上描述了 AdS 层和限制膜。此前我从未研究过第五维度的相对论，于是请丽莎·兰道尔来指正我的分析。丽莎迅速浏览了一遍，然后告诉了我一些好消息和一些坏消息。

好消息是：我关于 AdS 三明治的想法，早在 6 年前就已经被鲁思·格雷戈里（Ruth Gregory，英国杜伦大学）、瓦莱里·鲁巴克夫（Valery Rubakov）和瑟奇·西比亚科夫（Sergei Sibiryakov，俄罗斯莫斯科的核能研究所）一起创造出来了。这说明我初次尝试高维空间的数学时不算傻，只是我重新发现了一些值得发现的东西。

坏消息是：爱德华·威滕（Edward Witten，普林斯顿大学）和一些人发现 AdS 三明治是不稳定的！限制膜承受着压力，就好像你用食指和拇指捏住纸牌两端挤压一样（见图 22-8）。一开始，纸牌会弯曲。当你继续用力时，纸牌会变形。同样地，限制膜也会弯曲变形，甚至撞上我们的宇宙膜（我们的宇宙），并将它摧毁。整个宇宙会被毁灭！这是有史以来最糟糕的消息！

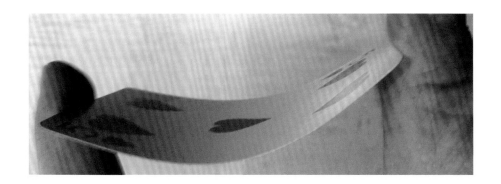

但是，如果我们真的位于 AdS 三明治中的话（我非常怀疑不是），那么我可以想到好几种方法来拯救我们的宇宙。用物理学家们的行话来说就是：有几种方法"使限制膜稳定"。

图 22-8　一张纸牌被捏住两端后挤压，先会弯曲，然后会变形

在我对电影的科学诠释中，布兰德教授像我一样利用爱因斯坦相对论方程重新发现了 AdS 三明治结构，见图 2-6 中黑板的照片。教授在努力理解和掌握引力异常的问题，这就让如何使限制膜保持稳定和引力异常这个问题交织在了一起。在电影中，教授办公室的 16 块黑板上展示了他的工作成果，主要是数学推导（见第 24 章）。

穿越 AdS 层　Ⓢ

在 AdS 层中，空间的 AdS 弯曲会引发潮汐力。以人类的标准来看，这种潮汐力是巨大的。任何超体生物在经过 AdS 层到达我们的宇宙膜时，都必须应对这种潮汐力。超体生物由具有四个空间维度特性的物质构成，而我们对这种物质一无所知，所以我们也不知道这一巨大的潮汐力

对丁超体生物是不是个问题。在科幻小说中，作者可以随意处理这个问题。

然而，对于搭乘超立方体（见第 28 章）的库珀来说，潮汐力是一个重要的问题。在我对电影的科学设定中，他必须穿过 AdS 层。所以，超立方体要么在他受到巨大潮汐力时保护他，要么清理掉他路途中的 AdS 层。否则的话，他会被潮汐力拉成意大利面。

通过限制引力，AdS 层的强度也会被校准。在电影《星际穿越》中，我们看到引力强度的涨落，这也许是由 AdS 层中的波动引起的。这些波动，或者称为引力异常，在电影中发挥了巨大作用。下面我们将谈到它们。

23

GRAVITA-
TIONAL
ANOMALIES

引力异常，墨菲口中的"幽灵"

引力异常是一种特殊的引力现象。之所以这样说，主要是因为这些现象不符合我们目前对宇宙的理解，或者不符合我们对控制宇宙运行的物理定律的理解。比如，在电影《星际穿越》中，墨菲认为书的掉落是因为幽灵在作怪。

自 1850 年起，物理学家们付出了很多努力去寻找引力异常，并且花费了很多精力去理解已经发生的少数事件。为什么要这么做呢？因为任何真实的引力异常事件都可能引发科学革命，并将彻底颠覆我们所认为的科学事实Ⓣ。事实上，这种情况从 1850 年到现在已经发生了 3 次。

在电影《星际穿越》中，布兰德教授一直在努力地研究引力异常，很大程度上是因为受到了这些革命事件的激励。下面我将简单介绍一下这些已经发生过的革命事件。

火神星，水星轨道异常进动的幻象 ⓣ

牛顿的平方反比引力定律（见第 1 章和第 22 章）使得行星沿椭圆轨道绕太阳旋转。每颗行星会受到其他行星的一些小的引力拉力。这些拉力使行星的椭圆轨道逐渐改变方向，也就是说，轨道在逐渐进动。

1859 年，巴黎天文台的天文学家奥本·勒维耶（Urbain Le Verrier）宣布他发现了水星的轨道异常。当他计算由其他所有行星的影响所导致的水星轨道的总进动时，得到的答案和测量值不符。每次变换轨道时，测量到的水星轨道进动值比计算得到的总进动值要大 0.1 角秒（见图 23-1）。

0.1 角秒是一个非常小的角度，仅仅占整个圆周角的千万分之一。但是，牛顿的平方反比引力定律要求绝对不能有任何异常出现。

勒维耶说服自己这一异常是由另外一颗尚未被发现的行星的引力所致，它距离太阳比水星更近。他称这颗行

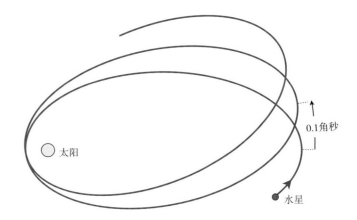

图 23-1 水星轨道的异常进动。在这幅图中，我夸大了轨道的椭率（形状拉长了）和进动的幅度

太阳

0.1角秒

水星

星为"火神星"（Vulcan）。

天文学家们一直在搜寻"火神星"，但都徒劳无功。他们既找不到它，也找不出任何其他原因来解释这一异常。到1890年的时候，答案似乎明朗了：牛顿的平方反比定律肯定不是完全正确的。

是什么地方出错了呢？结果，这个异常引发了一场革命性的发现。25年后，爱因斯坦发现弯曲的时间和空间让太阳释放出了引力。这个引力遵循了牛顿的平方反比定律，但只是近似地，并不是完全精确地遵循。

在意识到自己新发现的相对论可以解释观测到的异常时，爱因斯坦相当兴奋，以至于患上了心悸，并且感觉有点儿失控。他说："有那么几天，我抑制不住地异常兴奋。"

目前，我们观测到的轨道异常进动和爱因斯坦的理论预测值之间的误差不超过千分之一（异常进动的千分之一），这是目前的观测所能够达到的最高精度。这是爱因斯坦的一个巨大的成功！

星系之间相互绕转轨道的异常 ⓣ

1933年，加州理工学院的天体物理学家弗里茨·兹威基（Fritz Zwicky）宣称，他发现了星系之间相互绕转轨道的巨大异常。他所研究的这些星系位于后发星系团（Coma Cluster）中（见图23-2）。这个星系团共包含大约1 000个星系，距离地球3亿光年，位于后发座（Coma Berenices）中。

根据星系光谱的多普勒频移效应，兹威基可以估算出星系间的相对运动速度，然后根据每一个星系的亮度估计出它的质量，进而得到它对于其他星系的引力。这些星系的运动速度都很快，以至于引力无法将它们束缚在同一个星系团中。以我们当时对宇宙和引力的理解，这个星系团必定会四处飞散，很快就被彻底摧毁。

图 23-2 通过大型望远镜看到的后发星系团

如果是这样，那么星系团必定是由所有成员星系的随机运动形成的。相对于其他稳定的天文现象来说，它会在眨眼间就土崩瓦解。

这个结论对兹威基来说是完全不合理的。我们的传统认知出错了！兹威基之后作出了一个有根据的推测：后发星系团中一定充满了某种"暗物质"，它们的引力足够强，可以把星系团束缚在一起。

如今，随着观测技术的进步，许多当初被天文学家和物理学家们认为是异常的发现都不复存在了。但是，这个没有。相反，这种异常扩展到了更多的观测中。到 20 世纪 70 年代的时候，我们已经很清楚地知道所谓暗物质几乎弥漫于所有星系团甚至单个星系中。到 21 世纪初的时候，我们已经知道暗物质会对遥远星系的光线产生引力透镜效应（见图 23-3），就像是卡冈都亚对恒星的光线产生引力透镜效应那样（见第 7 章）。现在，这些透镜效应被用来探测宇宙中暗物质的分布。

现如今，物理学家们已经非常确定暗物质是一个真正的革命性发现。它由我们之前从未见过的某种基本粒子构成，但是这种基本粒子又被我们目前对量子定律的最佳理解所预言。物理学家们已经开始了一项圣杯般的使命：在这些暗物质粒子几乎能量无损地穿过地球时，探测它们，并测量它们的性质。

宇宙加速膨胀的异常 ⓣ

1998 年，两个研究小组分别独立发现了震惊世人的宇宙膨胀异常。因为这个发现，两个团队的负责人〔加州

图 23-3 星系团 Abell 2218 中的暗物质对更遥远星系产生的引力透镜效应。图中被引力透镜作用的星系变为弧形（例如我用紫色圈出的星系），这与第 7 章中由卡冈都亚的引力透镜效应产生的弧状结构相似

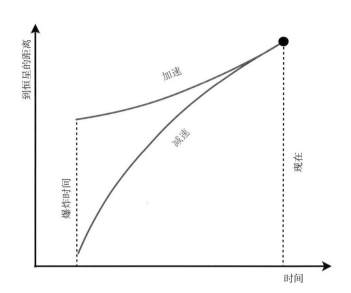

图 23-4 爆炸发生时（恒星发出可观测到的光线的时刻），两种不同的假设之下恒星到我们的距离：宇宙膨胀是减速的（红色）或者加速的（蓝色）。观测的亮度比预测的更暗弱，所以也就更远。因此，宇宙一定是在加速膨胀

伯克利大学的索尔·珀尔马特（Saul Perlmutter）和亚当·里斯（Adam Reiss），澳大利亚国立大学的布莱恩·施密特（Brian Schmidt）]获得了 2011 年的诺贝尔物理学奖。

这两个小组都对某一类超新星的爆发进行了观测。这类超新星是由气体掉落到白矮星的表面，经历了突然的、巨大的热核反应而产生的。他们发现，遥远的这种超新星的亮度比预期的更暗弱。这说明这些超新星比预期的更遥远。距离如此遥远，宇宙的膨胀速度在过去一定比现在慢。这也就说明，宇宙正在加速膨胀（见图 23-4 ）。

但是，我们对引力和宇宙最精深的理解非常清楚地指出：宇宙中的所有物质（恒星、星系、星系团、暗物质等）之间都通过引力相互吸引。因为引力的存在，宇宙应该会减慢其膨胀速度。所以，宇宙的膨胀应该是随时间减速的，而不是加速的。

正是基于这个原因，我个人当时并不相信那些所谓的加速，我的许多天文学家和物理学家同事们也不相信。直到其他人用完全不同的方法得到的观测结果确

认了这一事实，我们才开始相信。那时，我们才被说服。

那么，宇宙为什么会加速膨胀呢？有两个可能：一方面，爱因斯坦的相对论引力定律有误；另一方面，宇宙中除了普通物质和暗物质之外，还有另一种物质存在，这种物质对引力有排斥作用。

许多物理学家坚决支持爱因斯坦的相对论物理定律，完全不想放弃它，所以他们倾向于排斥力。这种假想的具有排斥力的事物被命名为"暗能量"（dark energy）。

这个问题目前还没有定论，但是如果这一异常真的是由暗能量（不管它具体是什么）引起的，那么通过引力观测我们知道，在宇宙目前的总质量中，暗能量占 68%，暗物质占 27%，而构成你、我、行星、恒星和星系的普通物质则仅占 5%。

所以，当今物理学家们还有另一个圣杯式的任务：宇宙加速膨胀是由于爱因斯坦的相对论物理定律的失效（如果是，那么正确的定律是什么），还是因为起排斥作用的暗能量导致（如果是，那么暗能量的本质是什么）？

条形码式灰尘，《星际穿越》中的引力异常 ⑤

与之前我讨论的 3 个异常不同，电影《星际穿越》中的引力异常出现在地球上。

从 17 世纪后期艾萨克·牛顿开始，物理学家们花费了很大力气试图在地球上搜寻这种引力异常。很多人宣称他们找到了引力异常，但是经过仔细的审查后，所有说法都不成立。

在电影《星际穿越》中，引力异常的诡异程度和强度以及它们随着时间变化的方式都令人吃惊。如果这样的异常出现在 20 世纪或 21 世纪初期，物理学家们一定会注意到它们，并且怀着极大的热忱去研究。然而不知为何，在电影所描述的时期，地球上的引力已经被改变了。

的确如此，电影中罗米利曾这样告诉库珀："差不多从 50 年前，我们就开始探测到（地球上的）引力异常了。"并且与此同时，我们也探测到了其中最为重要的一个异常：**在土星附近突然出现了一个虫洞，但在此之前那里什么都没有。**

电影一开场，库珀在试图降落"巡逻者"号太空飞船时就经历了一次引力异常。他告诉罗米利："我在直道上，有什么东西干扰了我的线传飞控系统。"

库珀改装的用来控制收割机的 GPS 系统也同时失去了控制。在 GPS 系统控制之下，收割机本来在玉米地里工作，结果很多却都聚集到了他的农舍前。他认为是引力异常使引力修正（gravity corrections）失败了，而所有 GPS 系统都依赖于正确的引力修正（见图 3-2）。

在电影开始阶段，我们看到墨菲目瞪口呆地看着灰尘异常快速地落在她卧室的地板上，并且聚集成像条形码一样的粗线。之后，我们看到库珀盯着这些灰尘线条（见图 23-5），并向其中一条上面扔了一枚硬币。我们发现，这枚硬币飞速地射向地板。

在对电影《星际穿越》的科学解释中，我假设布兰德教授的团队已经搜集到

电影《星际穿越》剧照，由华纳兄弟娱乐公司授权使用

图 23-5 库珀盯着墨菲卧室地板上的灰尘分布

了大量关于引力异常的数据。对作为物理学家的我和电影中的布兰德教授而言，最有趣的数据是潮汐力中新出现的、不断变化的模式。

在本书第 3 章，我们第一次提到了潮汐力，其中包括由黑洞产生的潮汐力，以及由太阳和月亮引发的地球上的潮汐力。在第 16 章，我们看到卡冈都亚的潮汐力对米勒星球的作用——引发了巨大的"米勒星震"、海啸和巨浪。在第 15 章，我们介绍了引力波中潮汐力微小的拉伸和挤压。

潮汐力不仅由黑洞、太阳、月亮和引力波产生。事实上，所有产生引力的物体都会产生潮汐力。例如，地壳上包含石油的区域比仅包含岩石的区域密度小，所以石油区的吸引力更弱，这会导致一种特有的潮汐力模式。

在图 23-6 中，我用拉伸线描述这种潮汐力分布（第 3 章介绍了拉伸线）。具有挤压效果的拉伸线（蓝色）从储油区向外伸出，而具有拉伸效果的拉伸线（红色）从密度较高的无油区向外伸出。一如既往地，这两组线相互垂直。

一种叫重力梯度仪的工具可以用来测量这些潮汐力的模式（见图 23-7）。它包含两个相互交叉的实心棒，由扭转弹簧连在一起。在每个控制棒的末端是能够感受到引力的质量块。在一般情况下，控制棒是相互垂直的，但是图中蓝色的拉伸

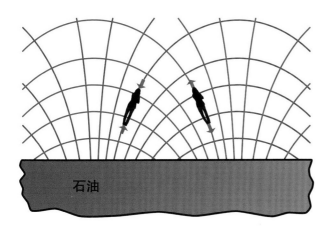

图 23-6 部分地壳上的拉伸线。沿着红色线产生潮汐拉伸，沿着蓝色线产生潮汐挤压

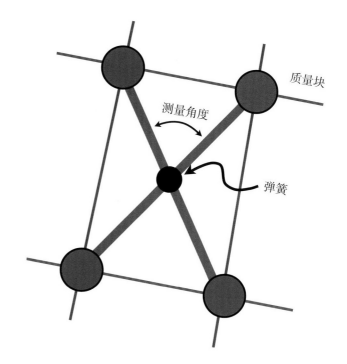

质量块

测量角度

弹簧

图 23-7 一个简单版本的引力梯度仪，由休斯研究实验室（Hughes Research Laboratories）的罗伯特·福沃德在 1970 年设计并制造

线把顶上的两个质量块之间的距离压缩了，底端的两个质量块之间的距离也被压缩。同时，红色的拉伸线把右边和左边的两对质量块的距离拉长了。结果是两个控制棒的夹角缩小，直到弹簧和潮汐力达到平衡状态。梯度仪的读数就是"测量角度"（readout angle）。

如果这个梯度仪向右飞过图 23-6 所示的潮汐力分布区域，那么它的测量角度会在储油区的上方张开，然后在无油区的上方闭合。地理学家们采用原理类似但更为复杂的梯度仪来探测石油和矿藏。

① 引力恢复和气候实验卫星，一个美国/德国的联合太空任务。该卫星在 2002 年 5 月发射，到 2014 年的时候依然在搜集数据。

NASA 已经发射了一台更加精密的梯度仪，名为 GRACE①（见图 23-8）。此仪器主要用于绘制整个地球表面潮汐力的分布，观察由比如融化的冰层所导致的潮汐力的缓慢变化。

在我对电影的科学解释中，布兰德教授的团队测量的大部分引力异常都表现为地表之上拉伸线模式的变化，而且都是些出乎意料的变化，它们毫无缘由地就发生了。地球中的石头和石油没有移动。冰层融化得十分缓慢，不足以产生这些快速的变化。在梯度仪附近，人们也没有发现新的引力物体。然而，梯度仪报告了潮汐力分布正在变化。所以，掉落的灰尘才会聚集成放射状的线，而库珀也才会看到硬币向地板猛冲的景象。

布兰德教授团队的成员们监测到这些变化的模式，并热切地记录下库珀看到的景象。他们记录下的宝贵数据对教授理解引力的探索有着极大的帮助。而探索的中心，就是教授的方程。

图 23-8 引力恢复和气候实验卫星：由两个卫星组成，两者间利用一束微波信号追踪彼此的动向。当它们遇到蓝色的拉伸线时会被拉近，遇到红色的拉伸线时会被拉远。来自地球的拉伸线在图中并未被画出来

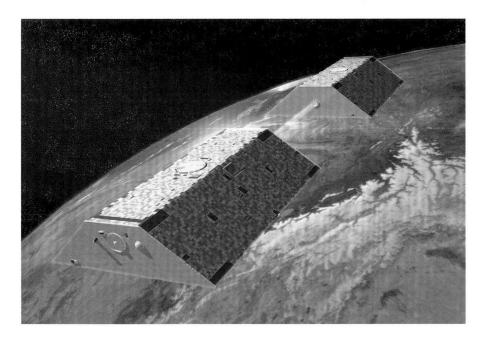

24

THE PROFESSOR'S EQUATION

布兰德教授的方程

在电影《星际穿越》中，两个原因导致了布兰德教授对引力异常表现出极度兴奋。

如果他可以发现引力异常的起因，就会引发我们对引力理解的革命，像爱因斯坦的相对论物理定律那样。更重要的是，如果他可以找出控制引力异常的方法，那么就可以让 NASA 将很多人送离正在"死亡"的地球，把他们送到宇宙中的新家去。

对于教授来说，理解和控制这些引力异常的关键是他已经写在黑板上的一个方程（见图 24-7）。在电影中，他和墨菲一直都在努力地求解这个方程。

墨菲和教授两人的笔记以及黑板

在电影开机前，加州理工学院物理系的两位了不起的学生就已经事先在笔记本上写满了对教授方程的计算。埃琳娜·默奇科娃（Elena Murchikova）在一个新笔记本上优雅地写下了成年墨菲的计算过程。基思·马修斯（Keith Matthews）在一个破烂的旧笔记本上写满了布兰德教授的计算过程，字体是我和教授这种老家伙们常见的懒散手写体。图 24-1 是教授扮演者迈克尔·凯恩与我的合照。

在电影中，成年墨菲与教授讨论了她笔记本中的数学计算。默奇科娃，这位量子引力和宇宙学方面的专家，在现场给查斯坦提供了指导，包括她的对白和笔记本，以及她之后准备写在黑板上的东西。两个来自不同世界的女人都才华横溢并且美丽非凡，都有着明亮的红色头发，她们在一起工作，很惹人注目。

图 24-1 迈克尔·凯恩（教授的扮演者，左）和我在拍摄现场教授的办公室中

在教授办公室里开始拍摄的前几个星期，诺兰和我反复讨论了那个母方程（见本章"教授方程的终级答案"一节）的本质是什么。（在图 0-2 中，诺兰拿着一叠写满求解这个方程过程的纸，当时我们正在讨论。）接下来是我作为一位科学家给出的对我们讨论结果的阐述，也就是我关于电影故事的延展。

第五维度，引力异常的来源

依我推断，教授很快就相信引力异常是源于来自第五维度的引力，来自超体的引力，为什么呢？

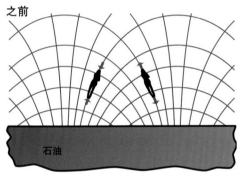

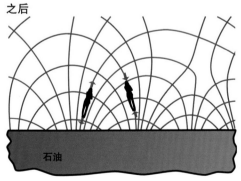

图 24-2 拉伸线（见第 3 章）描述了突变之前和之后油田上方的潮汐力

在我们的四维宇宙中，没有显而易见的来源能够使潮汐力突然改变。举个例子，据我推测，教授团队看到的油田上面的潮汐力会在短短几分钟之内，从我们预期的模式（见图 24-2 上图）变为完全不同的另一种模式（见图 24-2 下图）。石油并没有转移，石头也没有移位。除了潮汐力之外，我们的四维宇宙中没有发生任何变化。

这种突变一定是有源头的。如果这种根源不在我们的宇宙中，或者说不在我们的宇宙膜中，那么它一定存在于另一种空间中。教授推断：它存在于超体中。

在我看来，布兰德教授想到了通过超体宇宙中的某种东西引发这种异常的 3 种方法，而且他迅速就否定了前两种：

1. 超体宇宙中的某种物体——或许是有生命的物体，比如一个超体生物可能已经靠近我们的宇宙膜，但是没有穿过它（见图 24-3 右上角）。这个物体的引力能够穿过超体的所有维度，当然也能够进入我们的宇宙膜。然而，包围着我们的宇宙膜的 AdS 层（见第 22 章）会驱使这个物体的潮汐拉伸线与我们的宇宙膜平行，从而仅仅有很小一部分引力线到达我们的宇宙膜。所以，教授否定了这个方法。

2. 正在穿过我们的宇宙膜的一个超体物体，在它移动时可以引起潮汐力的变化（见图 24-3 中间靠右）。然而，据我推断，教授的团队观测到的大部分引力改变的模式不符合这种解释。他们观测到的似乎比本地物体的拉伸线更为松散。某些潮汐异常可能是来自本地物体，但是大部分

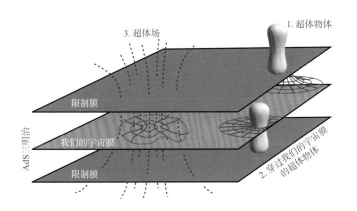

图 24-3 超体造成观测到的引力异常的 3 种方式。红色和蓝色的曲线分别是高维物体和超体场的潮汐拉伸线

应该有其他原因。

3. 正在穿过我们的宇宙膜的"超体场"可以引起潮汐力的变化（见图 24-3 左侧）。在我的推测中，教授认为这是对大部分异常最有可能的解释。

什么是超体场呢？物理学家们用"场"来描述那些在空间里延伸并对它碰到的事物施加一个力的物理量。我们已经见识过我们的宇宙膜中很多关于场的例子：在第 1 章，有磁场（磁力线的集合）、电场（电力线的集合）和引力场（引力线的集合）；在第 3 章，有潮汐力场（具有拉伸和挤压效应的拉伸线的集合）。

超体场是五维超体宇宙中力线的集合。布兰德教授并不知道这是什么类型的力线，但是他做了一番推断。图 24-3 给出了一个穿过我们宇宙膜的超体场（紫色虚线）。这个超体场会在我们的宇宙膜上引发潮汐力（红色和蓝色的拉伸线）。当超体场变化时，潮汐力随之变化，教授认为是这个原因导致了我们观测到的大部分异常。

但是，教授猜想——据我推断——这并不是超体场的唯一作用。它们也许还能左右我们宇宙膜中的物体（比如石头或恒星）所产生的引力的强度。

超体场，引力强度的控制因素

我们的宇宙膜中的每一小团物质所产生的引力，都高精度地符合牛顿的平方反比定律（见第 1 章和第 22 章）：它的引力可以用公式 $g=Gm/r^2$ 表示，这里 r 是到这团物质的距离，m 是质量，G 是牛顿引力常量（控制着这团物质整体的引力强度）。

在爱因斯坦更精确的、相对论版本的引力定律中，引力强度以及所有因物质产生的时空弯曲强度都正比于 G。

如果不存在超体——如果我们的四维宇宙是唯一的存在，那么爱因斯坦的相对论物理定律告诉我们的是：G 是绝对常量。它在空间的任何一个地方都相等，也永远不会随着时间变化。

但是，如果超体确实存在，那么相对论允许 G 改变。教授推断，它也许会被超体场控制。而且，他认为它很可能被超体场控制。以我对电影故事的推断，这是对观测到的引力异常的最好解释（见图 24-4）。

地球上的引力强度在不同地方会因为岩石、石油、海洋和大气密度的变化而各不相同。地球的卫星曾绘制过这种变化的强度。截至 2014 年，最精确的地图来自欧洲空间局（European Space Agency）的 GOCE 卫星[①]（见图 24-4 上图）。2014 年，地球的引力在南印度地区最弱（蓝

① GOCE 卫星：地球重力场和稳态海洋环流探测卫星。

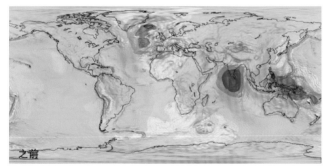

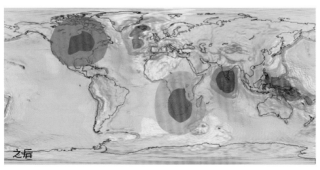

图 24-4 地球引力地图。上图：2014 年 GOCE 卫星测量到的引力强弱分布。下图：引力异常时期突变之后的场景

色块状区域），在冰岛和印度尼西亚最强（红色
块状区域）。

根据我的推断，在发生引力异常之前整个地
图都没有明显的改变。然后突然有一天，地球上
的引力在北美变弱了一些，在南非变强了一些（见
图 24-4 下图）。

布兰德教授试图用超体场产生的潮汐力变化
解释这种异常，但是有些困难。他能想到的最好
解释是：在南非的地域之下，地球内部的引力常
数 G 变大了，而在北美的地域之下，这个引力常
数 G 变小了。南非地域之下石头引发的引力突然
变强，而北美地域之下的引力突然变弱！这种改
变肯定是因为某种超体场穿过了我们的宇宙膜，
影响了 G。

布兰德教授相信（我的推断），超体场并非
仅能解释地球上的引力异常。它还有其他两个
重要作用：**保持虫洞连通以及保护我们的宇宙
不被摧毁**。

虫洞必须连通！

如果让连接太阳系和黑洞卡冈都亚近邻的
虫洞自然演化，而不提供任何外力的支持，那
么它很快就会断开（见图 24-5）。我们和卡冈都

图 24-5 虫洞。上图：断开的虫洞。
下图：由超体场保持连通的虫洞

亚的联系也就将随之被切断。这是爱因斯坦的相对论物理定律中的一个明确的结论，详情请参见第 13 章。

如果没有超体存在，那么保持虫洞连通的唯一办法是用很多拥有斥力的奇异物质填充它（见第 13 章）——可能造成我们宇宙加速膨胀的暗能量（见第 23 章）的排斥性也许还不够强。事实上，2014 年，量子物理中的一些定律似乎否定了通过收集足够多的奇异物质来保持虫洞连通的可能性，即使是超级发达文明也做不到。我可以想象，在布兰德教授的那个时代，这个结论更加确定。

然而，以我对电影故事的推断，教授意识到还有另一个选择存在，那就是超体场或许可以保持虫洞的连通。既然教授认为虫洞由超体生物建造并放在了土星附近，那么依靠超体场保持虫洞连通也就是顺其自然的事情了。

保护我们的宇宙不被摧毁

为使宇宙的引力高精度地符合牛顿的平方反比定律，我们的宇宙膜必须像三明治一样被夹在两个限制膜之间，并且限制膜之间还应有 AdS 弯曲（见第 22 章）。然而，限制膜因承受了巨大的压力①，所以特别容易变形，就像用两根手指捏住的扑克牌一样（见图 22-8）。这是将爱因斯坦的相对论物理定律应用到超体和膜之后的明确预言。

如果不把这种形变抵消掉，限制膜就会撞到我们的宇

① 根据爱因斯坦的相对论物理定律，可能让宇宙膨胀的暗能量有一个其他效应：它会在我们的宇宙膜中产生巨大的张力，就像在一个被拉伸的橡皮筋或橡胶面中存在的张力一样。爱因斯坦的相对论物理定律也规定，为了让 AdS 三明治之外的时空按我们需要的保持平直，每一个限制膜必须具有一定的内压，它的大小是我们宇宙膜的内张力的一半。正是这个压力才是危险的。

限制膜

我们的宇宙膜

限制膜

图 24-6 膜撞击

宙膜——我们的宇宙（见图 24-6）。[1] 我们的宇宙也将被摧毁。

据我推测，教授观察到的我们的宇宙明显没有被摧毁。所以，一定有东西阻止了限制膜形变。他能想到的唯一可能性就是超体场了。只要限制膜开始弯曲，超体场就一定会对它施加一个力，并把它推回到原来的平直状态。

教授方程的终极答案

物理定律都是用数学语言表达的。在库珀遇到布兰德教授之前（在我对电影故事的推想中），教授试图建立一套数学理论来描述超体场，以及它们是如何导致引力异常，控制我们宇宙的引力常数 G，保持虫洞的连通，并且保护我们的宇宙膜不被撞击的。

教授在建立这套数学理论的过程中，主要的依据是他的团队搜集并发掘的观测数据，以及五维世界中爱因斯坦的广义相对论。

教授将自己的所有想法融于一个方程（母方程）中。这个方程就写在他办公室 16 块黑板中的一块上面（见图

[1] 否则的话，弯曲可能让一个或两个限制膜向外弹，从而释放 AdS 层，因此破坏宇宙中牛顿的平方反比定律，并使行星全部飞离太阳。对于我们的宇宙来说，最后这一点尽管不是特别糟糕，但是对我们人类来说却是相当悲惨。

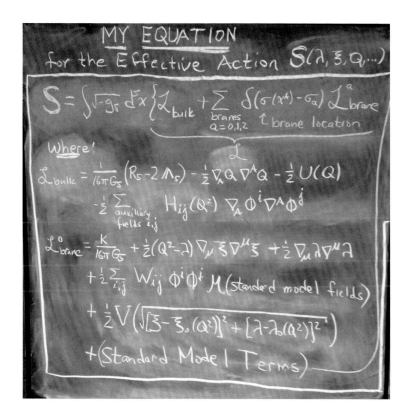

图 24-7　布兰德教授的
方程

24-7）。库珀第一次到 NASA 的时候，就看到了这个方程，
而 30 年后，方程依然在那里。此时，墨菲已经长大，并
通过努力成为了一位杰出的物理学家。当时，她正在帮助
教授求解这个方程。

　　这个方程被称为"作用量"（Action）。一个众所周知
的（对物理学家来说）数学步骤就是从这样一个作用量开
始，并推导出所有非量子化的物理定律的。教授的方程事
实上就是所有非量子化的定律的源头。但是在未推导出正
确的定律——可以正确预言引力异常是如何产生、虫洞是
如何保持连通、G 是如何被影响以及我们的宇宙是如何被
保护的定律时，这个方程必须要有精确的、正确的数学形

式。但是，教授并不知道正确的形式。他猜想，这是一个有根据的推测，不过依然只是猜想。

写在布兰德教授黑板上的方程包含许多猜想：关于 U（Q）、H_{ij}（Q^2）、W_{ij} 和 M（标准模型场）（见图 24-7）。实际上，这些猜想包含了对于超体场的场线性质的猜想——它们怎么影响我们的宇宙膜以及我们宇宙膜内的场又如何影响它们。（更多解释可参考本书结尾的"附录 2 技术札记"。）

每当教授和他的团队讨论起"求解引力方程"时，我推测他们有两个意思：第一，得到他们推测的所有量的正确表达方式，即 U（Q）、H_{ij}（Q^2）、W_{ij} 和 M（标准模型场）。第二（按照众所周知的数学步骤），从他的公式推导出他想知道的一切定律，关于宇宙，关于引力异常，以及最重要的——关于怎么控制引力异常以便让太空殖民飞船离开地球。

当电影中的角色谈到"求解引力问题"时，也是同样的意思。

在教授年事已高的时候，我们看到他和成年墨菲反复尝试求解他的方程。在黑板上，他们给出了一系列对未知事物的猜想（这些猜想是在拍摄这一幕前我写在黑板上的，见图 24-8 和图 24-9）。然后，据我推测，他们开发了一个庞大的计算机程序，墨菲将每个猜想都导入了这个程序中，以进行计算。对于特定的猜想，这个程序会给出相应的物理定律，并预测在这些定律之下引力异常将如何变化。

据我推测，没有一个猜想可以预言这些观测异常。但是在电影中，教授和墨菲一直在尝试，不断迭代：他们给出一个猜想，计算结果，放弃这个猜想，然后尝试下一个。一个猜想接着另一个，接着另一个，接着另一个……直到他们筋疲力尽。第二天，他们又重新开始。

在电影的后半段，在教授临终前，他向墨菲坦白："我撒谎了，墨菲，我骗了你。"这是令人心酸的一幕。墨菲由此推断教授之前已经知道他方程的某

图 **24-8** 我在教授
的黑板上替他写下
迭代式的猜想

图 **24-9** 墨菲凝视着一长串迭代式的猜想

电影《星际穿越》剧照，由华纳兄弟娱乐公司授权使用

个地方是错误的，从一开始就知道。在曼恩星球上，曼恩博士向教授的女儿说了一样的话，这同样令人心酸。

但是，实际上，在教授去世后不久墨菲就意识到"他的解是对的，他已经得到这个解好多年了。不过，这只是答案的一半"。另一半可以在黑洞内找到，就在黑洞的奇点中。

25

SINGULAR-ITIES AND QUANTUM GRAVITY

奇点和量子引力

在电影《星际穿越》中，库珀和塔斯希望从黑洞卡冈都亚中寻找量子数据信息，以便帮助教授解开他的方程，并帮助人类离开地球。他们相信这个信息一定存在于黑洞中心的奇点中，而且罗米利还预言这是一个"温和"的奇点。那么，什么是量子信息？它如何能帮助教授求解方程？而温和的奇点又是什么？

量子定律，一切宇宙问题的解 ⓣ

从根本上说，我们的宇宙建立在量子理论基础之上。关于这一点，我的意思是，所有东西都在随机涨落，至少有一点儿。所有东西！

当我们使用高精度的仪器去观测微小的东西时，便可以看见很大的涨落。一个原子中电子的位置总是在随机而且快速的涨落中，以至于在任何一个给定时刻，我们都不可能知道电子的具体位置。这种位置涨落的尺度与原子的大小相当。这也就是为什么量子定律讨论的是电子在某处的概率，而不是实际的位置（见图 25-1）。

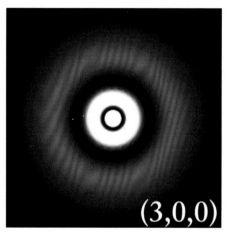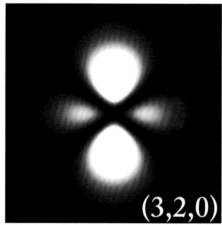

图 25-1 两个不同的氢原子中电子出现位置的概率。白色区域表示电子出现的概率高，红色的比较低，黑色的非常低。数字（3，0，0）和（3，2，0）是两个原子概率图的名字

当我们用仪器来观测大的东西时，也能看到涨落，前提是我们的仪器足够灵敏。大物体的涨落幅度是极其微小的。在 LIGO 引力波探测器中（见第 15 章），人们利用激光来监测悬吊着的 40 千克重的镜子的位置。[①]它们的位置随机涨落，但是变化的幅度远低于一个原子的尺度：实际上，只有原子大小的百亿分之一（见图 25-2）。尽管如此，LIGO 的激光束将会在从现在算起的未来几年里探测到这些涨落。（LIGO 的设计消除了这些随机涨落对引力波探测的影响。我的学生和我一起确认了这一点。）

因为对于像人这么大的物体或者更大的东西来说，它们的量子涨落是微不足道的，所以物理学家们一般都会忽

① 更精确地讲，镜子质量中心的位置。

图 25-2 一个重 40 千克的镜子正被安装到 LIGO 上。从量子力学的角度看，它的位置有非常非常小的涨落：一个原子的百亿分之一

略这些扰动。在我们的数学运算中，这样做可以简化物理定律。

如果我们从一般的量子定律入手，通过忽略引力和涨落，便可以得到牛顿定律——过去几个世纪里用来描述行星、恒星、桥梁和弹珠的物理法则（见第 2 章）。

如果我们从尚未完全理解的量子引力理论入手，然后忽略涨落，那么我们必须能回到已经有了很深理解的爱因斯坦的相对论物理定律上去。我们忽略的涨落包括浮动的泡沫和精致微小的虫洞（"量子泡沫"遍及整个空间[①]，见图 25-3 和第 13 章）。在不考虑这些涨落的时候，爱因斯坦的理论便精确地描述了黑洞周围的时空弯曲与地球上时间变慢的现象。

① 1955 年，约翰·惠勒指出，有一种量子泡沫可能会存在，其中虫洞的大小为：10^{-35} 米，比原子的尺度还要小 10 兆兆倍，也就是所谓的普朗克长度。

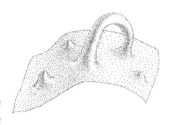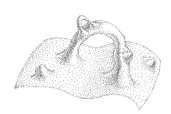

由马特·齐梅特根据我的描述所画，取自我所著的《黑洞与时间弯曲》一书

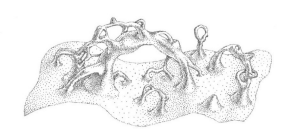

图 25-3　量子泡沫。量子泡沫将有一定的概率（比如说 0.4）形成左上图的形状，还有一定的概率形成右上图（比如说 0.5）和下面的图（比如说 0.1）

这些都是为点睛之笔做的铺垫：如果布兰德教授能够发现超体空间和我们宇宙膜的量子引力理论，那么忽略掉这些理论的扰动，就可以推导出方程的精确形式（见第 24 章）。这种精确的方程就将告诉他引力异常的起源，还有如何控制这种异常——如何利用它们将殖民飞船送出地球。

根据我对电影的推测，教授是知道这一点的。而且，他还知道自己能在哪里获得量子引力理论的知识，那就是奇点的内部。

奇点：量子引力的领地　Ⓣ

一个奇点开始于时空弯曲无限增长的地方，在那里，时空弯曲会变得无限强。

如果我们把宇宙的弯曲空间设想成起伏不定的海洋表面，那么奇点的起点就像海浪上那个即将破碎的顶点，而奇点的内部就像顶点破碎之后产生的泡沫（见图 25-4）。那些平缓的波浪，在破碎之前是由平滑的物理定律决定的，对应于爱因斯坦的相对论物理定律。但破碎之后的泡沫则需要使用能够应对海水泡沫化的物

奇点

图 25-4 一个处于即将破裂海浪顶点之上的奇点

理定律，对应于处理量子泡沫的量子引力理论。

奇点位于黑洞的中心。爱因斯坦的相对论物理定律明确地预言了它们，虽然他的理论不能告诉我们奇点里面发生了什么。**若想要理解后者，那么我们就需要量子引力理论。**

1962 年，我从加州理工学院毕业后去往普林斯顿大学攻读物理学博士学位。我选择普林斯顿是因为约翰·惠勒在那里授课。谈到爱因斯坦的相对论物理定律，惠勒是那个时代最具创造性的天才。我想跟着他学习。

9 月的一天，我诚惶诚恐地敲响了惠勒教授办公室的门——那是我第一次和大人物见面。他微笑着欢迎我，领我进门，然后立刻与我开始讨论恒星塌缩的奥秘——好像我是他令人尊敬的同事，而不是纯粹的新手一样。恒星塌缩后会产生黑洞，而奇点位于黑洞的中心。"这些奇点，"他断言，"是爱因斯坦的相对论物理定律和量子定律激情结合的地方。"他同时也断言这一结合的花朵——量子引力理论，将在奇点处完全绽放。如果我们能够理解奇点，那么我

图 25-5 1971 年，约翰·惠勒在课堂上讲授奇点、黑洞和宇宙的相关知识

们将会明白量子引力理论。奇点是破解量子引力理论的罗塞塔石碑①。

自那次私下授课后，我发生了转变。从惠勒的公开课（见图 25-5）和公开文献中，许多物理学家发生了改变，走向了追寻理解奇点和它们的量子引力的道路。这种探索今天还在继续。而且，这些探索带来了超弦理论，由此引出了一种信念：宇宙是一个存在于更高维超体空间中的膜（见第 20 章）。

基普 vs 霍金，裸奇点的赌局 ㉔

如果我们能够在黑洞外面找到或者制造一个奇点，那将妙不可言。而且，它是一个没有藏在黑洞视界里的奇点——裸奇点。那样的话，电影中教授的任务将会简单许多：他可以在自己位于 NASA 的实验室中，从一个裸奇点中提取关键的量子数据。

① 罗塞塔石碑（rosetta stone）是刻有古埃及法老诏书的石碑。同样的内容使用了古希腊文、埃及象形文和阿拉伯草书这 3 种文字书写，通过对照不同语言中的对应词汇，我们可以研究已经失传的文字。通常，人们将之引申为解决一个难题或者困难事物的关键线索或工具。——译者注

1991 年，我和约翰·普雷斯基尔（John Preskill）与我们的朋友霍金打了一个赌，就是关于裸奇点的。普雷斯基尔是加州理工学院的教授，也是量子信息方面的世界权威之一。霍金就是出现在《星际迷航》《辛普森一家》和《生活大爆炸》中的那个"轮椅上的家伙"，而他也碰巧是我们这个时代最伟大的天才之一。约翰和我打赌物理定律允许裸奇点的存在，而霍金则认为那是被禁止的（见图 25-6）。

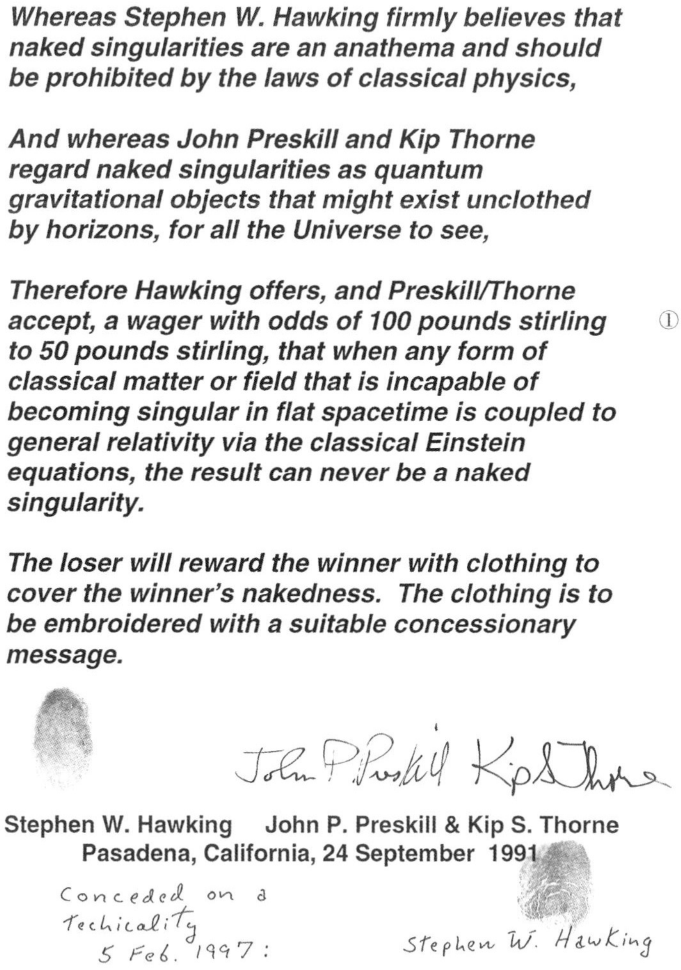

Whereas Stephen W. Hawking firmly believes that naked singularities are an anathema and should be prohibited by the laws of classical physics,

And whereas John Preskill and Kip Thorne regard naked singularities as quantum gravitational objects that might exist unclothed by horizons, for all the Universe to see,

Therefore Hawking offers, and Preskill/Thorne accept, a wager with odds of 100 pounds stirling to 50 pounds stirling, that when any form of classical matter or field that is incapable of becoming singular in flat spacetime is coupled to general relativity via the classical Einstein equations, the result can never be a naked singularity.

The loser will reward the winner with clothing to cover the winner's nakedness. The clothing is to be embroidered with a suitable concessionary message.

John P. Preskill Kip S. Thorne

**Stephen W. Hawking   John P. Preskill & Kip S. Thorne
Pasadena, California, 24 September 1991**

Conceded on a
Techicality
5 Feb. 1997:

Stephen W. Hawking

图 25-6 我们关于裸奇点的赌约文件[①]

① 赌约文字为：鉴于史蒂芬·霍金坚决相信裸奇点是个祸害，应该被经典物理学所禁止。

然而，约翰·普雷斯基尔和基普·索恩视裸奇点为量子引力物体，有可能裸露存在于视野中，整个宇宙都可以看到。

因此，由霍金提议，普雷斯基尔/索恩接受，以 100 英镑对 50 英镑的赔率打赌：任何在平直时空中不能成为奇点的经典物质或经典场，在经过经典的爱因斯坦的广义相对论方程的变换后，都不可能成为裸奇点。

输家要向赢家提供能够遮盖赢家裸体的衣服，衣服上必须绣有适当的认输信息。——译者注我们没有想到赌局那么快就有结果了，但就是那样。仅仅 5 年以后，得克萨斯大学的一位博士后马修·肖普图伊克（Matthew Choptuik）在一台超级计算机上运行了一个数值模拟，希望能够发现物理定律的一些新的、未知的特点，结果他"中奖"了。他模拟的是引力波的向内爆炸。[1] 当爆炸后波的冲击力比较弱的时候，它在向内爆炸发生之后就会发散开。而当它比较强的时候，这种波会向内聚集成一个黑洞。当它的强度被精确地调到一个合适的中间值时，这个波就会造成时空外形的一种沸腾。这种沸腾不断向外发出波长越来越短的引力波。最后，它将形成一个无限小的裸奇点（见图 25-7）。

话说回来，这样的奇点在自然界中是不会存在的。对所需要的参数做精细的调节不可能自然发生。但是，一个异常先进的文明却能够通过精确调整向内的引力波爆炸，从而制造出一个这样的奇点，然后他们还可以通过奇点的特点获得量子引力理论。

一看到肖普图伊克的模拟，霍金就认输了。"技术上认输。"他说（见图 25-6 下半部分）。他认为调整参数是不公平的。他想知道裸奇点能否自然产生，所以我们又更

① 肖普图伊克模拟的东西其实是标量波，但这是一个不相关的技术细节。几年后，北卡罗来纳大学的安德鲁·亚伯拉罕斯（Andrew Abrahams）和查克·伊文思（Chuck Evans）重复了肖普图伊克的模拟，并使用了引力波，不过得到了同样的结果：一个裸奇点。

图 25-7　左：马修·肖普图伊克。中：一个向内爆发的引力波。右：由引力波制造的沸腾，还有在放大镜中心处看到的裸奇点

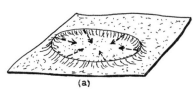
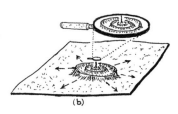

(a)　　　(b)

新了一轮赌局，在赌约上加上了一句——奇点必须自然产生而完全不需要参数的精确调整。无论如何，对于社会公众来说，霍金的认输是一件大事（见图25-8）。这条新闻还登上了《纽约时报》的封面。

图25-8 1997年，霍金在加州理工学院讲课时，向普雷斯基尔和索恩认输

　　尽管我们的赌局更新了，但我仍怀疑裸奇点不可能在宇宙中真实存在。在电影中，曼恩博士坚决地断言"自然法则不允许裸奇点的存在"，但布兰德教授甚至从来没有提到那种可能性。相反，教授将精力完全投入了黑洞内的奇点，他认为那里是研究量子引力理论的唯一希望。

黑洞内的 BKL 奇点　　EG

　　在惠勒那个年代（20世纪60年代），我们认为黑洞中的奇点就像一个尖点。在这个点上，物质会被压缩，直到无穷大的密度，然后被摧毁。一直到写这本书，我还是这样描绘黑洞中的奇点的（见图25-9）。

　　从惠勒的那个年代开始，根据爱因斯坦的相对论物理定律进行的数学推导已

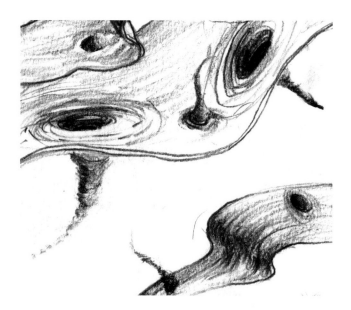

截取自图 3-5

图 25-9 利亚·哈洛伦的想象画：数个黑洞和它们尖端的奇点

经告诉我们，这些点状的奇点是不稳定的。为了在黑洞中创造奇点，我们就要对参数进行精确的调整。一旦出现扰动，哪怕是轻微的——例如有个东西掉了进来——都能产生巨大的变化。但问题是，它将变成什么？

1971 年，3 位苏联物理学家弗拉基米尔·贝林斯基（Vladimir Belinsky）、艾萨克·哈拉尼科夫（Isaac Khalatnikov）和叶夫根尼·利夫希茨（Eugene Lifshitz）使用冗长复杂的计算去预测答案。在 21 世纪初，当计算机模拟已经足够先进时，他们的猜测被奥克兰大学的戴维·加芬克尔（David Garfinkle）证实。他们得到的结果——稳定奇点，现在被命名为"BKL 奇点"，以纪念贝林斯基、哈拉尼科夫和利夫希茨。

一个 BKL 奇点是混沌无序的——高度的混乱无序，而且是毁灭性的——高度的毁灭性。

在图 25-10 中，我描绘了一个高速自旋的黑洞内部和外部的空间弯曲。BKL奇点就在底部。如果你落入这个黑洞，在开始的时候它的内部是平滑的，也许还算让人愉悦。但当你接近奇点的时候，你周围的空间开始混乱地挤压和拉伸。潮汐力也开始混乱无序地扭曲着你。一开始，这些拉伸和挤压还比较缓和，但很快就会增强，乃至变得超强。你的血肉、骨骼都将被践踏、拆散，而之后构成你身体的原子也将被打碎、拆散，变得面目全非。

所有这些以及其混沌的模式都是由爱因斯坦的相对论物理定律描述的，也正是 3 位苏联科学家 B、K 和 L 所预言的。但是，他们不能预言的、至今也没有人能够预言的是，当那些混沌的拉伸和挤压无限增强时，你身体里原子和亚原子粒子的命运。只有量子引力理论能够给出结果。但是你，你自己，早已死亡，根本无法提取量子信息，并逃出来。

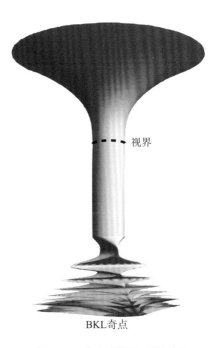

视界

BKL奇点

图 25-10 像卡冈都亚一样快速自旋黑洞周围的弯曲空间，BKL 奇点在底部。奇点周围混乱的拉伸和挤压只是一种示意，并不精确

我把这一节标记为 **EG**，是因为我们并不完全确定位于黑洞中心内的奇点是 BKL 奇点。BKL 奇点在爱因斯坦的相对论物理定律下当然是允许的。加芬克尔用计算机模拟证实了这一点。但是，我们仍需要更细致精确的模拟来证实，巨大的拉伸和挤压的 BKL 模式真的存在于黑洞的中心。我几乎可以确定模拟的结果会给出"是的，它们确实存在"的答案，但我没有百分之百的把握。

黑洞的下落奇点与外飞奇点 ⒆

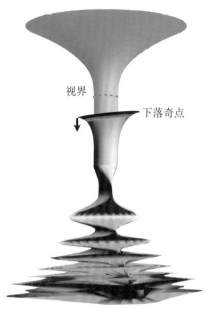

视界

下落奇点

BKL奇点

图 25-11 下落奇点，由在你之后掉进黑洞的物质产生。这些物质被缩影成黑色、红色、灰色和橙色的薄片

① 泊松和伊斯雷尔将这个奇点命名为"质量暴涨奇点"（mass inflation singularity），这也是物理学家们至今沿用的名字。但我比较倾向于下落奇点（infalling sin-gularity），所以在这本书中采用了这个名字。

20 世纪 80 年代，我的同事和我都非常肯定一个有根据的推测，那就是黑洞里只有一个奇点，即 BKL 奇点。但是，我们错了。

1991 年，加拿大阿尔伯塔大学的埃里克·泊松（Eric Poisson）和沃纳·伊斯雷尔（Werner Israel）在致力于爱因斯坦定律的数学处理时，发现了黑洞里的第二个奇点。随着黑洞慢慢变老，这个奇点也在渐渐长大——是由黑洞里时间极端变慢所导致的。

如果你落入一个像卡冈都亚那样自旋的黑洞，不可避免地，在你之后还会有许多东西掉进去，比如气体、尘埃、光、引力波，等等。从黑洞外面看，这些东西需要几百万年甚至几十亿年才能掉进去。但是从黑洞里面看来，那只是几秒钟或更短的时间，因为相对我来说，你的时间将极端变慢。结果是，你看到这些东西全部堆积在一个薄片上，将以光速或接近光速朝黑洞里面向着你的方向落下。这个薄片能产生很强的潮汐力，并扭曲周围的空间。而且，如果它碰到了你，你也将被扭曲。

潮汐力会逐渐增强到无穷大，形成一个下落奇点（见图 25-11）①，由量子引力理论描述。然而，潮汐力增长得十分迅速（泊松和伊斯雷

尔所推导的），如果它们作用到你身上，那在你到达奇点
的一瞬间，它们只会让你产生有限的形变。这在图 25-12
里做了解释，图中展示了你感受到的力随时间的变化，沿
着上下方向的净拉伸力和沿着南北向和东西向的净挤压
力。当你碰到奇点时，你感受到的挤压或拉伸是有限的，
但你被拉伸或挤压的变化速率是无限的（黑色曲线的斜
率）。这些无限大的速率就意味着无限大的潮汐力，所以
说奇点确实存在。

当你到达奇点时，因为你的身体只有一部分被潮汐力
瓦解，所以你有可能还活着（我认为有可能，但机会不大）。
在这种情况下，与 BKL 奇点比起来，下落奇点要"温和"
得多。如果你真的还活着，之后发生的事情就只有量子引
力理论才能解释。

在 20 世纪 90
年代和 21 世纪的
第一个 10 年，物
理学家们认为这
大约就是故事的
全部：一个 BKL
奇点，由黑洞诞
生时产生。还有
一个下落奇点，
随后产生。这就
是全部。

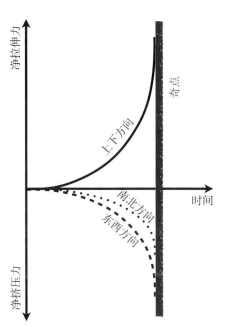

图 25-12 当下落奇点
落向你的时候，你感
受到的净拉伸或挤压
力会随时间变化

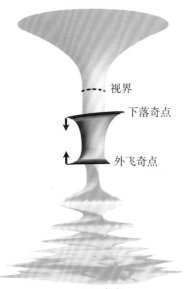

视界

下落奇点

外飞奇点

BKL奇点

图 25-13 外飞奇点：由比你更早掉入黑洞的物质向外弹射产生。下落奇点：由在你之后掉入黑洞的物质产生——你就像三明治，成为它们的夹层。颜色变浅的部分是黑洞的外部以及 BKL 奇点，这是你无法取得联系的区域，因为它们处在夹住你的两个奇点之外

然后，在 2012 年年末的时候，当诺兰正在谈判以便重编和执导电影《星际穿越》时，第三个奇点被唐纳德·马洛尔夫（Donald Marolf，加州大学圣巴巴拉分校）和阿莫斯·奥利（Amos Ori，以色列理工学院）发现。当然，这还是通过深入研究爱因斯坦的相对论物理定律得到的结果，而不是通过天文观测。

回首历史发展，这个奇点显然早就在那里了。它是一个向外飞出的奇点，也会随着黑洞的年龄增长而增长，其实与下落奇点一样，由在你之前掉进黑洞的物质（气体、尘埃、光、引力波等）产生，如图 25-13 所示。那些东西的很小一部分被黑洞里弯曲的时空反弹，然后向你飞来，就像太阳光被弯曲平滑的海浪所反射，让我们看到一幅波浪的图景一样。

被弹起的物质由于黑洞内极慢的时间流逝而被压缩成了一层，就像音爆（sonic boom）一样（一种"激波阵面"）。由这些物质的引力所产生的潮汐力会增长到无限强，从而变成一个外飞奇点。但像下落奇点一样，外飞奇点产生的潮汐力也是温和的：它们增长得非常迅速和突然，所以如果你碰到它们，那你在通过奇点的瞬间受到的净形变量也是有限的，而不是无限的。

在电影《星际穿越》中，关于这些温和的奇点，罗米利是这样告诉库珀的："对你（从曼恩星球）的返程我有一个建议——在黑洞上做最后一次尝试。卡冈都亚是一个年老的、有自旋的黑洞。它有我们所谓的温和的奇点。""温和？"库珀问道。"它们一点儿也不温和，但是它们的潮汐力很快，以至于有些东西在迅速穿过它们的视界时可以存活下来。"库珀被这次谈话的内容和量子数据所诱惑，跳入了卡冈都亚（见第 27 章）。这是个勇敢的行为，他之前并不知道是否能活下来。事实上，只有量子引力理论或者超体生物知道……

现在，我们已经为电影最精彩的部分打下了关于极端物理的知识基础，下面让我们转向电影的高潮部分。

CLIMAX

第七部分
穿越之门已经开启

26

THE VOLCANO'S RIM

临界轨道，"火山口"的边缘 ⓣ

在电影《星际穿越》的后半段，库珀刚刚把"永恒"号从围绕曼恩星球的死亡盘旋中拖了出来，机器人凯斯就对他说："我们正在向卡冈都亚的引力范围前进。"这个时候，库珀感到如释重负。

库珀迅速地作出决定："导航的主机已经被破坏，而我们没有足够的生命补给返回地球。但是，我们也许可以擦过埃德蒙兹星球。""燃料够吗？"阿梅莉亚·布兰德问。库珀答："不够。让卡冈都亚把我们吸到它的视界附近，然后通过加速弹弓把我们弹射到埃德蒙兹星球上去。""手动操作？""这正是我来的目的。我会把我们正好带到临界轨道上。"

几分钟之后，他们到达临界轨道，远离了地狱之门。

在本章中，我将描述自己对此场景的科学解释。

潮汐力，使"永恒"号挣脱曼恩星球

在我的解释中，曼恩星球沿着一个高度拉长的轨道运动（见第 18 章）。当"永恒"号到达曼恩星球的时候，它离卡冈都亚很远，但是正在向内运动。当"永恒"号的爆炸（见第 19 章）发生时，这个星球已经很接近黑洞了（见图 26-1）。

爆炸之后，库珀救出了"永恒"号，并将它向上拉起，以使之远离曼恩星球。在我的理解中，他将"永恒"号拉到了相当高的高度，以至于卡冈都亚的巨大潮汐力能将它撬离星球，把它送到一个与曼恩星球的轨道相独立的轨道上去（见图 26-2）。

离心力致使曼恩星球向外飞行，向它的下一次遥远旅行进发，而"永恒"号则向着临界轨道运行。①

① 这一巨大差异是由于潮汐力作用之后，"永恒"号的角动量比曼恩星球小一点儿。在图 26-3 中，"永恒"号向上攀升至火山边缘处，但是曼恩星球没有完全到达；它返回火山的边界向下回旋（离心力将它往外推），然后沿着引力能的表面向上运动，远离黑洞卡冈都亚。

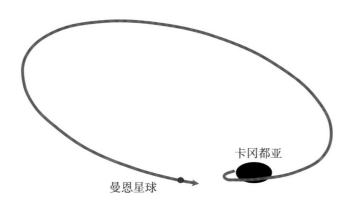

卡冈都亚

曼恩星球

图 26-1 曼恩星球的运行轨道以及"永恒"号爆炸时它的位置

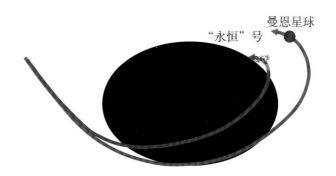

"永恒"号的图像来自
电影《星际穿越》

图 26-2 "永恒"号被
卡冈都亚的潮汐力撬
离曼恩星球

临界轨道和火山类比

我用与之前不同的图片来讨论临界轨道，见图 26-3。
首先，我启发式地描述一下这幅图，之后用物理学家的语
言来解释它。

想象图 26-3 中的表面是你家地板上的一座光滑的花
岗岩雕塑的表面。它向一条壕沟下沉，壕沟边围着一座雕
刻出来的火山。

从曼恩星球被撬离之后，"永恒"号像一块小小的大
理石块，在花岗岩表面自由滚动。当它向内朝着壕沟滚动

图 26-3 "永恒"号的
轨迹在类似火山的表
面上。此表面代表着
引力能和离心能

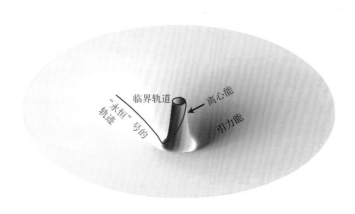

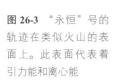

的时候，由于表面向下倾斜，小石块的滚动速度增加。然后，小石块沿着火山的一侧向上滚动，速度减慢，直至到达火山的边缘，然后保留一点儿剩余的圆周运动。之后，小石块会在火山边缘一圈圈地滚动，在向内落入火山和向外落回壕沟之间维持着一种精妙的、不稳定的平衡。

火山的内部代表黑洞卡冈都亚。火山的边缘则代表着临界轨道。库珀就是从这个临界轨道将"永恒"号发射向埃德蒙兹星球。

火山的含义：引力能和圆周运动能

为了解释火山的含义，比如它如何与物理定律联系起来，我需要做一些技术上的假设。

为了简单起见，我们假设"永恒"号在黑洞卡冈都亚的赤道平面上运动。（对于"永恒"号的非赤道平面的运动轨迹，大致概念是相同的，但是由于黑洞不是球形的，所以细节会更复杂一些。）火山的类比巧妙地涵盖了临界轨道的真实物理轨迹和卡冈都亚的轨迹。我需要两个物理概念来解释这其中的关联："永恒"号的角动量和能量。

被潮汐力撬离曼恩星球之后，"永恒"号具有一定量的角动量（它绕卡冈都亚进行圆周运动的速度乘以它与卡冈都亚的距离）。爱因斯坦的相对论告诉我们：这一角动量沿着"永恒"号的轨迹是保持不变的（保守的），参见第9章。这意味着当"永恒"号向卡冈都亚做俯冲运动的时候，它离卡冈都亚越近，它的圆周运动速度就越大。这和滑冰选手的情况类似——当她的胳膊收紧时，她的旋转速度就会增加（见图26-4）。

"永恒"号向卡冈都亚运动时会带有一定的能量。与角动量一样，能量沿着它的轨迹也是不变的。这一能量由3部分组成："永恒"号的引力能——随着

图 26-4　滑冰选手

"永恒"号与卡冈都亚的距离越近，引力能负值越大；它的离心能（围绕卡冈都亚做圆周运动的能量）——随着"永恒"号与黑洞的距离越近，圆周速度越快，值越大；以及，它的径向动能（朝向卡冈都亚运动的能量）。

在图 26-3 所示意的表面上，垂直方向绘出的是"永恒"号的引力能加上其离心能，而水平方向绘出的则是它在卡冈都亚赤道平面上的位置。只要表面向下弯曲，"永恒"号的引力能与离心能之和就会降低，所以其径向动能必定会增加（由于总能量不变），而它的径向运动必定会加快。这正和直观的火山类比中所显示的一样。

在图 26-3 的壕沟之外，表面的高度由"永恒"号的负引力能主导（参见图中的"引力能"标签）。相比较而言，在那里，正向的离心能不太重要。与此相反，在火山的外边缘处，高度由不断增大的离心能主导。在这里，离心能已经超过了引力能。而在火山内部，靠近卡冈都亚视界的地方，引力能增长到极大的负值，完全压倒离心能，所以其表面会向下突降（见图 26-5）。临界轨道则位于火山的边缘处。

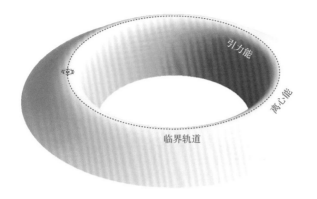

引力能

离心能

临界轨道

"永恒"号的图像来自电影《星际穿越》

图 26-5 "永恒"号在火山边缘上的临界轨道。边缘之外由离心能和离心力主导，而边缘内部则由引力能和引力主导

临界轨道：离心力和引力的平衡

在到达火山边缘的时候，理想情况下，"永恒"号会以不变的速度沿着边缘一圈圈地绕转。此时，它会受到向内的引力拉力，以及向外的由飞船做快速圆周运动所产生的离心力。因为"永恒"号既不向内运动，也不向外运动，所以它受到的这两种力的大小在边缘处必定是完全一样的，从而相互制衡，使飞船处于平稳状态。

实际情况就是这样，如图 26-6 所示——类似于米勒星球的受力平衡示意图（见图 16-2）。在"永恒"号的临界轨道处，红线（"永恒"号受到的向内的引力拉力）与蓝线（向外的离心力）相交会，两种力达到平衡。

然而，这种平衡很不稳定，与火山边缘的类比所显示的结果一样。① 如果"永恒"号被随机地向内推了一点儿，那么引力就会压倒离心力（红线在蓝线之上），而"永恒"号就会被拉入卡冈都亚的视界。如果"永恒"号被

① 火山边缘的类比与这些关于作用力论述的一致性由一个关键事实决定：作用于"永恒"号的净力（引力和离心力之和）正比于能量表面的斜率（见图 26-3 和图 26-5）。你知道为什么吗？

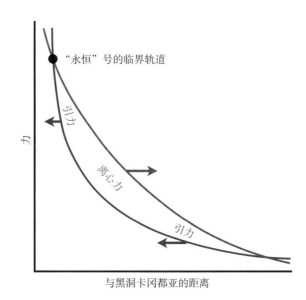

图 26-6 "永恒"号受到的引力以及离心力的示意图：两种力随着与黑洞卡冈都亚的距离的变化而变化

向外推了一点儿，那么离心力就将战胜引力（蓝线在红线之上），"永恒"号就会被不断地推向外部，逃离卡冈都亚的束缚。

　　与之相反（如第 16 章所示），在米勒星球的轨道上，引力和离心力的平衡是稳定的。

边缘处的灾难：塔斯和库珀的弹出

　　在我对电影的科学解释中，火山的边缘非常狭窄，因此边缘处的临界轨道极不稳定。即使是导航中的微小误差也会使"永恒"号朝着卡冈都亚快速掉落（掉进火山内部），或者急速远离卡冈都亚（掉入壕沟中）。

　　误差是不可避免的，因此"永恒"号的航线必须不断地被校正。校正由一个精心设计的反馈系统完成，类似于汽车巡航控制系统，但是要精确得多。

　　在我的解释里，这个反馈系统还不够好，因此"永恒"号最后危险地掉到了火山的内边缘深处。"永恒"号必须倾尽全力驶回临界轨道。

然而，这一解释对于动作场面和广大的观众来说过于细微，而且技术性也太强，因此克里斯托弗·诺兰选择了一个更简单、更直接的方法——避开不稳定性，也不提反馈系统，"永恒"号就是掉落得太靠近黑洞卡冈都亚了。而库珀的应对之法是尽其所能地爬出来，以逃脱卡冈都亚的束缚。

结果是一样的："登陆 1 号"——由塔斯驾驶以及"巡逻者 2 号"——由库珀驾驶，在连接着"永恒"号的时候点燃他们的火箭，往回推动"永恒"号，使它逃离卡冈都亚的引力束缚。然后，为了得到最后一点儿可能的推动力，螺栓爆炸将"永恒"号推离"登陆 1 号"和"巡逻者 2 号"。带着塔斯和库珀，"登陆 1 号"和"巡逻者 2 号"

"永恒"号的图像来自电影《星际穿越》

图 26-7 通过火箭推动以及"登陆 1 号"和"巡逻者 2 号"的弹射反作用，"永恒"号被推回临界轨道

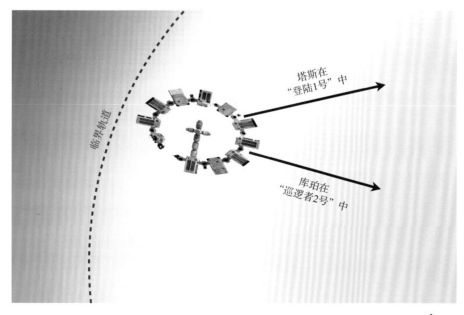

临界轨道

塔斯在"登陆1号"中

库珀在"巡逻者2号"中

朝向卡冈都亚急速坠落，而"永恒"号则得救了（见图26-7和图26-8）。

在电影中的这个地方，布兰德和库珀之间有一段悲伤的临别对话。阿梅莉亚·布兰德不明白为什么库珀和塔斯必须伴随"登陆1号"和"巡逻者2号"一起掉进黑洞。库珀给了她一个虽然诗意但是欠缺说服力的理由："牛顿第三定律——人类最终发现，想要离开就必须留下些什么。"

这个道理当然是对的。但是，当库珀和塔斯伴

电影《星际穿越》剧照，由华纳兄弟娱乐公司授权使用

图26-8 布兰德在"永恒"号里看到"巡逻者2号"向卡冈都亚坠落。"永恒"号的两个部件的部分在视野前方。在图片中央下部，卡冈都亚吸积盘中间的模糊可见的物体是"巡逻者2号"

随"登陆1号"和"巡逻者2号"一起掉进黑洞时，他们两个所产生的额外推动力对"永恒"号来说根本是微不足道的。真正的原因其实是，库珀打算进入卡冈都亚内部，他希望自己和塔斯能够从卡冈都亚内部的奇点了解量子引力理论，并且能够通过某种方式把这些定律传回地球。这是他拯救全人类的最后一线希望。

驶向埃德蒙兹星球

临界轨道给布兰德和凯斯提供了一个理想场所，使他们能够将"永恒"号向任何需要的方向发射，特别是朝向埃德蒙兹星球。

那么，他们如何控制发射方向？由于临界轨道是如此不稳定，以至于一个小的火箭喷射就足以使"永恒"号脱离轨道。并且，如果在临界轨道上精确恰当的

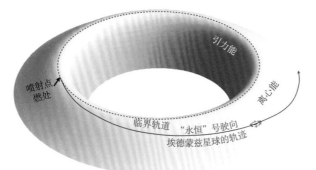

"永恒"号的照片来自电影《星际穿越》

图26-9 "永恒"号离开临界轨道，驶向埃德蒙兹星球的轨迹

图26-10 "永恒"号临界轨道的三维图像以及它朝向埃德蒙兹星球的发射。临界轨道围绕着一个包围黑洞卡冈都亚的球面弯曲

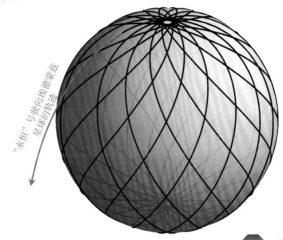

位置喷射，同时产生精确恰当的推力，那么"永恒"号就能被准确地送往指定的方向（见图 26-9）。

布兰德和凯斯能够将"永恒"号向他们所希望的任何方向发射。事实上，只通过图 26-9，这一点可能还是无法让人信服。这是因为此图没有描绘临界轨道的三维结构，而图 26-10 则给出了答案。

这一错综复杂的临界轨道非常类似于光线被暂时困在卡冈都亚火壳之内时的轨道（见图 5-5 和图 7-2）。与这些光线一样，"永恒"号在其临界轨道上的时候被临时捕获。与光线不同的是，"永恒"号拥有控制系统以及火箭，因此布兰德和凯斯能够通过发射火箭让它脱离临界轨道。并且，正是由于复杂的三维轨道结构，发射能够如他们所希望的那样朝向任何一个方向。

但是，这一发射留下了库珀和塔斯，让他们坠入并且穿过卡冈都亚的视界，坠向卡冈都亚的奇点。

27

INTO
GARGANTUA

**进入黑洞卡冈都亚，
落入视界的库珀与
塔斯**

为什么让库珀掉入黑洞　Ⓣ

　　1985 年，当卡尔·萨根想让他电影的女主人公埃莉诺·阿罗维（朱迪·福斯特饰演）穿过黑洞到达织女星时，我对他说："不可以！在黑洞内部她会死掉，黑洞中心的奇点将混乱而痛苦地把她撕碎。"作为替代，我建议他把阿罗维博士通过虫洞送过去。

　　而在 2013 年，我鼓励克里斯托弗·诺兰把库珀送到黑洞卡冈都亚中去。

　　那么，在 1985 年到 2013 年这 1/4 多个世纪的时间里发生了什么？为什么我对掉入黑洞的态度发生了如此巨大的改变？

　　1985 年，物理学家们认为所有黑洞的中心都寄宿着混乱的、带有破坏性的

BKL 奇点，并且所有进入黑洞的东西都会被奇点的拉伸与挤压所摧毁（见第 25 章）。当时，那是我们非常有根据的推测。但是现在看来，我们错了！

在这 1/4 多个世纪的时间里，从数学上说，两种新的奇点在黑洞内部被发现，其中就包括温和的奇点，意味着任何奇点都可能是温和的（见第 25 章）。温和的程度可以使库珀在掉入其中之后仍然有可能幸存。其实，对于幸存这件事我是有些怀疑的，但是我们不能确定。因此，现在我认为在科幻小说里假定能够幸存是可行的。

在这 1/4 多个世纪中我们还了解到，宇宙可能是更高维超体中的一个膜（见第 20 章）。因此，我认为这个假设是可行的：假设超体中居住的生物——一种具有高度文明的超体生物，可能在最后时刻把库珀从奇点中救出。这也是克里斯托弗·诺兰的选择。

穿过视界——永无对等的信号收发 Ⓣ

在电影《星际穿越》中，当库珀驾驶的"巡逻者 2 号"（以下简称"巡逻者"号）和塔斯驾驶的"登陆 1 号"从"永恒"号弹出的时候，他们向着卡冈都亚的视界螺旋下降，直到穿过视界。对于这样的向下盘旋，爱因斯坦的相对论物理定律是怎么解释的呢？

根据爱因斯坦的相对论物理定律以及基于其上我对电影的解释，当布兰德从"永恒"号向外看时，将永远看不到"巡逻者"号进入视界。库珀从视界之内试图发给她的任何信号也都无法传播出去。视界之内的时间流动是向下的，而这个向下的时间流会拖着库珀以及他发出的所有信号一起向下，远离视界，见第 4 章。

那么，布兰德看到了什么（如果她和凯斯能够把"永恒"号稳定足够长的时间，让她可以观察的话）？由于"永恒"号和"巡逻者"号都位于卡冈都亚弯曲空间的圆柱形部分的深处（见图 27-1），所以它们都由卡冈都亚飞快转动的空间带动着进行圆周运动。两者的角速度几乎相同（拥有同样的轨道周期）。因此，在布兰德看来，在她的绕转参考坐标系中，"巡逻者"号从"永恒"号脱离之后，几乎是直线式地坠向视界（见图 27-1）。这就是电影里所描述的情况。

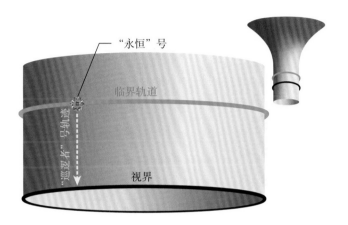

"永恒"号的图像来自电影《星际穿越》

图 27-1 从"永恒"号轨道参考坐标系看"巡逻者"号穿过卡冈都亚弯曲空间的轨迹。为了能够看清楚，图中所画的"永恒"号尺寸远大于实际大小。右上角小插图为卡冈都亚弯曲空间的更大部分示意

当布兰德看着"巡逻者"号趋近视界的时候，按照爱因斯坦的相对论物理定律，相对于她的时间，她所看到的"巡逻者"号的时间必定会逐渐变慢，直至凝固。这会导致几个结果：她看到"巡逻者"号向下的运动会逐渐变慢，正好在视界之上停止。同时，她所看到的来自"巡逻者"号的光子波长会变得越来越长（对应的频率会越来越低，也就是变得越来越红），直到"巡逻者"号完全变黑以至于看不到。此外，库珀在他的时标下每隔一秒钟所传递给布兰德的信息片段，在布兰德看来，到达的时间间隔会变得越来越长。几个小时之后，布兰德收到了她能接收到的来自库珀的最后一段信息。这段信息是库珀在进入视界之前发出的。

另一方面，库珀能够持续地接收到布兰德的信号，即使在穿过视界之后。布兰德发出的信号进入卡冈都亚并到达库珀是毫无困难的。相反，库珀发出的信号却无法送达布兰德。爱因斯坦的相对论物理定律对此阐释得很明确，事情必须如此。

另外，这些定律告诉我们：库珀在穿过视界的时候不会看到任何特殊的事情。他不会知道，至少不会很容易地知道，他所发出的哪个信息片段是布兰德最后收到的。通过观察四周，他无法很准确地知道视界到底在哪里。视界对于他而言，就像当你在一艘船上经过地球赤道的时候，赤道对你的南北半球定位无法分辨的情况一样。

布兰德和库珀所看到的观测现象看上去似乎是矛盾的，这是由下面两点共同作用的结果：时间的弯曲，以及他们发给对方的光和信号的有限传播时间。当我仔细地考虑以上两个方面的时候，我认为不存在任何矛盾。

下落奇点 vs 外飞奇点，击中"巡逻者"号的最佳选择 (EG)

当库珀乘坐"巡逻者"号越来越深入卡冈都亚内部的时候，他仍然能够看到位于自己上方的宇宙。带给他这一宇宙图像的那些光线被一个下落奇点（这个奇点在光线之后朝向中心运动）所追随。最初，这个奇点很微弱，但是随着越来越多的物质掉入卡冈都亚并积聚成一个薄盘，奇点会迅速变得强大（见第 26 章）。爱因斯坦的相对论物理定律决定了一点。

在"巡逻者"号之下是一个外飞奇点，由很早之前掉入黑洞的物质构成，又被向上反弹，朝"巡逻者"号飞来（见第 25 章）。

"巡逻者"号被夹在这两个奇点之间（见图 27-2）。不可避免地，它将被其中一个击中。

当我向克里斯解释这两个奇点的时候，他马上就知道哪个奇点应该击中"巡逻者"号，那就是外飞奇点。为什么呢？因为克里斯很早之前就为《星际穿越》设定了一个物理定律的变体，使得物体永远不能进行逆时间旅行（见第 29 章）。

下落奇点是由在库珀掉进卡冈都亚很久之后才掉进去的物质组成的（很久之后指的是在外部宇宙的时标之下，也就是地球时间）。如果库珀被这个奇点击中并且存活下来，那么宇宙的遥远未来将存在于他的过去。他将去到距离我们很久远的未来，以至于即使有超体生物的帮助——如果他能返回的话，也只有在离开地球几十亿年之后才能返回太阳系。那样，他就永远无法和他的女儿墨菲重逢了。

因此，克里斯坚定地选择库珀由外飞奇点击中，而不是下落奇点。这一奇点由在"巡逻者"号掉入卡冈都亚黑洞之前掉入的物质组成，而不是在"巡逻者"号之后。

然而，克里斯的这个选择，从我这个科学家的角度来看，在电影里解释起来有点儿麻烦，但是也不至于像逆时间旅行那么严重。如果"巡逻者"号从临界轨道直接掉入黑洞卡冈都亚，那么它的掉落速度不会太快，以至于下落奇点会追上并击中它。如果让"巡逻者"号如克里斯希望的一样撞上外飞奇点，那么"巡逻者"号需要和下落奇点的速度几乎一致，也就是以光速下降。如果"巡逻者"号被给予一个强大并且向内的反冲力，那么它是可以达到这个速度的。这又如何实现

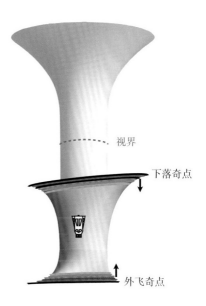

图 27-2 "巡逻者"号夹在卡冈都亚的下落奇点和外飞奇点之间。为了能够看清楚，"巡逻者"号的尺寸画得比它实际上大得多

呢？在通常情况下：离开"巡逻者"号之后不久，"巡逻者"号会被一个合适的中等质量黑洞周围的引力弹弓弹射出去。

库珀在卡冈都亚内部看到了什么 ⑤

当库珀向内坠落的时候，他抬头看到的是外部的宇宙。因为他的掉落被加速了，所以他看到的外部宇宙中的时间流逝和他自己的时间流逝速率差不多。[①] 但是他所看到的外部宇宙的图像在尺寸上缩小了——从大约占天空的 1/2 缩小到了 1/4 左右。[②]

当我第一次看到电影关于这一点的描述时，我很高兴地发现保罗·富兰克林的团队将它做对了。他们还把我忽略了的一点也做对了：在电影中，上方宇宙的图像被卡冈都亚的吸积盘所环绕（见图 27-3）。你能解释为什么必须是这样吗？

① 在科技语言中，上方的信号来自库珀高速向红端所做的多普勒频移。这和由黑洞的引力拉力所导致的蓝色频移相抵消，因此颜色看上去比较正常。

② 由星光像的偏差所致。

电影《星际穿越》剧照，由华纳兄弟娱乐公司授权使用

图 27-3　在卡冈都亚内部，库珀通过"巡逻者"号向上看的时候，所看到的被吸积盘围绕的宇宙。卡冈都亚的阴影是图像左边的黑色区域

库珀看到他上方的这一切，但是他看不到下落奇点。下落奇点朝着库珀以光速向下移动，追逐着给他带来上方吸积盘和宇宙图像的光线，但是并不会赶上这些光线。

因为对于黑洞内部到底是怎么回事我们仍然无从知晓，所以我告诉克里斯和保罗，他们可以尽情地发挥想象力，描述在库珀下落时，他所看到的自下方朝向他迎面而来的景象。无论如何，我都感到欣慰。我只提了一个要求："请不要像迪士尼电影制片厂在电影《黑洞》中所做的那样，把黑洞内部描绘成撒旦和地狱之火的领地。"克里斯和保罗笑了。他们根本没打算那么做。

我看到他们的实际描绘非常合乎情理。向下看，库珀应该看到的光线是来自在他之前掉入卡冈都亚并且仍在向内掉落的物质。这些物质本身不发光。通过反射来自上方吸积盘的光线，库珀能够看到它们，就像我们之所以会看到月亮是因为它反射了太阳的光线一样。我预料这些物质大部分是星际尘埃。所以，这也解释了库珀下落时所遇到的烟雾。

库珀也能追上比他下降速度慢的东西，这也许能解释为什么电影中会有撞上"巡逻者"号并被弹开的白色碎片。

被超立方体营救　Ⓢ

在我的科学解释中，当"巡逻者"号接近外飞奇点的时候，受到的潮汐力会增加。在千钧一发时，库珀被弹射了出去。潮汐力将"巡逻者"号撕裂。直观地，它分成了两部分。

在奇点边缘，超立方体已经就位，等待着库珀。根据假设，超立方体是被超体生物放在那里的（见图27-4）。

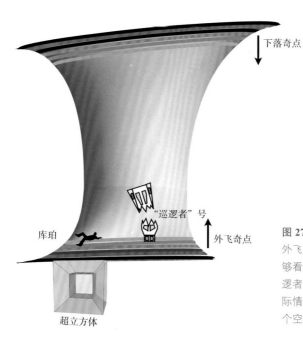

下落奇点

"巡逻者"号

库珀

外飞奇点

超立方体

图 27-4 此图展示了库珀正要被位于外飞奇点边缘的超立方体救起。为了能够看清楚，代表库珀的图标和代表"巡逻者"号的图标之间的距离远远超过实际情况。此图画于二维空间中，另外一个空间维度被压缩了

28

THE
TESSERACT

超立方体

在电影《星际穿越》中，超立方体的入口是一个白色棋盘形的图样。每个白色方块都是一束光线的终点。库珀进入超立方体，沿着光束之间的通道下落。他感到茫然而困惑，对着通道墙壁上看上去像砖块一样的东西猛砸，结果发现它们其实都是书。通道指向一间大厅。他在那里漂浮、挣扎，然后渐渐稳住了。

这个大厅是克里斯托弗·诺兰对于四维超立方体的一个三维截面的独特诠释，其效果是由保罗·富兰克林以及他的视觉特效团队加强的。大厅和它的周围是极为复杂的。第一次看到它们的时候，即使我知道超立方体是什么，也仍然会像库珀一样辨别不清方向。克里斯和保罗使超立方体显现出了极其复杂的特性，直到我和他们交谈之后才完全弄明白。

下面是我所知道的，即通过物理学家的视角过滤之后所得知的。在这一章，

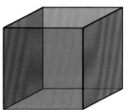

图 28-1 从点到线到平面，再到立方体

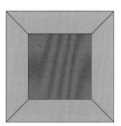

图 28-2 从立方体到超立方体

我会从简单、标准的超立方体开始，然后建立克里斯式的复杂的超立方体。

点-线-平面-立方体-超立方体 ⓣ

标准的超立方体是一个高维立方体，一个处于四维空间中的立方体。通过图 28-1 和图 28-2，我将向你解释这是什么意思。

如果我们把一个点（见图 28-1 最上方）沿一个方向移动，就会得到一条线。这条线有两个表面（终端）：两个点。这条线有一个维度（它沿着一个方向延伸），而它的表面会减少一个维度，为零维。

如果我们把一条线沿着垂直于它自身的方向移动（见图 28-1 中图），就会得到一个正方形。这个正方形有四个表面：它们是线。平面（正方形）有两个维度，而它的表面会减少一个维度，为一维。

如果我们把一个正方形沿着垂直于它的方向移动（见图 28-1 下图），就会得到一个立方体。立方体有六个表面：它们是平面。立方体有三个维度，而它的表面会减少一个维度，为二维。

下一步应该显而易见。但是为了使其形象化，我需要重新绘制立方体。在你接近一个橙色表面的时候，你所能看到的会如图 28-2 上图所显示的那样。这里原本的正方形（小一些的、深橙色的平面）在向你移动形成立方体的时候，看上去变大了，成了立方体的前表面，即外部平面。

如果我们把一个立方体沿着垂直于它的方向移动（见图 28-2 下图），就会得到一个超立方体。超立方体的图像类似于它上面的立方体的图像：它看上去像两个立方体，而且一个处于另一个的内部。在图中，内部的立方体会向外扩展，扩充超立方体的四维体积。超立方体有八个表面：它们是立方体。（你能找到并数出它们吗？）超立方体有四个空间维度，但它的表面会减少一个维度，变为三维。超立方体和它的表面共享一个时间维度，不过在图中未被画出。

在电影中，库珀进入的大厅是超立方体八个表面的其中一个。但是，像我之前提到的那样，克里斯和保罗用一种聪明的、复杂的方法改造了它。在解释他们机智的改动之前，我用标准的、简单的超立方体来描述我对电影前期超立方体场景的理解。

库珀被运送到超立方体中　⑤

库珀是由原子构成的，而原子是由电力和核力结合而成的。这些都只能存在于三维空间中。因为这一限制，所以他只能位于超立方体的三维表面（立方体）之中。他无法体验超立方体的第四维空间。在图 28-3 中，他悬浮在超立方体的前表面中，而前表面的边缘由紫色线条勾勒了出来。

在我对电影的解释中，超立方体由奇点上升至超体空间。作为与超体空间维度数（四维）一样的物体，超立方体能够自由地存在于超体空间中。它可以运送存在于其三维表面的三维库珀穿过超体空间。

现在，回想起从卡冈都亚到地球的距离，在我们的宇宙膜（宇宙空间是三维的）中测量，大约是 100 亿光年。然而，在超体空间中测量，这个距离只有大约 1 天文单位（AU，从太阳到地球的距离），见图 22-7。因此，不论用超体生物所提供的哪种推进系统实现旅行，在我的理解中，超立方体都能通过超体空间快速地载着库珀穿越宇宙，将他送回地球。

图 28-4 是那段旅程的一张快照。在这张快照中，有一个空间维度被压缩了。因此超立方体是一个三维超体中的三维立方体。库珀变成了一个二维人的图标，位于立方体的一个二维表面上。他沿着与我们二维宇宙（膜）平行的方向旅行。

为了与电影所演示的情形相符合，我想象这次旅程是非常快的，只有几分钟。这时，库珀仍处在迷茫和下落的状态。当他停止运动但依旧漂浮在大厅中的时候，超立方体已经停靠在墨菲的卧室旁边了。

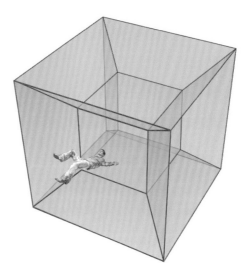

图 28-3 代表库珀的图标处在超立方体的一个三维表面里

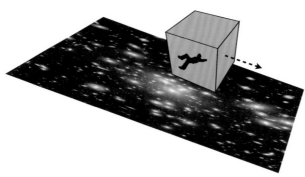

图 28-4 库珀的图标位于超立方体的一个表面中，通过位于我们的宇宙膜的上方的超体空间传送。在此处，一个空间维度已被移除

停靠：墨菲卧室的景象 Ⓢ

这一停靠是怎么实现的？在我的解释中，到达地球附近超体空间的时候，为了能够抵达墨菲的卧室，超立方体必须穿透包裹我们的宇宙膜的 3 毫米厚的 AdS 层（见第 22 章）。在此，我们假设创造了超立方体的超体生物给超立方体配备的技术能够将 AdS 层推开，并为超立方体的下降做好准备。

图 28-5 展示了准备就绪并停靠在库珀农舍中墨菲卧室旁边的超立方体。同样地，一个维度的空间被压缩了。这样，超立方体能被一个三维立方体描述，而农舍、卧室以及墨菲都是二维的。当然，库珀也是二维的。

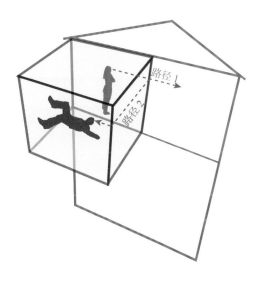

图 28-5 超立方体停靠在墨菲的卧室旁边

超立方体的背向表面与墨菲的卧室重合。在此，我再解释得详细一些。背向表面是超立方体的一个三维的横截面，位于墨菲的卧室中。它就像图 21-2 中球体的一个圆形横截面位于一个二维膜中一样，也等同于图 21-3 中一个高维球体的球形横截面位于一个三维膜中。因此墨菲卧室中的一切，包括墨菲本人，都位于超立方体的背向表面之上。

当一束光从墨菲发出，向外传播，到达墨菲的卧室和超立方体的共同边界时，它有两个地方可以去：第一，光束可以停留在我们的世界里，沿着图 28-5 中的路径 1 向外传播，穿过开着的门向外，或者到达墙壁并被吸收。第二，光束可以停留在超立方体中，沿着路径 2 进入并通过相邻的超立方体表面，到达库珀的眼睛里。所以，有一些光束的光子是沿着路径 1 传播的；而另一些则沿着路径 2 传播，给库珀带来墨菲的影像。

接下来，让我们看看图 28-6，这里我把被压缩的维度恢复了出来。当库珀透过他所在大厅的右边墙壁向外看的时候，他看到了墨菲卧室的内景（右侧白色光线）。而透过他所在大厅的左边墙壁看时，他看到了墨菲卧室的内部（左侧白色光线）。当透过背向他的墙壁看时，他看到了卧室内部。当透过他前方的墙壁（橙色光线）看时，他看到了卧室内部（虽然这在图 28-6 中并不太容易看懂，但你能解释为什么会如此吗）。沿着黄色光线，他穿过墨菲卧室的天花板看。沿着红色光线，他穿过地板看。对于库珀来说，当他不停地变换方向时，他很像是在环绕着墨菲的卧室做运动。（这是克里斯第一次向我展示他复杂化的超立方体的时候向我描述的样子。）

在图 28-6 中，在到达墨菲的卧室之前，所有六条光束必须穿过中间的立方体（超立方体表面）。在电影中，它们从大厅到卧室的旅行距离小到无法察觉。因此，克里斯和保罗一定是让超立方体在一个维度上压缩了，见图 28-6 中由灰色箭头和"压缩"的标记表示出来的样子。

在经过这样的压缩之后，库珀通过所在大厅的每个表面

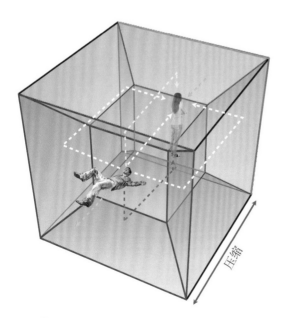

压缩

图 28-6　代表库珀的图标能够透过超立方体他所在表面（紫色边缘）的六面墙壁看到墨菲卧室（橙色表面）的内部。在图中，他看到的是代表墨菲的图标

都能直接迅速地看到墨菲卧室的其中一个表面（墙壁、地板或天花板）。两者之间没有其他空间。因此，对于库珀来说，情况就像图 28-7 所展示的那样。他看到了六个卧室。每一间都和他所在大厅的一个表面连接。每一间都是一样的，只是他看的角度不一样。① 事实上，它们完全是一样的。这里只有一间卧室，虽然对库珀来说看似有六间。

诺兰复杂化的超立方体 Ⓢ

图 28-8 给出的是库珀在超立方体大厅中悬浮的静态场景。效果看上去和图 28-7 很不一样，这是因为复杂丰富的改动。这个改动由克里斯构思，而保罗和他的团队将其实现。

① 图 28-7 中库珀被反转，如图 28-6 中一样，他面对的是墨菲头部的上方。这表示在 2、3、4、5 号墙壁影像中，墨菲也应该是反转的。然而，让她在四幅图中倒转并居于两幅图中右侧向上的位置会让一大部分电影观众感到困惑，因此在这里以及在电影中，墙壁的影像都没有被反转。

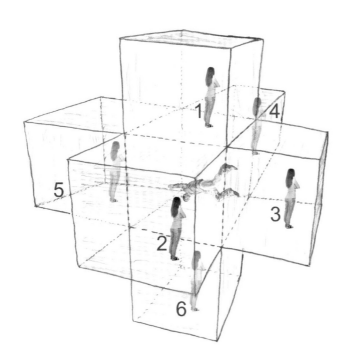

我手绘的草图

图 28-7 代表库珀的图标从他所在的超立方体表面看到的墨菲卧室的六个景象

电影《星际穿越》剧照，由华纳兄弟娱乐公司授权使用

图 28-8 库珀悬浮在诺兰复杂化的超立方体中

① 在电影中，墨菲的卧室不是一个立方体，它的长、宽、高分别约为 6.10 米、4.57 米和 3.05 米。库珀所在的大厅在每个维度上被放大了 3 倍，分别约为 18.30 米、13.71 米以及 9.15 米。为简单起见，我把卧室和大厅都理想化为了立方体。

看到克里斯复杂化的超立方体时，我首先注意到的是库珀所在的大厅被放大了 3 倍。这样，连接到大厅每一个表面的卧室都只覆盖了表面的 1/3。在图 28-9 中，我对此情况进行了描绘，我将超立方体的其他复杂细节都已移除，大厅背向的 3 个表面也没有在视图上呈现出来。①

我注意到的第二件事情是从每个卧室扩展出来的两个延伸体。它们沿着横贯库珀所在的大厅的两个方向延伸（见图 28-10 和图 28-11）。克里斯和保罗向我解释说，这些延伸体相交的地方都有一个卧室，比如说卧室 7、8、9，

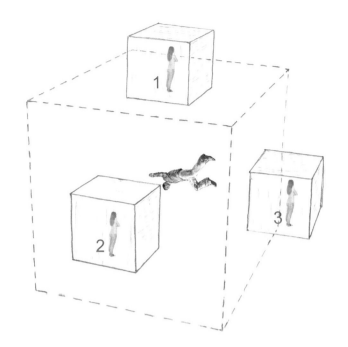

我手绘的草图

图 28-9 库珀所在大厅的尺寸被放大了3倍。6个卧室占据了大厅表面的中心位置

包括之前的卧室 1~6。

延伸体无限扩展，在它们相交的地方创造出了似乎无限多的卧室和大厅[1]的网格。这些大厅类似于库珀所在的大厅（见图 28-10 中的虚线边界）。例如，卧室 7、8、9 所标记出的表面面向一个大厅的内部。这个大厅的边界由点线呈现出来；这个大厅的后左下角和库珀所在大厅的前右上角重叠。

塔斯让我们明白了延伸体和卧室以及大厅网格的含义。他告诉库珀："你已经看到，时间在这里代表着一个物理存在的维度。"

克里斯和保罗向我详细说明了那些想法。他们解释说，超体生物向我们展示了时间的流动。对于蓝色延伸体

[1] 克里斯和保罗把这些大厅叫作"空洞"（void），因为它们是没有延伸体穿过的区域。

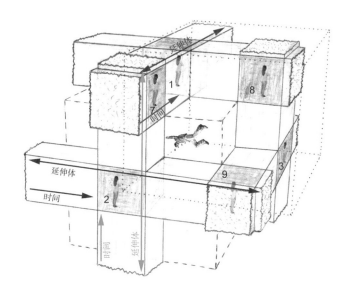

我手绘的草图

图 28-10 从所有卧室扩展出的延伸体。时间沿着它们流动

图 28-11 在克里斯托弗·诺兰发展复杂化的超立方体概念的时候，他在工作笔记中所画的延伸体

来说，时间沿着图 28-10 中蓝色箭头所示的方向流动。对于绿色延伸体来说，时间沿着绿色箭头所示的方向流动。

而对于棕色延伸体来说，时间沿着棕色箭头所示的方向流动。

为了更清楚地了解这一点，我们暂时先集中讨论在卧室 2 相交的一对延伸体（见图 28-12）。在图中，延伸体垂直地穿过卧室的截面随着时间向右移动，即沿着蓝色时间箭头移动；随着它们的移动，蓝色延伸体被创造出来。类似地，水平的截面随着时间流逝向上移动，即沿着绿色时间箭头移动，形成了绿色延伸体。只要是两组截面相交的地方——两个延伸体相交的地方，就是一个卧室。

对于其他延伸体来说，情况是相同的。在每两个延伸体相交的地方，它们的截面就会形成一个卧室。

因为截面的延伸速度是有限的，所以不同卧室之间的时间并不同步。比如说，假设截面沿着每个延伸体移动，从一个卧室到下一个卧室需要一秒钟，那么图 28-13 中所有卧室都是从 0 号卧室图像开始移动形成的未来，时间差别以秒计，由黑色数字表示。具体来说，卧室 2 领先卧室 0 一秒钟，卧室 9 领先卧室 0 两秒钟，而卧室 8 领先卧室 0 四秒钟。你能明白为什么吗？

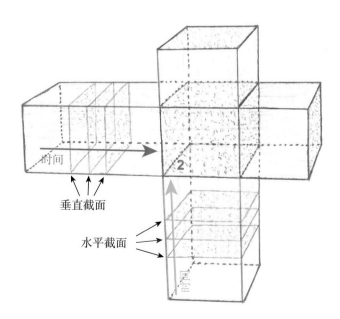

时间

垂直截面

水平截面

在电影中，相邻卧室的时间流逝更接近于 1/10 秒，而不是 1 秒。通过仔细观察相邻的卧室，由墨菲卧室窗帘的随风而动

我手绘的草图

图 28-12 墨菲卧室的截面沿着两个延伸体移动。卧室 2 位于两组截面相交的地方

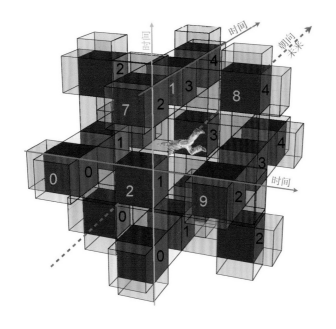

图 28-13 卧室网格的一部分。卧室网格由移动的截面（延伸体）相交而成。蓝色数字表示具体的卧室——之前图像中数字命名系统的扩展。每个卧室上的黑色数字给出的是它相对于卧室 0 去向未来的时间间隔。紫色虚线箭头表示的是库珀能够以最快速度移动到卧室未来的方向

可以估计出不同卧室之间的时间差别。

当然，在电影的超立方体中，每个卧室都是墨菲的真实卧室，不过只是在某一个特定时刻（图 28-13 中由黑色数字标示的时刻）的卧室罢了。

库珀移动的速度能够远远超过卧室延伸体中时间的流逝速度，因此他可以在复杂的超立方体中随意旅行，到达几乎任意一个他想要去的卧室时间！

为了能够以最快速度到达墨菲卧室时间的未来，库珀应该沿着他所在大厅的对角线移动，朝着蓝色、绿色以及棕色时间（向右、向上以及向内）增加的方向——也就是说，沿着图 28-13 中紫色的对角虚线方向。这样的对角线避开了延伸体，它们是库珀能够沿其旅行的开放通道。在电影中，我们看到他沿着这样一个开放的对角通道移动，从早期诡异的书本掉落的卧室时间到达手表滴答的卧室时间（见图 28-14 ）。

当库珀在复杂的超立方体中沿着对角线上下移动的时候，他真的是在穿梭于

电影《星际穿越》剧照，由华纳兄弟娱乐公司授权使用

图 28-14 在复杂的超立方体中，当库珀沿着一个对角通道快速上升，进入墨菲卧室时间的未来时，他所看到的景象。对角通道在图中上部中心处

时间的过去和未来吗？是像阿梅莉亚·布兰德所推测超体生物向前和倒退穿梭的方式吗？她说道："对他们来说，时间也许只是另一个物理存在的维度。对他们来说，过去也许只是一个他们能够跋涉进入的峡谷，而未来是一座他们能够攀登上的山峰。然而，对我们来说，并不是这样。明白吗？"

那么，电影《星际穿越》中控制时间旅行的规则是什么？

29

MESSAGING
THE PAST

向过去传递信息

向电影《星际穿越》的观众传递规则　Ⓣ

在克里斯托弗·诺兰成为电影《星际穿越》的导演并重新改写剧本之前，他的兄弟乔纳告诉了我一些规则。

乔纳告诉我，在一部科幻电影里，为了保留悬念，观众必须被告知一些游戏规则——电影的规则集。哪些是物理定律或者所处时代的技术所允许的，而哪些又是不被允许的？如果规则不清楚，很多观众会希望一些不可思议的奇迹出现，让女主角马上被救，但这样一来，电影的张力就达不到应有的效果了。

当然，你不能直接告诉观众："这部电影的规则集如下……"它必须以一种不显山露水、很自然的方式传递给观众。克里斯正是这方面的大师，他通过电影角色的对话把这些规则传达给了观众。当你再次观看电影《星际穿越》的时候（你怎么能忍住不再看一次呢），不妨留意下他那些透露规则的对话吧。

克里斯托弗·诺兰关于时间旅行的规则　

事实证明（见下文），逆时间旅行是由量子引力理论决定的。量子引力是一个几乎未知的领域，物理学家们也不是十分确定哪些是允许的，而哪些不是。

克里斯针对时间旅行里哪些是允许的以及哪些是禁止的内容，拟定了两条具体的规则。他的规则如下：

规则1：所有具有三个空间维度的物理实体或者场，比如人或者光线，在我们的宇宙膜里，是不能从一个地方逆时间旅行到另一个地方去的。他们携带的信息也不能这样传播。物理定律或者事实上的时空弯曲是禁止这样的。所以下面的表述都是对的：物体要么永久地待在我们所在的宇宙膜中，要么通过超体的一个三维表面里的体，从我们的宇宙膜的一个点到达另一个点。所以，具体来说，库珀是永远都无法回到他自己的过去的。

规则2：引力可以把信息传送到我们的宇宙膜的过去。

在电影里，规则1会产生不断增加的紧张感。当库珀在卡冈都亚附近逗留的时候，墨菲却变得越来越老。由于库珀不能逆时间旅行，所以他将永远不能再回到墨菲身边的危机正逐渐增加。

但是，规则2给了库珀希望。他可以利用引力将量子数据传递给时间轴上过去的、年轻的墨菲。这样墨菲就可以解出教授的方程组，从而找到将人类送离地球的方法。

那么，在电影《星际穿越》里，这些规则是如何演绎的？

传递信息给墨菲 ⑤

当掉入和穿越超立方体的时候，相对于我们的宇宙膜的时间来说，库珀确实是在逆时间旅行——从墨菲老年的时候回到她还是 10 岁的时候。库珀从超立方体卧室中观察墨菲，他看见了 10 岁的她，从这个意义上说，他实现了逆时间旅行。并且，相对于我们的宇宙膜世界的时间（卧室的时间）来说，库珀能够沿着时间轴前进或者后退，因为通过选择看不同的卧室，他能观察到处在不同卧室时间下的墨菲。这并不违背规则一，因为库珀并没有再次进入我们的宇宙膜世界。他依然在我们的世界外面，待在超立方体的一个三维通道中。通过从墨菲那束沿时间正向运动到达他的光，库珀观察着墨菲的卧室。

然而，正如库珀不能重新进入墨菲 10 岁时候的我们的宇宙膜世界一样，他也不能传递光给她，因为光可以携带信息从库珀本人的过去，也即她的未来带给她；也可以携带她是一个老人时的那个时代的信息；以及从我们的宇宙膜世界里，从一个地方逆时间传递到另一个地方的信息。这是违背规则 1 的。所以，在卧室里的 10 岁的墨菲和在超立方体内的库珀之间，一定存在着某种单向的时空屏障，就像一块单向的镜子或者一个黑洞的视界。光线可以从墨菲向未来传播到达库珀，但不能从库珀向过去传播回到墨菲那里。

在我对《星际穿越》的科学解释中，这种单向的屏障有个简单的来源：在超立方体里的库珀总是处在 10 岁墨菲的未来。光可以从墨菲向未来传播到达他那，但不能从他这向过去传播回墨菲那里。

但是，库珀发现引力可以越过这个单向的屏障。引力信号可以沿时间逆行，从库珀传递到墨菲。我们首先注意到这一点，是在库珀拼命地把墨菲书架上的书往外推的时候。图 29-1 展示的就是这个情节中的一个镜头。

在解释这个镜头之前，正如克里斯和保罗·富兰克林解释给我的那样，我必须

电影《星际穿越》剧照，
由华纳兄弟娱乐公司
授权使用

图 29-1 库珀正在用
右手推一本书的世界管
（world tube）

更多地介绍下卧室延伸体。让我们先集中注意力观察图 28-10 和图 28-12 里前面的
蓝色延伸体。我拿掉了无关的东西，并把这部分重现于图 29-2。我们还记得，这
个延伸体是一系列垂直穿过墨菲卧室的截面，它们沿着蓝色方向（从左至右）在

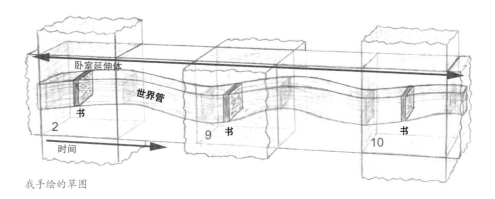

我手绘的草图

图 29-2 在墨菲卧室延伸体里的一本书的世界管。
书和它的世界管画得比真实尺寸大得多

卧室的时间轴上前进。

　　卧室里的每一个物体，比如每一本书都对这个卧室的延伸体有贡献。实际上，书也有它自己的延伸体，作为更大的卧室延伸体的一部分沿着蓝色箭头指示的时间向前流动。物理学家们称这种延伸体的变化为书的"世界管"。同时，我们称书中的每个物质粒子的延伸体为粒子的"世界线"（world line）。所以，这本书的世界管就是组成这本书的所有粒子的世界线的集合。克里斯和保罗也使用这种物理语言。在电影里，你所看到的沿着延伸体流动的细线就是墨菲卧室里面物质粒子的世界线。

　　在图 29-1 中，库珀一次又一次地用拳猛击书的世界管，创造了一个引力信号（超体里的引力波），这个引力信号逆时间穿越到达他正观察的墨菲卧室的那个时刻，然后作用在书的世界管上。作为回应，这本书的世界管将出现移动。而世界管的移动在库珀看来是一个对他推力的及时回应。这个移动变成了一个沿世界管向左运动的波（见图 29-2）。①当这一移动变得足够强的时候，书就将掉下书架。

　　当库珀从塔斯那里接收到量子数据的时候，他已经掌握了这种交流方式。在电影里，我们可以看见他用手指推动着手表分针的世界管。他的推动产生了一个沿时间逆行的引力，使秒针不停颤动。颤动的模式遵循摩尔斯电码，其中包含了量子数据。超立方体存贮了存在于超体中的这种颤动模式，所以它可以不停地、一遍又一遍地重复。30

① 为什么向左？因为这样一来，在卧室时间的任何一个特定时刻，世界管总是在横截面上的同一个位置。你可以好好想一想。

年之后，当 40 岁的墨菲回到她的卧室时，发现秒针依然在颤动，一遍又一遍地重复着库珀费尽力气传送给她的经过编码后的量子数据。

那么，沿时间逆行的引力又是如何作用的？在我告诉你一些我所知道的或者我认为自己知道的关于逆时间旅行的一些知识后，我将告诉你我作为物理学家对这个问题的解释。

没有超体的时间旅行 ⒺⒼ

1987 年，受卡尔·萨根（见第 13 章）的启发，我意识到一些关于虫洞的令人惊异的事情。如果虫洞是被物理定律所允许的，那么爱因斯坦的相对论物理定律将允许它们被改造成时间机器。最好的例子在一年之后就被我的好朋友、来自俄罗斯莫斯科的伊戈尔·诺维科夫（Igor Novikov）发现。伊戈尔的例子（见图 29-3）显示，虫洞到时间机器的转变可能会自然发生，并不需要任何智慧生物的帮助。

在图 29-3 中，虫洞的下开口在围绕黑洞的轨道上，而上开口则远离黑洞。因为黑洞强大的引力拉力，爱因斯坦的时间弯曲定律决定：在虫洞下开口处的时间流逝比上开口处的流逝要慢很多。这里说的慢很多是指，当沿着强大的引力线的

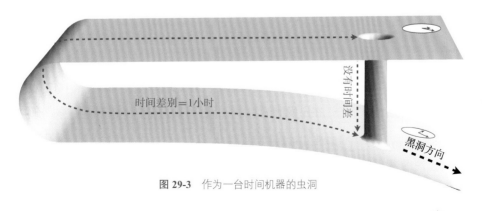

图 29-3 作为一台时间机器的虫洞

路线进行比较的时候,比较对象为:图中穿过外部世界的紫色虚线路径。具体来说,假设这导致了一个小时的延迟,那么从外部世界中比较,图中下面的时钟比上面的时钟就慢了一个小时。这个时间延迟随着时间流逝还将不断增大。

因为在虫洞内部只有微小的引力,所以根据爱因斯坦的时间弯曲定律可以推断,当穿过虫洞进行观察时,上开口和下开口这两个地方的时间流逝将保持相同的速率。所以,在虫洞里比较时钟的时候是没有时间延迟的——它们将被同步。

如果进一步假定,具体来说,如果外部世界中两个开口的距离足够短——你可以在时钟所测量的 5 分钟内到达,而且可以在 1 分钟内穿过虫洞,那么这个虫洞就已然变成了一台时间机器。如果你在 2:00 的时候离开上开口(以当地时钟测量),穿过外部世界,在 2:05 到达下开口(以上开口的时钟计时),或者是 1:05(以下开口的时钟计时)。然后从下开口到上开口,你用 1 分钟向上穿过虫洞。因为时钟在穿过虫洞时将被同步,所以你到达上开口的时间是 1:06(从两个时钟来看都如此)。这样你就回到了自己出发时间 2:00 的 54 分钟以前的起点——遇到了一个更年轻的自己。

如果是几天前,时间差异很小的时候,那么虫洞还不是一台时间机器。当某些以最高可能速度(光速)运动的物体,能够沿着你的路径旅行,回到上开口,如果返回的时间正好是它出发的时刻,那么在这第一时刻,虫洞才成为一台时间机器。

比方说,如果这个物体是一个光的粒子(一个光子),最初我们只有一个光子,而现在我们有两个光子,在出发的时间和地点。当这两个光子完成旅行后,在同一个地点和时间我们将有 4 个,然后 8 个、16 个……这样,在虫洞中的能量流会逐步迅速增强。这种能量很可能足够大,以至于在虫洞正在形成一台时间机器的时刻,它的引力就能摧毁自己。

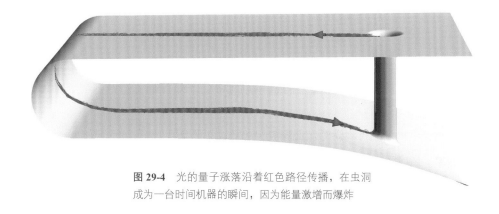

图 29-4 光的量子涨落沿着红色路径传播，在虫洞成为一台时间机器的瞬间，因为能量激增而爆炸

解决这个问题的办法似乎很简单，只要能够屏蔽这些光子进入虫洞就可以了。然而，总有一些东西你是不可能屏蔽在外面的，比如具有超高频率的光子的量子涨落。根据量子引力理论（见第 25 章），这些扰动的存在不可避免。1990 年，金圣源（Sung-Won Kim，我研究组的一位博士后）和我利用量子定律计算了这些扰动的命运。我们发现了一个持续增长爆炸（见图 29-4）的解。最初，我们认为这个爆炸太微弱，不至于摧毁这个虫洞——虫洞将不受爆炸影响而成为一台时间机器。史蒂芬·霍金说服了我们，让我们知道事实并非如此，而且使我们相信爆炸的命运是由量子引力理论决定的。只有当这些定律被完全理解时，我们才能确切地知道逆时间旅行是否可行。

然而，霍金非常确信，最终的答案将会是时间机器根本不存在。他把这一点列入了他所提出的"时序保护假说"（chronology protection conjecture）——这个物理定律将总是阻止回到过去的时间旅行，从而"避免历史被改写"。

在过去的 20 多年里，许多研究者竭尽全力以证明或者反证霍金的时序保护假说。我认为，今天的结果依然与 20 世纪 90 年代初他和我争论这个问题时一样：只有量子引力理论能给出确切的答案。

有超体存在的时间旅行　Ⓢ

上述研究以及结论（有根据的推测）所基于的物理定律只有在大型五维超体不存在的情况下才成立。如果一个大型超体存在，正如电影《星际穿越》里一样，那么时间旅行又将是怎么样的呢？

物理学家们发现，爱因斯坦的相对论物理定律如此令人信服，以至于我们猜想：与在我们的宇宙膜世界中一样，它在超体中也一定成立。所以，丽莎·兰道尔、拉曼·森德拉姆等人已经将爱因斯坦的相对论物理定律通过一个简单的步骤扩展到了五维超体中，那就是：给空间增加一个新的维度。这个扩展在数学上直接而且优雅，使物理学家们相信这条路是对的。在我对电影的解释中，布兰德教授就是用这个扩展作为他方程的基础，努力理解引力异常现象（见第 24 章）。

如果这个推测性的扩展是对的，那么时间在超体中将与在我们的宇宙膜里表现基本一致。具体来说，与我们的宇宙膜一样，超体里的物体和信号只能随着当地测量的时间（当地超体时间）沿着一个方向移动：向着未来。它们不能在当地向过去移动。如果超体中的逆时间旅行是可能的，那么就只有以下这种可能的实现方式：跳出超体空间，然后在旅程开始前返回。当地的超体时间只能是一直向前流动。这是图 29-3 里一个封闭旅程在超体中的类比。

给墨菲传递信息—— 一个物理学家的解释　Ⓢ

对于库珀给墨菲传递信息，我这个物理学家的解释以对时间的描述为基础。

让我们回忆一下，对于超立方体来说，它的表面是三维的，内部是四维的，而且是超体的一部分。在电影里有关超体的场景中，我们看到的所有东西都处在表面上，如库珀、墨菲、墨菲的卧室、卧室的延伸体、书和表的世界管，这些都位于超立方体的三维表面上。我们从未看见过超立方体的内部。我们看不到内部，是因为光线只能穿过三维空间，而不能穿过四维空间。但是，引力可以。

在我的解释中，库珀之所以能看见墨菲卧室里的书，是因为超立方体表面中传播的光线（如图 29-5 中红色虚线标示的光线）。当他推动一本书的世界管或者推动手表秒针的世界管的时候，就产生了一个引力信号（超体中的一个引力波），这个信号会沿着图 29-5 中的紫色曲线以螺旋的方式进入并穿过超体的内部。这个信号在当地的超体时间里向前传播，但在卧室的时间里却向后退，以至于到达时间比出发时间还早。[①] 就是这个引力信号推动了书架上的书以及让手表的秒针不停颤动。

这非常像我所钟爱的埃舍尔的一幅作品《瀑布》（见图 29-6）。画中向下方向可以类比于卧室时间向前流动的

① 我可以轻易写出一个达到此目的的时空弯曲的数学表达式。超体生物里的工程师们可以努力建造这样一个时空弯曲。这一弯曲可以使引力信号在超体的本地时间里向前移动，但是相对于卧室的时间是向后的；请看本书最后关于这章的"附录 2 技术札记"，特别是图 F-1。超体生物工程师们是否真的能建造出这样一个时空弯曲取决于量子引力理论——这些我不知道的理论，但是塔斯在黑洞卡冈都亚的奇点里发现了它们。

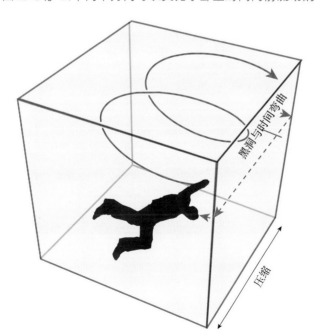

图 29-5 库珀的图标通过沿红色虚线标示的光线看见一本书，然后通过一个沿着紫色曲线旋进的引力信号对书施加一个力。我压缩了我们的宇宙膜空间的一个维度

摩里茨·科奈里斯·埃舍尔（M.C. Escher）绘制

图 29-6 瀑布

方向，而水流可以类比于当地时间向前流动。一片树叶被水带着向前流动，正如超体里的信号在当地时间里向前流动一样。

当被水带着流下瀑布的时候，这片树叶就好像从书到库珀的光线——它不仅在当地时间里向前流动，而且也同时向下流动（沿着卧室时间向前）。如果这片树叶跟随高架渠中的水流动，那么它就会像从库珀传到书的引力信号一样沿着当地时间向前流动，但是在图中却是向上的（对应卧室时间的倒退）。①

然而，在这个解释里，我怎么才能解释阿梅莉亚·布兰德对于超体生物所看到的时间的描述？"对他们来说，时间也许只是另一个物理存在的维度；对他们来说，过去也许只是一个他们能够跋涉进入的峡谷，而未来是一座他们能够攀登上的山峰。"

在爱因斯坦的相对论物理定律扩展到超体后，我们得知超体的本地时间不能这样表现。在超体里，没有物体可以在超体的本地时间轴上逆向运动。然而，从超体中看我们自己的宇宙膜时，库珀和超体生物是能够而且切实看见我们的宇宙膜的时间（卧室时间）的，正如布兰德说的那样。从超体里看，"我们的宇宙膜的时间看上去就像另一个物理维度"，转述下布兰德的话，"我们的宇宙膜的过去看上去就如同一个库珀可以跋涉进入的峡谷（沿着超立方体中的对角线向下即可），而我们的宇宙膜的将来就如同一个他可以攀登上的山峰（沿着超立方体中的对角线向上即可）。"详情请见图 28-14。

① 通过一个视错觉。

这是我作为一位物理学家对布兰德所说的话的解释。克里斯在电影里的诠释与此相似。

穿过第五维度接触布兰德 ⚠

在电影《星际穿越》里，当量子数据安全到达墨菲手中时，库珀的任务已经完成了。此时，带着他穿越超体的超立方体开始关闭。

当超立方体关闭的时候，库珀看见了虫洞。在虫洞里，他看见"永恒"号正在第一次去往卡冈都亚的旅途上。当他掠过"永恒"号的时候，他伸出手穿过第五维度在引力的作用下碰到了布兰德。布兰德以为是超体生物接触了她，其实是一个在迅速关闭的超立方体里的正在穿越超体的人类——一个已经筋疲力尽的、更老的库珀而已。

30

LIFTING COLONIES OFF EARTH

发射太空殖民飞船

在电影《星际穿越》的较前部分，当库珀第一次访问 NASA 的设施的时候，他被带着参观了一个正在建造中的巨大的圆柱形封闭体：太空殖民飞船。它将被用来带着数千人进入太空，并为几代人提供住所。而且，库珀还被告知，类似的封闭体在别的地方也在建造中。

库珀看着这些，疑惑地问教授："这么巨大的设施怎么能离开地球呢？"教授告诉他："那些最初的引力异常已经改变了一切。我们忽然明白控制引力已经成为现实，所以我们开始致力于相关理论的研究，并且开始建设这个基站。"

在电影的结尾，我们看见这艘太空殖民飞船漂浮在太空中，而一切日常生活都在飞船里得以恢复（见图 30-1）。

电影《星际穿越》剧照，由华纳兄弟娱乐公司授权使用

图 30-1 库珀透过窗户看孩子们在太空殖民飞船里打棒球

那么，它是如何飞入太空的？当然，关键就是塔斯从卡冈都亚奇点获得（见第 25 章和第 27 章），然后通过库珀传递给墨菲的（见第 29 章）量子数据（用科学术语来说，就是量子引力理论）。

我已经解释过，通过抛弃这些定律中的量子涨落（见第 25 章），墨菲得到了主导引力异常的非量子化的定律。从这些非量子化的定律中，她找到了控制引力异常的办法。

作为物理学家，我非常希望知道其中的细节。布兰德教授求解他黑板上的方程的思路是否正确（见第 24 章）？正如墨菲在得到量子数据前所声称的那样，教授真的找到了半个答案？或者，他的思路就是错的？也许引力异常的秘密和控制引力的理论根本就是完全不同的东西？

或许，电影《星际穿越》的续集将会告诉我们这些答案，克里斯托弗·诺兰可是一个做系列剧的大师，看看他的《蝙蝠侠》三部曲吧！

但是，有一件事很清楚，就是墨菲肯定已经找到了减小地球内部牛顿引力常数 G 的方法。读者应该还记得（见第 24 章）地球的引力可以用牛顿的平方反比定律确定，它就是：$g=Gm/r^2$，这里的 r^2 是到地球中心距离的平方，m 是地球的质量，而 G 就是牛顿引力常数。如果把引力常数 G 减少到一半，那么地球的引力也将减半。类似地，如果 G 减小 1 000 倍，那么地球的引力也就会减小 1 000 倍。

在我的理解中，当牛顿引力常数 G 在地球内减少到它正常值的千分之一，哪怕是一个小时的时间，火箭引擎便能将巨大的殖民飞船送入太空。

在我看来，引力减小将带来一个副效应——地球的核心将不再受到上方地球巨大质量的挤压，会迅速地向外弹开，将地球的表面向上推。超大型地震以及海啸必定会接踵而至，在移民飞入太空的同时，在地球上造成巨大的灾难。这将是地球在枯萎病导致的大灾难后必须付出的另一个糟糕的代价。而且，当牛顿引力常数 G 恢复到原来的值之后，地球又会收缩，变回原来的尺寸，这将导致更多地震和海啸。

毕竟，人类还是得救了。而且，库珀和 94 岁的墨菲也团聚了。随后，库珀会向宇宙的深处进发，寻找阿梅莉亚·布兰德。

科学的指引 ⓣ

每当我观看电影《星际穿越》或者往回翻阅这本书的时候，我都惊叹于这里面所包含的大量科学知识，惊叹于这些科学知识的丰富以及它们的美妙。

最重要的是，我会被《星际穿越》里潜在的乐观信息所感动：我们生活在一个被物理定律所支配的世界。我们人类有能力去发现、去探索、去掌握这些定律，并用来掌控我们自己的命运。即使没有超体生物的帮助，我们人类依然有能力去应对宇宙中可能发生的绝大多数大灾难，还有那些我们自己造成的灾难——从气候变化到生态灾害，再到核灾难。

但是要做到这些，要掌握我们自己的命运，就需要我们中的很大一部分人能理解和认识科学：科学是如何起作用的？关于宇宙，关于地球，关于生命，它能教会我们些什么？它能实现什么？因为知识和技术的不足，它的局限性又是什么？如何才能克服这些局限性？我们如何从猜想转变成有根据的推测，再将之发展成科学事实？能导致我们已认知的"真理"再发生颠覆性进步的革命有多么罕见？又有多么重要？

我希望本书能对这些理解有所贡献。

THE SCIENCE OF INTERSTELLAR

在哪里可以获得更多信息？

引　言　一场华梦，九年曲折：电影《星际穿越》的创生

对好莱坞文化和瞬息万变的电影制作方法感兴趣的读者，我强烈推荐我的合作伙伴琳达·奥布斯特的两本书：*Hello, He Lied: & Other Truths from the Hollywood Trenches*（1996）和 *Sleepless in Hollywood: Tales from the New Abnormal in the Movie Business*（2013）。

宇宙的终极真相

对于我们整个宇宙的全面简述，可以参见马丁·里斯（Martin Rees）于 2005 年所著的《宇宙大百科》，这本书包含了很多图片，你可以对照此书用肉眼、双筒望远镜或天文望远镜来观测。目前，已经出版了许多不错的关于宇宙的著作，主要讲述了宇宙的最早时刻发生了什么、大爆炸的起源以及大爆炸可能是如何开

始的。我尤其喜欢 *The Inflationary Universe*（Guth 1997）、*Big Bang: The Origin of the Universe*（Singh 2004）、*Many Worlds in One: The Search for Other Universes*（Vilenkin 2006）、《宇宙之书：探索宇宙的极限》（Barrow 2011）这些书和 *From Eternity to Here: The Quest for the Ultimate Theory of Time*（Carroll 2011）一书的第3章、第14章和第16章。

主宰宇宙宿命的法则

作为20世纪的伟大物理学家之一，理查德·费曼在1964年做了一系列公开演讲，深入讲述了控制我们宇宙的定律的本质。他在1965年把那些演讲内容汇编成了我一直以来最为喜欢的一本书——《物理定律的本性》。如果想阅读同样主题，但更详尽、更新也更翔实的书，可参见布赖恩·格林于2012年所著的《宇宙的结构：空间、时间以及真实性的意义》一书。如果想读一本轻松或者更为有趣，但是具有同样深度的书，可参阅史蒂芬·霍金与列纳德·蒙洛迪诺于2011年合著的《大设计》一书。

弯曲时空和潮汐力

如果想了解一些概念的历史细节，比如爱因斯坦弯曲时空的概念、它们和潮汐力的联系，以及建立在这些概念之上的相对论物理定律，可参见我于1994年所著的《黑洞与时间弯曲》一书的第1章和第2章。对于证明爱因斯坦正确性的许多实验描述，可参见 *Was Einstein Right? Putting General Relativity to the Test*（Will 1993）。*"Subtle Is the Lord…": The Science and the Life of Albert Einstein*（Pais 1982）是一部爱因斯坦的传记小说，它深入描述了爱因斯坦对于科学的全面贡献。它阅读起来有一定难度，比我或者 Will 的书更具学术性。也有其他更为全面地介绍爱因斯坦的传记小说，我尤其喜欢2012年由沃尔特·艾萨克森所著的《爱因斯坦传》一书。但是，从描述爱因斯坦科学的准确性和细节的角度来看，没有其他任何一部传记可以与 Pais 所写的传记相媲美。

Gravity from the Ground Up: An Introductory Guide to Gravity and General Relativity（Schutz 2003）是一本大众读物，它深入讨论了引力及其在宇宙中所扮演的角色（牛顿引力和爱因斯坦的弯曲时空）。同样内容，但是针对高年级的本科物理或者工程学学生，我推荐下面两本教科书：詹姆斯·哈蒂于 2003 年所写的《引力》和伯纳德·舒茨于 2009 年所著的《广义相对论基础教程》。

黑洞，光都无法逃逸的牢笼

如果想具体了解黑洞和我们是如何逐渐了解黑洞的这些知识的，我建议读者翻阅 *Gravity's Fatal Attraction: Black Holes in the Universe*（Begelman and Rees 2009）、《黑洞与时间弯曲》等书。

黑洞卡冈都亚的构造

如果想了解这一章特别描写的黑洞的性质，可参见《黑洞与时间弯曲》的第 7 章，尤其是 248-269 页（英文版的 272-295 页）。如果想看技术性更强而且有很多公式的内容，可参见《引力》一书，也可以参见本书"附录 2 技术札记"。关于火壳和光子轨道的描述，可以参见爱华德·特奥（Edward Teo）的技术论文（Teo 2003）。

引力弹弓

如果想更多地在技术层面上（相对我这本书的描述）了解引力弹弓，可以浏览维基百科上的相关文章。但是，不要全信维基百科对于黑洞的弹弓的叙述。比如，维基百科上有这样一段叙述（截至 2014 年 7 月 4 日）："如果一艘宇宙飞船与黑洞的史瓦西半径（视界）距离过近，那么空间会变得弯曲，以至于逃脱弹弓轨道要求的能量比通过黑洞运动能够注入的能量都要多。"实际上，这个说法是完全错误的。所以我们在阅读维基百科的时候，应该总是持有谨慎的怀疑态度。以我的经验而言，在我擅长的领域中，大约 10% 的维基百科的叙述是错误的或者是具有误导性的。

与电影《星际穿越》相关的引力弹弓视频游戏也已经被开发出来。

在讲到引力弹弓的时候，我提到了中等质量黑洞。关于中等质量黑洞的一些技术性讨论，可以参见迈耶于 2012 年所著的 *Black Hole Astrophysics: The Engine Paradigm* 一书的第 4 章。

同时，你也可以利用大卫·萨洛夫编写的一款应用程序生成并且研究快速自旋黑洞周围的复杂轨道，比如图 6-6 所示的那样。

打造黑洞卡冈都亚

之前，很多物理学家以黑洞为引力透镜，对恒星区的透镜效应（类似于电影《星际穿越》中所表现的那样）进行了多次数值模拟，这些都可以在网络上找到。其中，阿兰·莱阿祖罗所做的模拟尤其令人称道。也可参见在第 27 章提及的以下这部分内容。

保罗·富兰克林的团队利用我给他们的公式作出了电影中的黑洞模拟，他们团队和我已经发表了两篇相对技术性的文章，来讨论一些模拟结果，包括电影《星际穿越》中黑洞卡冈都亚图像的模拟，黑洞周围的吸积盘和虫洞以及一些关于引力透镜的其他结果，而这些其他模拟结果揭示了一些令人惊异的发现，请参见 Oliver et. al.（2015a，b）[1]。

---

[1] Oliver, O., von Tunzelmann, E., Franklin, P., and Thorne, K.S. (2015a). "Gravitational lensing by spinning black holes in astrophysics, and in the movie Interstellar", Classical and Quantum Gravity, 32, 065001.
Oliver, O., von Tunzelmann, E., Franklin, P., and Thorne, K.S. (2015b). "Visualizing Interstellar's Wormhole", American Journal of Physics, in press, arXiv:1502.03809.

瑰丽奇美的吸积盘与喷流

关于类星体、吸积盘和喷流的深入讨论，请参见比格尔曼和里斯于 2009 年所著的 *Gravity's Fatal Attraction*、《黑洞与时间弯曲》的第 9 章和更加技术性、更为详尽的书籍 *Black Hole Astrophysics* （Meier 2012）。如果想了解黑洞的恒星潮汐瓦解描述以及瓦解之后形成的吸积盘，请参见詹姆斯·吉约雄的网站（詹姆斯·吉约雄及其同事负责书中图 8-5 和 8-6 的数值模拟）。如果想看更接近天文观测的吸积盘及其喷流的影片，我推荐由斯坦福大学的拉尔夫·凯勒（Ralf Kaehler）所制作的一些动画。这些动画建立在 2012 年乔纳森·迈金尼（Jonathan C. McKinney）、亚历山大·柴克霍夫斯基和罗杰·布兰福德数值模拟结果的基础之上。对于考虑了多普勒频移效应以及引力透镜效应的黑洞卡冈都亚的吸积盘图像，请参见 Oliver et. al.（2015a）。关于物理学家们对于类似吸积盘的模拟图像请也于之中寻找，可以参考 Oliver（2015a）文章中的相关文献，尤其是 Luminet（1979）[①]。另外，我们将会在一篇或者多篇文章中介绍电影《星际穿越》中黑洞卡冈都亚吸积盘的模拟结果（如图 8-9）。

事故是进化途中的第一步

对于黑洞周围恒星密度增加而不是减少的数值模拟，目前为止我不知道其中任何非技术性的讨论。如果想了解相关的技术性讨论和分析，可以参见大卫·梅里特于 2013 年所著的 *Dynamics and Evolution of Galactic Nuclei* 一书的第 7 章，尤其是图 7-4。

氧气危机

可呼吸用的氧气、二氧化碳或者其他形式（更慢）之间的循环，被称为地球的氧循环。如果想了解更多，你们可以利用网络

---

① Luminet J.P. 1979 "Image of a spherical black hole with thin accretion disk"，Astronomy and Astrophysics, 75, 228.

搜索。碳在大气中二氧化碳、植物（死的或者活的）或者其他形式（要慢得多，比如煤炭、石油和油母岩）之间的循环叫作碳循环。你们同样可以在网络上搜索。显然，这些循环是相互关联的，它们互相影响。它们是第 12 章的基础。

星际旅行，寻求地外生命支持

为了人类自身，关于地外行星和太阳系之外生命的搜寻历史，请参阅迈克尔·雷蒙尼克于 2012 年所著的 *Mirror Earth: The Search for Our Planet's Twin* 和李·比林斯于 2013 年所著的 *Five Billion Years of Solitude: The Search for Life Among the Stars* 这两本书。如果想知道相关的技术细节，请参阅迈克尔·佩里曼于 2011 年所著的 *The Exoplanet Handbook* 一书。另外，肖斯塔克于 2009 年 所 著 的 *Confessions of an Alien Hunter: A Scientist's Search for Extraterrestrial Intelligence* 一书出色地描述了人类如何利用来自地球之外的无线电信号或者其他方法来寻找地外生命（Search for Extra-Terrestrial intelligence，SETI）。

宇航员梅·杰米森（Mae Jemmison）正在带头寻求在 22 世纪将人类送出太阳系的方法。目前，很多关于通过时空弯曲驱动或者虫洞方式进行星际旅行的描述都不合情理。除非更为高级的文明给我们提供必要的时空弯曲（就像电影《星际穿越》中描述的那样），否则 21 世纪以及接下来几个世纪的技术都不足以在这个方向产生任何有效的努力。所以，请不要把你的时间浪费在阅读那些文章上：它们声称在你或你曾孙的有生之年，人类能够制造足够强的时空弯曲用于星际穿越。

虫洞，危险与希望的并存体

如果想详尽地了解虫洞，我特别推荐维瑟于 1995 年所著的 *Lorentzian Wormholes: From Einstein to Hawking* 一书，尽管它已经出版将近 20 年。我同时也推荐《黑洞与时间弯曲》的最后一章、埃弗里特和罗曼于 2012 年所著的 *Time Travel and Warp Drives*

一书的第 9 章以及艾尔 - 卡里利于 2012 年所著的 *Black Holes，Wormholes，and Time Machines* 一书的第 8 章。奇异物质被用来维持虫洞的敞开，关于这一方面的最新讨论，请参见 *Time Travel and Warp Drives* 一书的第 11 章。

《星际穿越》中虫洞的可视化

保罗·富兰克林的团队和我已经在文章 Oliver et. al.（2015b）中给出了虫洞可视化的详尽描述。

引力波如何发现虫洞

如果想了解关于 LIGO 实验本身和引力波搜寻的最新信息，请参见 LIGO 的科学合作网站，尤其是其中的 News（新闻）和 Magazine（杂志）栏目。同时，也可以参见 LIGO 实验室的网站，以及卡伊·斯塔茨（Kai Staats）2014 年的电影。在互联网上，你可以找到我的很多关于引力波和宇宙弯曲等方面的教学课程，比如，我的 3 次"泡利讲座"（Pauli Lecture）。它们应该按照列出来的反顺序观看，也就是从下往上。也可在互联网上观看关于黑洞碰撞以及因此产生的引力波的电影动画（建立在 SXS 团队的模拟结果之上）。

针对一般读者，目前还没有关于引力波的最新书籍，但我推荐一本也不算过时的书——玛西亚·芭楚莎于 2000 年所著的《爱因斯坦尚未完成的交响乐》一书。如果想了解自爱因斯坦以来的引力波研究历史，请参阅丹尼尔·肯尼菲克于 2007 年所著的《传播，以思想的速度》一书。

米勒星球，未被吞噬的幸存者

在这一章中，我会对米勒星球的很多性质作出推断，比如它的轨道、它的转动（除去摆动之外，它总是保持同一面朝向卡冈都亚）、使它变形并且摆动的卡冈都亚的潮汐力、行星感受到的

卡冈都亚的空间回旋以及空间回旋如何影响惯性、离心力和光速极限等。这些推断都被爱因斯坦的相对论物理定律（或者广义相对论）所支持。到目前为止，除去本书的第 16 章，我还不知道有任何针对非技术人员的图书、文章或者演讲能讨论或者解释一个距离自旋黑洞如此之近的行星的这些事情。对于那些本科高年级的学生来说，或许可以利用《引力》一书中的概念和方程试着检验我的那些推断。

我在"米勒星球的'一生'"一节提出了一些问题，其实那些问题不需要很多相对论物理知识。它们几乎都可以利用牛顿定律来回答。如果你想寻求相关信息，最好搜索那些与地球物理或者行星及其卫星物理相关的书籍或网站。

黑洞卡冈都亚振动之谜

如果想了解比尔·普雷斯如何发现黑洞会振动和索尔·图科斯基如何推导出支配黑洞振动的方程，请参阅《黑洞与时间弯曲》一书的 269-273 页（英文版的 295-299 页）。关于黑洞振动以及振动衰减的技术讨论，请参见杨桓、亚伦·齐默尔曼与他们的同事于 2013 年合著的文章。

第四维度和第五维度

关于时空统一的更多细节，请参见《黑洞与时间弯曲》一书。如果想了解约翰·施瓦茨和迈克尔·格林具有突破性的超弦理论和其是如何迫使物理学家们接受具有额外维度的超体的，请参见迈克尔·格林于 2004 年所著的 *The Elegant Universe: Superstrings, Hidden Dimensions, and the Quest for the Ultimate Theory* 一书。

预示未来人类的超体生物

埃德温·艾勃特的《平面国》已经被拍成了一部广受好评的动画片，可参见埃林格于 2007 年指导的电影《二维世界》。对平面国所暗含的数学方面的广泛讨论，以及故事所提到的 19 世纪的英国社会，请参见 *The Annotated Flatland: A Romance of Many Dimensions*（Stewart 2002）一书。如果想对第四维空间有一个可视化的理解，请参阅 *The Visual Guide to Extra Dimensions，Volume 1: Visualizing the Fourth Dimension，Higher-Dimensional Polytopes，and Curved Hypersurfaces*（McMullen 2008）一书。

限制引力

对于这章的大多数内容，我推荐《弯曲的旅行》一书。这本书的作者是丽莎·兰道尔，她全面地讨论了当代物理学家对于超体及其额外维度的想法和预言。兰道尔和拉曼·森德拉姆有一个共同发现：AdS 弯曲能够把引力限制在我们的宇宙膜附近（见图 22-4 和图 22-6）。AdS 层和三明治的想法（我之后又重新发现确认）首先被鲁思·格雷戈里、瓦莱里·鲁巴克夫和瑟奇·西比亚科夫于 2000 年在一篇技术文章中提出，并加以讨论，但 AdS 三明治在爱德华·威腾的一篇技术文章中却被证明是不稳定的。

引力异常，墨菲口中的"幽灵"

如果想了解水星轨道的异常进动和火神星的搜寻历史，我推荐由科学历史学家 N.T. 罗斯维尔（N.T. Roseveare）于 1982 年所撰写的学术专著 *Mercury's Perihelion from Le Verriere to Einstein* 以及另外一本由天文学家理查德·鲍姆（Richard Baum）和威廉·希恩（William Sheehan）于 1997 年合著的书 *In Search of the Planet Vulcan: The Ghost in Newton's Clockwork Universe*，后者可读性较高，但不是很全面。

如果想了解宇宙中暗物质证据的发现以及目前对暗物质的搜寻，我推荐一本可读性相当高的书，即弗里兹于 2014 年所著的 *The Cosmic Cocktail: Three Parts Dark Matter* 一书，弗里兹是这方面的领衔科学家。

如果想了解宇宙膨胀的异常加速和暗能量（通常假设是其导致宇宙的加速膨胀），我推荐 *The Cosmic Cocktail: Three Parts Dark Matter* 一书的最后一章和潘尼克于 2011 年所著的 *The 4% Universe: Dark Matter，Dark Energy，and the Race to Discover the Rest of Reality* 一书。

布兰德教授的方程

牛顿引力常数 G 或许会随着时间和位置的不同而发生变化，这个常数或许会被某种非引力场控制。在 20 世纪 60 年代早期，当我还是博士研究生的时候，这些想法在当时的普林斯顿大学物理系中并不是热门话题。而这些想法是当时的普林斯顿大学教授罗伯特·迪克（Robert H. Dicke）和他的研究生卡尔·布兰斯（Carl Brans）所提出的，主要是因为上面那些想法和他们的布兰斯 - 迪克引力论（Brans-Dicke theory of gravity，可参阅 *Was Einstein Right?* 一书的第 8 章）有关联。作为爱因斯坦广义相对论的有趣替代，布兰斯 - 迪克引力论激发了许多搜寻常数 G 变化的实验，但是还没有发现令人信服的证据，这方面的书籍可以参阅 *Was Einstein Right?* 一书的第 9 章。而正是这些想法和实验激发了我对电影《星际穿越》中引力异常和如何控制异常的解释：存在于超体场中的超体控制着常数 G 的强度，使它发生变化。

在图 24-6 当中，黑板上的方程就建立在上面这些想法的基础之上。它同时也考虑了爱因斯坦的相对论物理定律（也就是广义相对论），但是被拓展到了超体的第五维度。关于这个拓展理论，罗伊·马尔滕斯（Roy Maartens）和小山和也（Koyama Kazuya）在他们于 2010 年撰写的一篇技术性的综述文章中有所展示。另外这个方程也包含了一个叫作"变分学"（calculus of variations）的数学分支知识。如果想了解一些关于此方程的技术细节，请参见本书"附录 2 技术札记"。

奇点和量子引力

如果想初次泛泛了解量子涨落和量子物理，我推荐 *The Ghost in the Atom: A Discussion of the Mysteries of Quantum Physics*（Davies and Brown 1986）一书。对于人类尺寸大小的物体（比如 LIGO 实验中使用的镜子）的量子行为，我目前不知道任何针对非物理学家的文章或者书籍。从技术层面上讲，我在第三次"泡利讲座"中的第二部分就已经讨论了这个问题（列表中的第一个）。在约翰·惠勒的自传中，他讨论了自己是如何提出量子泡沫的想法的，请参见 *Geons，Black Holes and Quantum Foam: A Life in Physics*（Wheeler and Ford 1998）一书中的第 11 章。

在《黑洞与时间弯曲》一书的第 11 章，我讨论了在 1994 年的时候我们对黑洞内部的了解，以及我们是如何了解的，包括 BKL 奇点和它的动力学特征、量子引力对奇点核心的控制以及它和量子泡沫的联系，还包括下落奇点（也叫质量膨胀奇点），这是由埃里克·泊松和沃纳·伊斯雷尔于 1990 年发现的，但是这个奇点还没有被完全理解。外飞奇点是最新被发现的，由于发现时间如此近，以至于还没有针对非物理学家的详细讨论。如果想查看关于外飞奇点的发现文章，可参见唐纳德·马洛尔夫和阿莫斯·奥瑞于 2013 年所著的文章。另外，在马修·肖普图伊克 1993 年的技术文章中，他宣布并且解释了短暂的裸奇点是可能存在的。

临界轨道，"火山口"的边缘

作为本章大部分内容的基础（见图 26-3、图 26-5 和图 26-9），火山状的表面能够被基本的物理方程所描述，其他的一些也可以，比如，"永恒"号飞船的航行轨迹，轨迹在火山边缘的不稳定性，朝向米勒星球的"永恒"号飞船发射。详情可参阅本书最后的"附录 2 技术札记"。

进入黑洞卡冈都亚，落入视界的库珀与塔斯

在《黑洞与时间弯曲》一书的序言中，我更加详细地描述了两个情形：一个下落的人看黑洞是什么样子以及穿过黑洞视界的感觉；另外一个处在黑洞之外的人看到的黑洞的样子。同时，我也描述了黑洞的质量和转动速度是如何影响视觉和感觉的。

安德鲁·哈密尔构建起了一个黑洞飞行模拟器（Black Hole Flight Simulator），展示了如果掉进一个非自旋的黑洞看起来会是什么样子。尽管他的计算和保罗·富兰克林的团队为电影《星际穿越》所做的类似，但是先于《星际穿越》很多年。安德鲁利用他的模拟器生成了一组很棒的电影片段，你可以在他的网站以及世界上一些天文馆的网站中找到。

安德鲁的电影片段在几个方面不同于我们在《星际穿越》中看到的：第一，为了方便展示，他有时在黑洞的视界上画上了灰色的网格线（真实的黑洞实际上是没有这样的网格线的，在《星际穿越》中也没有）。在制作这些动画的时候，他仅仅用"经过的视界"①来替换能够爆炸形成黑洞的恒星。第二，在他的"真实黑洞之旅"的动画当中，安德鲁给黑洞添加了喷流和吸积盘，来自吸积盘的气体掉进并且穿过视界。如果一台摄像机位于视界或者视界之后，那么这些下落气体将主导摄像机所观察到的景象。与之相反，在电影《星际穿越》中，并无喷流产生，另外吸积盘是如此之弱，以至于没有任何气体被送进并且穿过视界，所以黑洞的内部看起来相当暗。但是，电影中的库珀遇到了在他之前掉入黑洞的物体所发出的若隐若现的光和白色雪状物。这些不是数值计算的结果，而是由双重否定公司的艺术家们手动添加的。

---

① 更加准确和更加专业地说，他让自己的摄像机掉进了最大限度扩展的史瓦西解或者奈斯纳 - 诺德斯托姆（Reissner-Nordstrom）解里面（史瓦西解是角动量和电荷都等于零的解，而奈斯纳 - 诺德斯托姆解是针对电荷不为零而角动量为零的解），而不是掉进了一个黑洞里。

超立方体

当诺兰告诉我他准备在电影中使用一个超立方体时，我很高兴。记得在我 13 岁的时候，我读了乔治·伽莫夫所写的非常棒的一本书——《从一到无穷大》，他在这本书的第 4 章提到了超立方体。也正是因为对超立方体产生的浓厚兴趣，在很大程度上，它促使我想成为一位理论物理学家。你可以在 *The Visual Guide to Extra Dimensions*（McMullen 2008）一书中找到关于超立方体的详细讨论。诺兰的复杂化的超立方体是独一无二的，到目前为止，不管是在其他什么地方（除了在这书和与电影《星际穿越》相关的材料中），我还没有看到任何与它有关的讨论。

在玛德琳·英格（Madeleine L'Engle）写给小孩子们的经典科幻小说《时间的皱纹》当中，小孩子们能够通过超立方体旅行找到他们的父亲。我对这部分内容的解释是，这是一次搭乘位于超立方体表面的立方体，通过超体空间的旅行，就如同我对库珀的从黑洞卡冈都亚中心到墨菲卧室之旅的阐释一样（见图 28-4）。

向过去传递信息

目前，物理学家们对于在没有超体存在的四维时空中进行逆时间旅行的理解，可以参考《黑洞与时间弯曲》的最后一章和 *Time Travel and Warp Drives* 一书。这些内容均由在时间旅行理论方面有着重要贡献的物理学家们写成。对于时间旅行当代研究的历史性叙述，可参见图米于 2007 年所著的 *The New Time Travelers: A Journey to the Frontiers of Physics* 一书。而 *Time Machines:Time Travel in Physics*，*Metaphysics and Science Fiction* 一书，通过物理的方式、形而上学的方式和科幻的方式对时间旅行进行了一场全面讨论。物理学家们对时间本质了解或者推断的所有事情，在 *From Eternity to Here: the Quest for The Ultimate Theory of Time*（Carroll 2011）一书中有着一段很精彩的讨论。

针对一般读者，我还不知道任何好的书籍或者文章可以来描述当宇宙还是更高维超体当中的一个膜时的时间旅行。但是就像我在第 29 章讨论的那样，拓展到高维的爱因斯坦的相对论物理定律给出了与没有超体时差不多一致的预言结果。

如果想了解与库珀将信息发送给过去墨菲的一些技术细节，请参见本书最后的"附录 2　技术札记"。

发射太空殖民飞船

在我对电影《星际穿越》的解读中，如果想了解利用墨菲提出的关于发射殖民飞船到地外世界的方法（减少引力常数 G），请参见我对第 24 章的评论。

在 20 世纪 60 年代初，当我还是普林斯顿大学的一个博士研究生的时候，我的一位物理学教授杰勒德·奥尼尔（Gerard K. O'Neill）正从事一项雄心勃勃的空间殖民地的可行性研究，就如同我们在电影《星际穿越》的结尾看到的殖民地一般。他在 NASA 所领导的另一项研究又继续深化了他之前的工作，并被总结成了一本相当棒的书——*The High Frontier: Human Colonies in Space*（O'Neill 1978）。我对此书评价很高。不过应该注意此书的序言，它由弗里曼·戴森所写，解释了为什么奥尼尔的空间殖民梦在他的有生之年会破灭，但也预见了在遥远的未来它们能够被实现的事实。

THE
SCIENCE
OF
INTERSTELLAR

附录 2
技术札记

　　决定我们宇宙的物理定理都是用数学语言描述的。对于那些能够轻松应对数学的读者，在这个部分，我写了一些源自物理定律的数学方程，然后告诉大家我是如何推导出这本书里的一些结论的。在我的方程里有两个数字出现频率很高，它们是光速 c=3.00×10^8 米 / 秒以及牛顿引力常数 G=6.67×10^{-11} 米³/（千克·秒²）。此外，我用了科学计数法表示，所以 10^8 代表 1 后面跟随着 8 个 0，也就是 100 000 000 或者 1 亿。而 10^{-10} 代表的是在小数点后和 1 之间有 10 个 0，也就是 0.000 000 000 01。我并不追求比 1% 还精确的数字，所以在我的数字里只有两位或者三位有效数字。而当一个数字非常不确定的时候，我就只用一位有效数字。

弯曲时空和潮汐力

　　关于爱因斯坦的相对论物理定律中的时间弯曲，其最简单的定量形式是：两个完全一样并且相隔不远的时钟沿着一条引力线

的方向分开放置，保持彼此相对静止。我们标记 R 为它们计时的微小差异，用 D 表示它们之间的距离，g 为它们感受到的引力加速度（从时间流动最快的地方指向时间流动最慢的方向）。那么爱因斯坦的相对论物理定论告诉我们 $g=RC^2/D$。对于在哈佛大学塔内进行的庞德－雷布卡实验而言，R 是每天变化 210 皮秒，也就是 $2.43×10^{-15}$，而塔高 D 是 22.3 米。把这些量代入爱因斯坦的相对论物理定律的方程中，我们可以推导出 g 为 9.8 米／秒^2，这的确就是我们地球上的重力加速度。

黑洞卡冈都亚的构造

对于一个像卡冈都亚这样自旋非常快的黑洞来说，黑洞赤道面上的视界周长 C 可以用公式确定 $C=2\pi GM/c^2=9.3$（M/M_{sun}）千米。在这里，M 是黑洞的质量，而太阳的质量为 $M_{sun}=1.99×10^{30}$ 千克，对于一个自旋非常慢的黑洞来说，周长将是这个数值的两倍。视界的半径被定义为周长除以 2π：对于卡冈都亚来说，$R=GM/c^2=1.48×10^8$ 千米。这个值大约和地球围绕太阳公转的轨道半径相当。

我推导卡冈都亚的质量是按照下面的过程：米勒星球质量是 m，它对行星表面会施加一个向内的引力加速度 g，这个加速度 g 决定于牛顿的引力平方反比定律 $g=Gm/r^2$，这里 r 是行星的半径。在行星表面上离卡冈都亚最近或者最远的地方，卡冈都亚的潮汐力施加的一个拉伸的加速度（就是卡冈都亚施加在行星表面和距离 r 以外的行星中心的引力差）可以确定为 $g_{tidal}=$（$2Gm/R^3$）r，这里 R 是行星围绕卡冈都亚轨道的半径，它非常靠近卡冈都亚的视界半径。如果作用在表面的拉伸力的加速度大于行星自身的向内的引力加速度，这一行星就会被撕碎，所以 g_{tidal} 必须小于。将上面的关于 g、g_{tidal} 和 R 的方程放进去，而且将行星的质量表达为它的密度 ρ，也就是 $M=$（$4\pi/3$）$r^3\rho$，再做一些代数计算，我们就可以得到质量限制 $M < \sqrt{3c^3} / \sqrt{2\pi}\ G^3\rho$。在我确定了米勒星球的密度为 $\rho=10\ 000$ 千克／米^3（相当于致密的石头的密度）之后，

我就可以确定卡冈都亚的质量为 $M<3.4×10^{38}$ 千克，这个上限值和 20 亿倍太阳质量相当。这样，我就将黑洞质量近似为 10 亿倍太阳质量。

利用爱因斯坦的相对论物理定律方程，我已经推导出了一个方程联系米勒星球上的时间变慢速度 $S=1$ 小时 /（7 年）=$1.63×10^{-5}$ 和自旋差值 $α$（后者表示卡冈都亚的自旋和可能的最大自旋值之间的差值）的方程：$α=16S^3/3\sqrt{3}$。这个方程只对快速自旋的黑洞成立。代入上面的 S 值，我们可以得到 $α=1.3×10^{-14}$；可以看出，卡冈都亚的实际自旋值仅仅比可能的最大自旋值小一点儿，只小 100 万亿分之一。

打造黑洞卡冈都亚

我交给双重否定公司奥利弗·詹姆斯的方程是用来描述卡冈都亚附近光线的轨道运动的，这组方程其实是莱文和盖布·佩雷斯 - 吉兹在 2008 年的文章附录 A 中方程的一个变形。我们关于光束演化的方程则是皮洛特和罗德在 1977 年的两篇文章中方程的变形。保罗·富兰克林的团队和我已经在文章 Oliver et. al.（2015a）中给出了我们方程的具体形式，而且我们还讨论了实施方案以及相应数值模拟的具体细节。

氧气危机

这里的所有计算是我在第 13 章中文字陈述的基础。这是一个很好的关于科学家如何进行估算的例子。这些数字都只是基本近似。所以，我将它们只精确到 1 位有效数字。

地球大气的质量大约是 $5×10^{18}$ 千克，其中 80% 是氮气，而 20% 是氧气，也就是大约 $1×10^{18}$ 千克的氧气。而在尚未降解的植物生命体中的碳（尚未氧化，地球物理学家们称之为"有机碳"）的总质量为 $3×10^{15}$ 千克。这大约是海洋表面层或者陆地上的碳的一半（可参考赫奇斯和基尔在 1995 年发表文章的表 1）。平均来说，这两种形式的碳大约在 30 年内都能够被氧化（变成二氧化碳）。因为二氧化碳有两个氧原子（这来源于大气），只有一个碳原子，而且每个氧原子的质量大约是碳原子质量的 16/12。如果所有植物都死亡了，那么所有碳原子的氧化过程将会消耗掉 $2 \times 16/12 \times (3 \times 10^{15}$ 千克$) \approx 1 \times 10^{16}$ 千克的氧气，这大约是我们大气中氧气的 1%。

对于地球上海洋突然翻动的证据和翻动如何产生的理论，可以参考阿德金斯、英格索尔和帕斯奎罗在 2005 年发表的文章。通过海洋翻动可以将海洋底部沉淀物里的有机碳带到地球表面，通常在这些有机碳数量的估算中，只是考虑了被洋流和动物活动搅动的上沉淀层。这个混合层里的碳含量是两个量的乘积：一个是将碳储存到沉淀层的速率（大约为 10^{11} 千克每年），另外一个量是由海水里的氧气将这些碳氧化所需要的平均时间（1 000 年）。这样可以得到 1.5×10^{14} 千克的碳，这大约是陆地上和海洋表面层碳含量的 1/20（可参考爱默生和赫奇斯在 1998 年以及赫奇斯和基尔在 1995 年发表的文章）。然而，有些问题还有待解决：（1）确定的沉积率可能错得很离谱。比如，鲍姆加特等人在 2009 年根据大量的测量，发现爪哇和苏门答腊岛附近的印度洋中沉积率大约有 50 倍的不确定性。如果外推到整个海洋中，那么将在混合层中得到 3×10^{15} 千克的碳（将和陆地上以及海洋表面层中碳的含量一样）。（2）一大部分沉积碳将沉入更深一层的沉积物中，从而不能和海水混合接触，进而只能在突然的海洋翻动时被氧化。最近的一次海洋翻动被认为是发生在最近的冰川纪，大约两万年前——这大约是混合层中氧化时间的 20 倍。所以，非混合层里所含的有机碳大约是混合层里的 20 倍，也大约是陆地和海洋表面碳的 20 倍。如果这些碳被一次新的翻动带到海洋表面而被氧化，则将足够导致每一个人缺氧，从而死于二氧化碳中毒；可以参见第 11 章的结尾。总之，这样一个方案似乎是非常不可能的，但其次是可以想象的。

《星际穿越》中虫洞的可视化

　　克里斯托弗·诺兰选定《星际穿越》中虫洞的直径为几千米。这样从地球上看上去，虫洞的角直径以弧度为单位，是虫洞的直径除以它到地球的距离。而这一距离大约是 9 个天文单位或者 $1.4×10^9$ 千米（地球到土星轨道的距离）。这样，虫洞的角直径大约是（2 千米）/（$1.4×10^9$ 千米）$=1.4×10^{-9}$ 弧度，大约是 0.000 3 角秒。射电望远镜通常可以通过全球范围的干涉测量法达到这样的角分辨率。而在 2014 年，使用了一种叫作"自适应光学"技术的地基光学望远镜和太空中的哈勃空间望远镜所能达到的分辨率也比这个值差 100 倍。2014 年，在夏威夷的两个凯克双子望远镜之间的干涉测量法达到的精度也还是比虫洞的角直径差 10 倍。在电影《星际穿越》所刻画的那个年代，通过两个距离遥远的光学望远镜的干涉测量得到比虫洞的角直径 0.000 3 角秒更小的分辨率看起来也是可行的。

米勒星球，未被吞噬的幸存者

　　如果你对牛顿引力理论的数学形式很熟悉，那么你会发现一个非常有趣的牛顿引力的修改版本，是由天体物理学家玻丹·帕琴斯基（Bohdan Paczynski）和保罗·维塔（Paul Wiita）于 1980 年提出的。在这个修改的版本里，一个无自旋黑洞的引力加速度将由牛顿的平方反比定律 $g=GM/r^2$ 变为 $g=GM/(r-r_h)^2$。这里 M 是黑洞的质量，r 是到黑洞外感受到加速度 g 的半径。而 $r_h=2GM/c^2$ 是无自旋黑洞的视界半径。这个修改版本得到的结果与用广义相对论预测的引力加速度惊人相似。[①] 使用这个修改的引力，你能给出图 16-2 的定量估计的版本吗？[②] 而且能推导出米勒星球的轨道半径吗？你的结果将仅仅是大致正确的，因为对卡冈都亚引力的帕琴斯基－维塔

---

① 在开发与《星际穿越》相关的视频游戏中，帕琴斯基－维塔的引力修正理论被用来展示黑洞在引力弹弓效应中对飞船轨道的影响。

② 如果想了解相关计算，请参见下面关于第 26 章的"技术札记"。

描述没有考虑空间回旋的运动效应，这种回旋是因为黑洞自转拖曳周围的空间所致。

布兰德教授的方程

关于出现在教授方程（见图 24-6）里不同数学符号的含义已经在其他 15 块黑板上一一解释了。他的方程将作用量 S（"量子有效作用量"的经典极限）表示为一个对"拉格朗日"（Lagrangian）函数组 L 的积分。这些"拉格朗日"函数涉及一个五维超体和我们的四维膜的时空几何（度规），还涉及存在于超体里的一系列场（表示为 Q、σ、λ、ξ 和 φ^i）与存在于我们的宇宙膜世界里的"标准模型场"（包含电场和磁场）。然后，通过计算这些场和时空度规的变分，寻找作用量 S 的一个极值（最大值、最小值或者拐点值）。产生极值的条件是一组控制着这些场演化的"欧拉－拉格朗日"方程（Euler-Lagrange Equation）。这一解法就是变分法。教授和墨菲对一系列未知变量（包括超体场 φ^i、函数 U（Q）、H_{ij}（Q^2）、M（标准模型场）和拉格朗日函数里的常数 W_{ij}）做了猜想。在图 24-9 里，你们看见我正在黑板上列出他们的一系列猜想。对于每一组猜想，他们计算时空度规和场的变分，推导出"欧拉－拉格朗日"方程组，再通过电脑的数值模拟来研究这些方程对于引力异常的预测。

临界轨道，"火山口"的边缘

这节的笔记是针对那些很熟悉牛顿引力理论的数学描述方式以及能量和角动量守恒定律的读者的。请你们试着利用下面的方程推导出类似火山边缘的方程：（1）对于卡冈都亚的引力加速度的帕琴斯基－维塔近似方程 $g=GM/(r-r_h)^2$（参看第 16 章的"技术札记"）。（2）能量和角动量的守恒定律。利用第 16 章"技术札记"的记号，加上用 L 代表"永恒"号飞船的角动量（每单位质量），则方程可以描述为 $V(r) = -\dfrac{GM}{r-r_h}+\dfrac{1}{2}\dfrac{L^2}{r^2}$。

方程右边第一项是"永恒"号飞船的引力势能（每单位质量），

第二项是它做圆周运动的动能。这两项之和，也就是 $V(r)$ 加上径向运动的动能 $v^2/2$（v 是径向运动速度）等于"永恒"号的守恒的总能量（每单位质量）。火山的边缘就是当 $V(r)$ 变为最大值的时候半径 r 所对应的地方。请你们试着用这些方程和想法证明我在第 26 章里的一些结论，包括关于"永恒"号的轨道、在火山边缘轨道的不稳定性以及朝向埃德蒙兹星球的发射。

向过去传递信息

无论是在超体中，还是在我们的宇宙膜里，信息或者其他物体能传播的时空中的每一位置都得遵循一个定理：没有任何事物的运动速度可以超越光速。物理学家们使用时空示意图来探索这条定律的后果。当我们画时空示意图的时候，对于每一个事件都有一个"未来光锥"。光将沿着这个光锥向外传播；所有别的都将比光运动的要慢，只能从这个事件沿着光锥或者在光锥里面传播。具体可以参见《引力》一书。

以我作为一位物理学家对《星际穿越》的解释，图 F-1 表示的

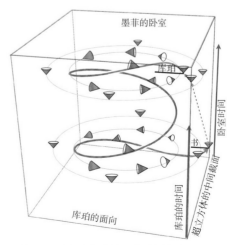

图 F-1　超立方体内部时空的因果结构图，空间的一个维度已经被压缩

是一些未来光锥位于超立方体里面和三维表面的分布样式图。（物理学家们称这种光锥的分布样式为超立方体里的"时空的因果结构"）。图 F-1 也展示了库珀通过超立方体的内部传递到墨菲卧室的引力波信号（力）的世界线（紫色的曲线）；还有从卧室传出通过超立方体的表面，而使库珀能看见卧室的光线的世界线（红色的虚线）。这其实是纯粹空间示意图图 29-5 的时空示意图版本。

从这个示意图里，你能理解引力波信息是怎样以光速但是相对于卧室时间以及库珀的时间向后运动的吗？相比之下，你是否能理解光线是如何相对于卧室和库珀的时间以光速向前运动的？请比较我们关于埃舍尔的画（见图 29-6）的讨论。

THE
SCIENCE
OF
INTERSTELLAR

致　谢

首先，我要感谢我的搭档琳达·奥布斯特，以及克里斯托弗·诺兰、埃玛·托马斯、乔纳森·诺兰、保罗·富兰克林和史蒂文·斯皮尔伯格。感谢他们引领我进入好莱坞，并让我在这个非凡的世界中收获颇丰。

感谢琳达，与她的友谊和合作孕育出了电影《星际穿越》最初的剧本大纲。是她引领《星际穿越》历经考验和磨难，最后交到克里斯托弗·诺兰手中，而诺兰的非凡才能将《星际穿越》变成了一部伟大的电影。

感谢保罗·富兰克林、奥利弗·詹姆斯和尤金妮娅·冯·腾泽尔曼，是他们，带领我进入了视觉特效的世界。是他们，让我有机会为虫洞、黑洞卡冈都亚及其吸积盘的可视化提供数学基础。同时，我也要感谢奥利弗和尤金妮娅就这些基础与我进行的紧密合作。

感谢对本书书稿提供明智意见和建议的：琳达·奥布斯特、杰夫·施里夫（Jeff Shreve）、埃玛·托马斯、克里斯托弗·诺兰、乔丹·戈柏（Jordan Goldberg）、保罗·富兰克林、奥利弗·詹姆斯、尤金妮娅·冯·腾泽尔曼和卡罗尔·罗斯（Carol Rose）。感谢莱斯莉·黄（Leslie Huang）和唐·里夫金（Don Rifkin）对确保书稿每一行每一字的精确性和一致性所做的不懈努力。感谢乔丹·戈柏、埃里克·路易（Eric Lewy）、杰夫·施里夫、朱莉娅·德鲁斯金（Julia Druskin）、乔·洛普斯（Joe Lops）、莉娅·哈洛伦和安迪·汤普森（Andy Thompson）对本书插图提供的重要帮助以及建议。感谢帕特·霍尔（Pat Holl）在取得图片使用许可方面的关键帮助。本书最终得以成文并出版，我还要感谢德雷克·麦克菲利（Drake McFeely）、杰夫·施里夫、埃米·谢里（Amy Cherry）以及我的好莱坞律师埃里克·舍曼（Eric Sherman）和肯·齐弗伦（Ken Ziffren）。

最后，感谢我的妻子、我的人生伴侣卡罗尔·温斯坦，感谢她在我这次冒险之旅中给予的全部耐心和支持。

未来,属于终身学习者

我们正在亲历前所未有的变革——互联网改变了信息传递的方式,指数级技术快速发展并颠覆商业世界,人工智能正在侵占越来越多的人类领地。

面对这些变化,我们需要问自己:未来需要什么样的人才?

答案是,成为终身学习者。终身学习意味着具备全面的知识结构、强大的逻辑思考能力和敏锐的感知力。这是一套能够在不断变化中随时重建、更新认知体系的能力。阅读,无疑是帮助我们整合这些能力的最佳途径。

在充满不确定性的时代,答案并不总是简单地出现在书本之中。"读万卷书"不仅要亲自阅读、广泛阅读,也需要我们深入探索好书的内部世界,让知识不再局限于书本之中。

湛庐阅读App:与最聪明的人共同进化

我们现在推出全新的湛庐阅读App,它将成为您在书本之外,践行终身学习的场所。

- 不用考虑"读什么"。这里汇集了湛庐所有纸质书、电子书、有声书和各种阅读服务。
- 可以学习"怎么读"。我们提供包括课程、精读班和讲书在内的全方位阅读解决方案。
- 谁来领读? 您能最先了解到作者、译者、专家等大咖的前沿洞见,他们是高质量思想的源泉。
- 与谁共读? 您将加入优秀的读者和终身学习者的行列,他们对阅读和学习具有持久的热情和源源不断的动力。

在湛庐阅读App首页,编辑为您精选了经典书目和优质音视频内容,每天早、中、晚更新,满足您不间断的阅读需求。

【特别专题【主题书单【人物特写】等原创专栏,提供专业、深度的解读和选书参考,回应社会议题,是您了解湛庐近千位重要作者思想的独家渠道。

在每本图书的详情页,您将通过深度导读栏目【专家视点【深度访谈】和【书评】读懂、读透一本好书。

通过这个不设限的学习平台,您在任何时间、任何地点都能获得有价值的思想,并通过阅读实现终身学习。我们邀您共建一个与最聪明的人共同进化的社区,使其成为先进思想交会的聚集地,这正是我们的使命和价值所在。

CHEERS

湛庐阅读App
使用指南

读什么
- 纸质书
- 电子书
- 有声书

与谁共读
- 主题书单
- 特别专题
- 人物特写
- 日更专栏
- 编辑推荐

怎么读
- 课程
- 精读班
- 讲书
- 测一测
- 参考文献
- 图片资料

谁来领读
- 专家视点
- 深度访谈
- 书评
- 精彩视频

HERE COMES EVERYBODY

下载湛庐阅读App
一站获取阅读服务

版权所有，侵权必究

本书法律顾问　北京市盈科律师事务所　崔爽律师

图书在版编目（CIP）数据

星际穿越 /（美）基普·索恩著；苟利军等译 . —

杭州：浙江科学技术出版社，2023.10

　ISBN 978-7-5739-0827-8

　Ⅰ.①星…　Ⅱ.①基…②苟…　Ⅲ.①宇宙—普及读

物　Ⅳ.①P159-49

中国国家版本馆 CIP 数据核字（2023）第 155660 号

书　　名	星际穿越	
著　　者	[美] 基普·索恩	
译　　者	苟利军 等	

出版发行	浙江科学技术出版社
	地址:杭州市体育场路347号　邮政编码:310006
	办公室电话:0571-85176593
	销售部电话:0571-85062597
	E-mail:zkpress@zkpress.com
印　　刷	北京盛通印刷股份有限公司

开　本	710mm×965mm　1/16	印　张	25.25
字　数	331千字		
版　次	2023年10月第1版	印　次	2023年10月第1次印刷
书　号	ISBN 978-7-5739-0827-8	定　价	139.90元

责任编辑　柳丽敏		**责任美编**　金　晖	
责任校对　张　宁		**责任印务**　田　文	